中国通信学会普及与教育工作委员会推荐教材

21世纪高职高专电子信息类规划教材

21 Shiji Gaozhi Gaozhuan Dianzi Xinxilei Guihua Jiaocai

综合通信业务

樊扬祖 主编

樊扬祖 陈晓婷 傅为民 编

人 民 邮 电 出 版 社

北 京

图书在版编目（CIP）数据

综合通信业务 / 樊扬祖主编 ; 樊扬祖, 陈晓婷, 傅为民编. -- 北京 : 人民邮电出版社, 2010.1 (2019.7 重印)

21世纪高职高专电子信息类规划教材
ISBN 978-7-115-21715-8

Ⅰ. ①综… Ⅱ. ①樊… ②陈… ③傅… Ⅲ. ①通信技术－高等学校：技术学校－教材 Ⅳ. ①TN91

中国版本图书馆CIP数据核字(2009)第217363号

内 容 提 要

本书是为高职通信经营与服务管理类专业编写的业务教材。全书共 7 个单元。第 1 单元至第 3 单元为基础知识，内容包括通信业务概要、通信系统和通信业务支撑流程；第 4 单元至第 6 单元为基本业务，内容包括电话通信业务、数据通信与 Internet 通信业务、其他通信业务。第 7 单元为综合业务应用。

本书是以实际授课的教案为基础整理而成的，故共分 33 讲，每一讲在两学时内完成。本书可作为高职高专经营与服务管理类专业的基础课程教学用书，也可作为高职通信、电子信息等专业选修课教材，或作为电信运营企业员工培训学习参考。

◆ 主　　编　樊扬祖
　编　　　　樊扬祖　陈晓婷　傅为民
　责任编辑　蒋　亮

◆ 人民邮电出版社出版发行　　北京市丰台区成寿寺路 11 号
　邮编　100164　　电子邮件　315@ptpress.com.cn
　网址　http://www.ptpress.com.cn
　北京七彩京通数码快印有限公司印刷

◆ 开本：787×1092　1/16
　印张：12.5　　　　2010 年 1 月第 1 版
　字数：316 千字　　2019 年 7 月北京第 7 次印刷

ISBN 978-7-115-21715-8

定价：24.00 元

读者服务热线：(010)81055256　印装质量热线：(010)81055316
反盗版热线：(010)81055315

前言

通信服务是现代服务业的重要组成部分，近二十年来，以出乎预期的速度快速发展，通信产品从供不应求很快发展到供求平衡甚至供大于求。在整个发展过程中，通信系统的建设与新技术的应用发挥了重要的推动作用，因而也聚集了大量培养通信系统设计、施工和维护相关的工程技术人才的教学资源。随着通信服务逐渐从卖方市场转变成买方市场，电信运营商的人力配置重点开始向服务前端倾斜，各大运营商从事经营活动的人员配置普遍要求达到60%以上。因此，从事市场经营前端经营管理的用工需求急骤增加，但这方面的教学资源的储备相对不足，培养具有良好服务意识和专业服务技能的经营管理人才的教育资源已落后于通信业的发展需求。

由于前端经营服务人员与从事网络建设与维护的技术人员相比，技术性要求相对较低，服务技能要求相对较高，在专业服务人才供应不足的情况下，电信运营商大都采用就业培训补充经营服务岗位用工的缺口，各大电信运营商根据企业的特点自行编写培训教材。面向通信经营服务的高职专业在这样的情况下应运而生，利用高职院校的社会资源培养电信运营企业所需的前端经营管理人员，能使企业降低就业培训的成本。

通信业务是电信运营企业的经营产品，熟悉经营产品是经营与服务人员的最基本要求。因此，通信业务课程无论是企业培训还是高职教育都十分需要。目前，企业内部培训教材都是根据各企业的业务特点开发的，移动通信运营商以移动通信业务为主、固定通信运营商固定电信业务为主，这类培训教材既不具备行业的普遍性，又缺乏同类业务的概括性，不适合作高职教育的教材。高职院校需跳出运营商的框子，综合各运营商的业务特点，客观地介绍各种通信业务，并对业务进行深入的分析。编写《综合通信业务》一书是为适应当前通信业经营服务需求的一种探索和尝试。

在本书的编写过程中，编者遇到了以下问题。

（1）通信是一个很长的产业链，从技术开发到应用、从设备生产到系统建设、从提供服务到经营业务，涉及的知识链条也很长，经营服务管理人员应选择哪个层面的知识？

（2）业务是通信服务与应用的展现层，变化很快，电信运营商的培训教材一般 3～6 个月就需变更版本，那么作为出版教材，如何才能达到既能保持教材内容的稳定性，又能体现适应企业需求的灵活性？

（3）通信业务品种多，而且几乎每天都会出现新的业务，如何以重点业务的分析，举一反三，使读者触类旁通。

经过反复的分析，确定了以下几条原则。

（1）面向行业，淡化运营商色彩。教材涉及的业务都是来自运营商实际的产品，在介绍和分析业务时，运营商仅仅是案例的主体，在教材中避免采用运营商的培训教材中具有的倾向性观点。

（2）面向服务，淡化技术。经营服务和管理人员对通信系统需要有初步的了解，但对通信技术和系统知识的掌握以够用为原则，侧重于通信业务与应用层知识的分析与介绍。

（3）面向流程，淡化系统。学习通信业务，肯定会涉及各种通信系统。经营管理人员并不要求像技术维护人员一样熟悉各种通信系统的细节，而是将通信系统作为业务流程上的一个黑盒子。

（4）开放的内容结构。教材中尽量采纳基本的、不变的知识与方法技能，以不变的流程为结构，教师在授课时需补充实例进行详细分析，这种开放性安排可以提高灵活性和适应性。

在本书编写过程中，我们注意到了以下几点。

（1）既不同于岗位培训教程，又区别于本科教材。岗位培训教程关注的是业务的表现方式，如资费政策等，这对于高职学生来说过于浅显；而本科教材强调知识系统的完整性，对高职学生来说过于庞杂。

（2）突出流程，以流程关联作教学线索，摈弃单纯地介绍业务，以业务案例作为知识载体，通过典型业务的分析，学习分析方法。

（3）强调简明，避免大而全。通信技术的很多知识点都能展开成一门专业技术课，本书对通信技术只作简单的说明，这样处理严格地说是不严密的，但作为经营管理人员来说，学习的目的主要是为了更好地理解业务和流程。

本书由7个单元组成，可以分成3个部分。第1单元至第3单元，介绍通信业务的基础网络与业务相关流程；第4单元至第6单元，介绍基本的通信业务；第7单元介绍综合业务。

本书由樊扬祖任主编，并编写了书中大部分内容，陈晓婷参与了第2单元的编写，傅为民参与了第4单元的编写。何伟、余建潮、周亮提供了宝贵的意见。

由于编写经验不足，书中存在不足之处，望广大读者批评指正。

樊扬祖

2009年11月

目录

第1单元

通信业务概要

第一讲　通信业务的概念

一、目的与要求

本讲的教学目的是通过课堂教学，让学生了解通信的基本概念、通信系统需要解决主要问题、通信技术与通信服务、通信业务之间的关系与区别。通过教学，学生需掌握：

1. 通信服务的基本概念；
2. 通信技术、通信服务、通信业务之间的联系与区别；
3. 了解通信服务可运营的条件；
4. 了解通信业务支撑系统对通信服务的作用。

二、教学要点

本讲教学的重点是分析通信服务的相关概念。

通过对两则历史故事的讨论，了解通信系统要解决哪些问题，通信技术如何转化为通信服务、通信业务，以及通信技术在推动通信服务能力发展的作用，通信业务支撑系统对于通信服务可运营的作用。

三、教学目标

概念识记：

- 通信
- 通信系统
- 通信服务
- 业务支撑系统

知识技能要点：

- 通信业务与通信技术之间的联系与区别

- 通信服务可运营的条件
- 业务支撑系统在通信业务中的作用

一、通信的概念

什么叫通信？简单地说，通信就是将消息从信源传递到信宿的过程。从我国古代的烽火狼烟，到现代的 Internet，都是为了实现各种各样消息的传播而建立的的通信系统。

为了实现消息的迅速、准确、安全、高效的传递，必须建立一个通信系统。基于通信系统所采用的方法、技术和传递信息的形式的不同，可以形成各种各样的通信应用和服务。我们这里揭示的通信业务，就是指通过应用和服务的商业化运作，使通信应用与服务成为通信服务运营企业的业务。

下面通过两个故事来讨论通信系统的一些相关问题。

幽王烽火戏诸侯

周宣王死后，其子宫涅继位，称周幽王。周幽王是个荒淫无道的昏君，他不思挽救周朝于危亡，奋发图强，反而重用佞臣虢石父，盘剥百姓，激化了阶级矛盾；又对外攻伐西戎而大败。当时，有个大臣名褒珦，劝谏幽王，周幽王非但不听，反而把褒珦关押起来。

褒珦在监狱里被关了三年。褒国族人千方百计要把褒珦救出来。他们听说周幽王好美色，正下令广征天下美女入宫，就借此机会寻访美女。终于找着了一个非常漂亮的姑娘并将其买下，教其唱歌跳舞，并把她打扮起来，起名为褒姒，献于幽王。替褒珦赎罪。

幽王自得褒姒以后，十分宠幸她，一味过起荒淫奢侈的生活。褒姒虽然生得艳如桃李，却冷若冰霜，自进宫以来从来没有笑过一次，幽王为了博得褒姒的开心一笑，不惜想尽一切办法，可是褒姒终日不笑。为此，幽王竟然悬赏求计，谁能引得褒姒一笑，赏金千两。这时有个佞臣叫虢石父，替周幽王想了一个主意，提议用烽火台一试。

烽火本是古代敌寇侵犯时的紧急军事报警信号。由国都到边镇要塞，沿途都遍设烽火台。西周为了防备犬戎的侵扰，在镐京附近的骊山（在今陕西临潼东南）一带修筑了 20 多座烽火台，每隔几里地就是一座。一旦犬戎进袭，首先发现的哨兵立刻在台上点燃烽火，邻近烽火台也相继点火，向附近的诸侯报警。诸侯见了烽火，知道京城告急，天子有难，必须起兵勤王，赶来救驾。

昏庸的周幽王采纳了虢石父的建议，马上带着褒姒，由虢石父陪同登上了骊山烽火台，命令守兵点燃烽火。一时间，狼烟四起，烽火冲天，各地诸侯一见警报，以为犬戎打过来了，果然带领本部兵马急速赶来救驾。到了骊山脚下，连一个犬戎兵的影儿也没有，只听到山上一阵阵奏乐和唱歌的声音，一看是周幽王和褒姒高坐台上饮酒作乐。周幽王派人告诉他们说，辛苦了大家，这儿没什么事，不过是大王和王妃放烟火取乐，诸侯们始知被戏弄，怀怨而回。褒姒见千军万马召之即来，挥之即去，觉得十分好玩，禁不住嫣然一笑。周幽王大喜，立刻赏虢石父千金。

周幽王为进一步讨褒姒欢心，废黜王后申氏和太子宜臼，册封褒姒为后，褒姒生的儿子伯服为太子，并下令废去王后的父亲申侯的爵位，还准备出兵攻伐他。申侯得到这个消息，先发制人，联合缯侯及西北夷族犬戎之兵，于公元前 771 年进攻镐京。周幽王听到犬戎进攻的消息，惊慌失措，急忙命令烽火台点燃烽火。烽火倒是烧起来了，可是诸侯们因上次受了愚弄，这次都不再理会。

烽火台上白天冒着浓烟，夜里火光烛天，可就是没有一个救兵到来。使得周幽王叫苦不迭。镐京守兵本就怨恨周幽王昏庸，不满将领经常克扣粮饷，这时也都不愿效命，犬戎兵一到，便勉强招架了一阵以后，一哄而散，犬戎兵马蜂拥入城，周幽王带着褒姒、伯服，仓皇从后门逃出，奔往骊山。途中，他再次命令点燃烽火。烽烟虽直透九霄，还是不见诸侯救兵前来。犬戎兵紧紧追逼，周幽王的左右在一路上也纷纷逃散，只剩下一百余人逃进了骊宫。周幽王采纳臣下的意见，命令放火焚烧前宫门，以迷惑犬戎兵，自己则从后宫门逃走。逃不多远，犬戎兵又追了上来，一阵乱杀，只剩下周幽王、褒姒和伯服三人。他们早已被吓得瘫痪在车中。犬戎兵见周幽王穿戴着天子的服饰，知道就是周天子，就当场将他砍死。又从褒姒手中抢过太子伯服，一刀将他杀死，只留下褒姒一人做了俘虏（一说被杀）。至此，西周宣告灭亡。

上帝创造了何等奇迹

1832年10月1日，一艘名叫“萨丽号”的邮船，满载旅客，从法国北部的勒阿弗尔港驶向纽约。

“萨丽号”邮船缓缓驶出英吉利海峡，进入浩瀚的大西洋。途中，船受到风暴的袭击，在波峰浪谷中颠簸。许多人晕船，乘坐这艘船的美国著名画家莫尔斯也觉得浑身不舒服。

“遇到风暴，有什么办法使船不受到影响?”莫尔斯与船长聊了起来。

“毫无办法!”船长说，“这只能听天由命了。我给你讲一件事。那是1498年，发现美洲新大陆的哥伦布组织了一支有6条船、300人的大船队直奔赤道，准备去寻找黄金遍地的乐土。可是，途中由于天气太热，船上的食物全部霉烂了。这对于远航的船员来说，是十分可怕的。哥伦布对这束手无策，只好抱着侥幸的心理，写了一封求援信，塞进密封的椰壳里，然后将它投入大海。他指望海水能把这封信送到西班牙。但是，当哥伦布历经千难万险，返回西班牙时，才知道国内并没有收到那封求援信。连大智大勇的哥伦布对大自然的肆虐都无可奈何，我又能怎么样呢?”

“的确，在这无边无际的大海之中，一艘船、一个人实在太渺小了。”莫尔斯望着茫茫的大海，心中发出这样的感慨。

就在这次旅途中，莫尔斯结识了杰克逊。杰克逊是波士顿城的一位医生，也是一位电学博士。此次他是在巴黎出席了电学研讨会之后回国的。闲聊中，杰克逊把话题转到电磁感应现象上。

“什么叫电磁感应?”莫尔斯好奇地问。

于是，健谈的杰克逊用通俗的语言介绍了电磁感应现象。说着，杰克逊从旅行袋中取出一块马蹄形的铁块以及电池等。他解释道：“这就叫电磁铁。在没有电的情况下，它没有磁性；通电后，它就有了磁性。”

“这真是太神奇了!”莫尔斯仿佛看见了一个奇妙无比的新天地。于是，他向杰克逊请教了许多电的基础知识，比如电的传递速度等。

莫尔斯完全被电迷住了，连续几个晚上都失眠了。他想：“电的传递速度那么快，能够在一瞬间传到千里之外，加上电磁铁在有电和没电时能作出不同的反应。利用它的这种特性不就可以传递信息了吗?”他想起了船长给他讲过的哥伦布“大海传信”的事。信息传递是多么重要啊!41岁的莫尔斯——一位颇有成就的绘画教授决定放弃他的绘画事业，发明一种用电传信的方法——电报。

很快，莫尔斯就掌握了电磁基本知识。他准备正式向“电报”发起冲击!

莫尔斯从有关资料中得知，在他之前，早就有人设想用电传递信息。早在1753年，当时人类对电的认识还是处在静电感应时代，一位叫摩立孙的电学家，就曾做过这样一个实验：架设 26 根导线，每根导线代表一个字母。这样，当导线通电时，在导线的另一端，相应的纸条就被吸引，并记下这个字母。当时由于电源问题没有解决，因此摩立孙的实验未能进一步深入。3 年过去了，莫尔斯不知画过多少张设计草图，做过多少次实验，可每一次都以失败而告终。他的积蓄也全部用完了，生活十分贫困。他在给朋友的信中写道："我被生活压得喘不过气了!我的长袜一双双都破烂不堪，帽子也陈旧过时了。"

为了维持生活，莫尔斯于 1836 年不得不重操旧业，担任纽约大学艺术及设计教授。课余时间，他仍然继续从事电报发明工作。

莫尔斯也开始反思自己失败的原因，以便确定下一阶段的研制方向。他想到，在他之前的科学家，往往是为了表达 26 个字母而设计了极为复杂的设备，而复杂的设备制作起来谈何容易。他意识到，必须把 26 个字母的信息传递方法加以简化，这样电报机的结构才会简单一些。于是，他在科学笔记中写道："电流是神速的，如果它能够不停顿地走 10 英里，我就让它走遍全世界。电流只要截止片刻，就会出现火花；没有火花是另一种符号；没有火花的时间长些又是一种符号。这里有 3 种符号可以组合起来，代表数字和字母。它们可以构成全部字母，文字就能够通过导线传送了。其结果，在远处能记录消息的崭新工具就能实现了!"

"用什么符号代替 26 个英文字母呢?" 莫尔斯苦苦思索。他画了许多符号：点、横线、曲线、正方形、三角形。最后，他决定用点、横线和空白共同承担起发报机的信息传递任务。他为每一个英文字母和阿拉伯数字设计出代表符号，这些代表符号由不同的点、横线和空白组成。这是电信史上最早的编码。后人称它为"莫尔斯电码"。

有了电码，莫尔斯马上着手研制电报机。他在极度贫困的状态下进行研制工作。终于在 1837 年 9 月 4 日，莫尔斯制造出了一台电报机。它的发报装置很简单，是由电键和一组电池组成。按下电键，便有电流通过。按的时间短促表示点信号，按的时间长些表示横线信号。它的收报机装置较复杂，是由一只电磁铁及有关附件组成的。当有电流通过时，电磁铁便产生磁性，这样由电磁铁控制的笔也就在纸上记录下点或横线。这台发报机的有效工作距离为 500 米。

之后，莫尔斯又对这台发报机进行了改进。

该在实践中检验发报机的性能了。莫尔斯计划在华盛顿与巴尔的摩两个城市之间，架设一条长约 64 公里的线路。为此，他请求美国国会资助 3 万美元，作为实验经费。国会经过长时间的激烈辩论，终于在 1843 年 3 月，通过了资助莫尔斯实验的议案。

1844 年 5 月 24 日，在华盛顿国会大厦联邦最高法院会议厅里，进行电报发收试验。年过半百的莫尔斯在预先约定的时间，兴奋地向巴尔的摩发出人类历史上的第一份电报。他的助手很快收到那份只有一句话的电报："上帝创造了何等的奇迹!"

电报的发明，揭开了电信史上新的一页。

问题

1. 通信系统需要解决哪些问题?
2. 幽王的烽火报警最后为什么会不起作用?
3. 莫尔斯为什么要选择电的方式来传递消息?
4. 莫尔斯为什么会选择"点"和"横线"来编制电码?

从上面两个例子我们可以看到通信系统实际上要解决以下 3 个问题。

（1）传递什么样的消息：在现实生活中，消息的承载方式即载体是各种各样的，语言、文字是最基本的消息载体。语言是一种特殊的社会现象，它作为交际工具在人类社会活动中发挥着巨大作用。文字则是记录和传达语言的符号，是扩大语言在时间和空间上的交际功能的文化工具。人们常常用语言、文字来表达感情，进行人际沟通，互传信息，所以选择语言和文字作为消息的载体来建设通信系统是很自然的。电话通信、电报通信成为最常用的通信系统也就不足为奇。随着技术的发展，通信系统的传送媒体越来越丰富，特别是光通信的发展解决了传输瓶颈，计算机技术、Internet 技术在通信系统中得到广泛的应用后，消息承载的媒体更为丰富，包括了图像、影视、音乐等多媒体信息在内的各种形式。

（2）如何表达需要传送的消息：事实上，消息表达方式在通信系统中是通过协议和特别的约定来实现的，用烽火来传递外敌入侵消息，是周幽王们与诸侯们预先约定好的，幽王为了讨褒姒的欢心，破坏了约定，通信系统就失去了效用。通信媒体的选择受制于通信技术，在莫尔斯时代的技术能力，只能通过“点”、“横线”等简单的方式来约定所承载文字信息，而现代通信系统中，信息的调制方式、变换方式已十分丰富。数字通信技术的发展，为信息变换、信息传输、质量控制、安全保密等各个方面的协议提供了手段。

（3）如何使系统更有效：通信系统是昂贵的，通信服务系统是复杂的，为了提高通信系统的效率，人类已为之奋斗了很久，也取得了卓越的成绩。以电话为例，从人工交换、到自动交换、到计算机数字程控交换、到软交换，交换技术的每一步发展，都为电话通信的普及提供了容量、提高了接续效率和能力；长途传输能力一度是通信能力发展的瓶颈，从实线传输到载波、光纤通信，通信能力的提高既降低了传输系统的投资成本，又提高了传输容量，解决了传输瓶颈，保障了通信畅通；无线接入技术的发展，使人们在尽享移动通信便利的同时，向个人通信的目标迈进了一大步；数字技术、编码技术的发展为系统纠错、加密创造了条件；Internet 技术将成为一个综合的通信平台，使通信系统结构更简单、使用更方便、内容更丰富。

二、通信服务与通信业务

通信系统的建设是为了提供通信的服务，即将系统应用服务于人类，服务于社会。根据服务对象或服务面的不同，通信服务可以分为内部服务和公众服务。内部服务是指个人、单位团体自建一个通信服务系统，为内部人员提供通信服务。公众服务是指专门的通信服务提供商，建设一个覆盖广、规模大、质量好、使用便利的通信服务系统，为整个社会提供通信服务。

公众通信是一种为社会提供公共服务的通信系统，既具有社会服务的功能，也通过商务运营持续提高服务能力与水平。作为社会服务功能，通信对整个社会的生活和生产活动产生重要的影响，而且通信系统建设投资大、专门化要求高，涉及个人隐私和公共服务职能，所以属于特许经营服务，要从事通信服务经营活动，必须得到政府的许可。作为一种商业应用，通信服务必须具备商业应用可运营的基本条件。

问题

1. 通信服务与通信业务有什么差别？
2. 通信业务可运营应当具备什么样的条件？

通信服务可以理解为通信技术的应用，可以是一种内部的、私有的应用，也可以是面向公众的对外服务。通信业务是通信技术的有偿的服务，因为通信系统是一个复杂的系统，需要大量的建设资金、需要大量的专门技术力量来从事业务开发、系统维护，所以需要专业的具有法人治理结构的营利组织来提供专门化的服务，才能促进通信业的发展。专门从事通信服务的企业就是电信运营商。

并不是所有的通信技术和应用都能成为电信运营商的业务。通信技术或应用需要满足可运营的条件，才能成为一种经营的业务，使运营商在提供服务的过程中取得利益。

通信业务可运营的基本条件如下：

（1）运营商提供的服务是法人和自然人所需要的，只有人们需要的服务，才能在经营中取得利益；

（2）运营商能提供满足用户需要的、质量有保证的服务产品；

（3）能正确地判别服务是谁提供的，谁接受了服务，必须有明确的结算对象；

（4）运营商提供的服务是可计量的，能提供一个公平的、准确的、真实的、得到广泛接受的计价计费准则；

（5）方便、灵活的结算手段和结算渠道。

为了实现通信服务的运营条件，各电信运营商在建设通信业务网络的同时，需建设一个业务管理支撑网，来实现业务的受理、业务的管理、业务的监控，并支持客户费用的缴纳、业务计费与费用结算。

业务支撑网包括业务支撑系统（如营业系统、计费系统、账务系统、结算系统等）、业务受理与服务网点（营业厅、业务代理点、缴费点）等资源。

小结

1. 通信是一个消息传递的过程。

2. 通信系统是一种应用技术，它对通过通信技术的应用可为人们提供通信服务。具备运营条件，能面向大众提供商业服务的通信应用才是运营商提供的通信业务。

3. 通信运营企业是通过提供通信服务来营利的，通信运营企业提供的通信业务要具备运营条件，才能保证持续经营。

三、思考与练习

1. 请确认有线电视系统是一个通信系统吗？

2. 请分析 Internet 业务的可运营性。

第二讲 通信业务的分类

一、目的与要求

本讲的教学目的是，通过通信业务的分类分析，让学生初步了解通信业务的种类，熟悉通信业务体系，为课程学习提供一个内容架构。

通过教学，学生需了解分类的目的，掌握通信业务的体系框架，能简单地区分常见的通信业务。

二、教学要点

教学的重点是熟悉通信业务的若干分类方法，一方面让学生了解各种通信业务的类型，了解业务分类的目的和意义，另一方面以分类作为知识点的载体，介绍通信业务知识，通过分类让学生了解熟悉各类业务知识，初步了解各类业务的基本特点，并加以区分。通过课堂教学，要求学生熟悉教材罗列的业务类别。

三、教学目标

概念识记：

- 语音通信
- 有线通信
- 无线通信
- 长途通信
- 基本电信业务
- 辅助电信业务
- 增值业务
- 智能业务
- 预付费
- 后付费

知识技能要点：

- 了解通信业务分类的目的
- 熟悉教材罗列的业务类别

一、通信业务分类的目的

通信业务分类是很复杂的，当前并没有标准固定的分类标准和分类方式。由于行业主管部门、技术和业务教学部门、通信业务运营企业对业务进行分类具有不同的目的，所以分类方式也不尽相同。简单地说，通信业务的分类目的主要有以下几点。

（1）通过分类了解各类通信业务的特征，旨在建立一种通信业务的架构，通过这些架构，分门别类地去熟悉和了解这些业务的相关知识。

（2）通过分类对各种业务进行比较，在比较的过程中对各种业务进行区分，分析各种业务的特点，甄别各种业务的优势特色与不足。

（3）通过分类进行业务管理。运营企业为了开展各种业务经营活动，并对经营活动进行有的放矢的管理，经常对业务进行细分，通过分类统计和分析，及时掌握各项业务的经营状况，制订行之有效的经营方针和营销策略，开展有效的经营活动。

本讲从教学的角度，结合经营企业的业务分类方式进行分析，一方面通过分类，解读各类通信业务，另一方面，使学生初步了解运营企业的业务分类统计目录。

问题

讨论在日常生活中有哪些电信服务的例子并进行分类。

二、通信业务分类

1. 按通信业务的信息特征分类

通信业务最简单的分类是将业务分为语音通信与非语音通信。

语音通信，即电话通信，是以语音为消息载体传送消息的一种通信方式，这是人们最熟悉、应用最广泛、业务量最大的通信业务。语音通信根据接入方式的不同，可分为移动通信业务、固定通信业务；根据服务区域的不同，可以分为长途通信业务与本地通信业务等。语音通信是电信业务的主要部分，我们将在第 4 单元重点分析。

非语音通信泛指除语音通信业务之外的所有通信业务。非语音通信业务的形式多、业务品种多，同时业务量相对较小。由于语音通信的市场竞争越来越激烈，语音通信的利润越来越薄，而且用非传统的方式来传送语音消息的技术越来越方便，致使语音通信面临很大的挑战。所以，各电信运营商越来越重视非语音通信业务的发展。

非语音通信包括数据通信、Internet 通信、信息服务、通信资源服务以及各种通信系统的增值应用。近年来，短信业务的发展非常迅速，已发展成为仅次于语音通信的重要业务收入来源。随着 Internet 技术与传输技术的发展，传输资源从制约通信发展的瓶颈变成了通信发展和通信系统升级的推动力，各种基于 Internet 应用、需要占用传输资源较多的图像通信、音视频通信等多媒体应用已被年轻人接受和喜欢。

2. 按通信接入方式分类

通信业务按通信终端接入方式分，可分为有线通信和无线通信。

通过有形的传输介质将通信终端接入通信网的方式叫有线通信，有线介质主要有两类，一类是金属导线，另一类是光纤，我们常见的接入介质是金属导线，如电话线多采用铜芯双绞线等。有线通信的优点是，通信质量稳定、容量扩展方便、抗干扰能力强，不足的是采用金属导体做传输介质，需消耗贵金属材料，成本大，接入工程需要通过工程施工、验收等环节，接入条件受到环境的影响，有时很不方便。而且，通过有线方式将终端与接入点相连，通信终端移动性差。

通信信号通过无线电波在空中发送和接收、实现消息传播的方式叫无线通信，如我们熟悉的无线寻呼、移动电话、无线局域网等都是无线通信系统。无线通信的特点是移动性好、接入方便，但采用无线方式，受外部传输环境的影响较大，易受外部环境的干扰，传输质量不及有线通信稳定。

3. 按通信区域分类

通信业务按主被叫用户是否处在同一服务区域内，可分为本地通信和长途通信。

不需要通过长途通信传输网络的通信业务叫本地通信。在我国的通信管理体制中，通常以一个行政地市作为通信业务经营组织单位（本地电话网），本地市范围内的通信称为本地通信，俗称市话。各大电信运营商，通常将一个行政地市范围设为一个服务区。移动电信运营商在同一服务区内的用户一般不再细分，固定电信运营商通常将一个服务区电话按县级行政区域划分成县级服务区，将同一县级服务区内用户之间的通话称为区内电话，不同县级服务区之间的用户通话称区间电话。手机用户是可移动的，固定电话运营商无法确定手机的正确位置，所以，固定电话与本地手机通话，一律按区间电话处理。

凡是需要通过长途通信传输网络的通信业务叫长途通信，长途通信分国内长途通信（其中与中国香港、澳门、台湾地区用户的通信称港澳台长途通信）和国际长途通信。

国内长途通信为内地用户之间的长途通信，拨打国内长途固定电话需在用户号码前加国内长途区号，我国的长途区号根据行政区域以及可能的用户容量的不同而位数不同，部分重点城市作为通信网络的区域转接中心，长途区号为两位，其他区域一般为三位。由于手机号码中已包含识别区域的号段，所以拨打国内长途移动电话，不用加拨长途区号。

内地用户与中国香港、澳门、台湾地区用户的通信称港澳台长途通信。拨打港澳台电话需加拨国际统一的港澳台地区识别号。

内地用户与其他国家的用户之间通信称国际长途通信。拨打国际长途电话需加拨国际统一的国际长途区号。

在数字程控交换技术普遍应用之前，电话网络的信令是随路信令，在长途电话接续过程中，需根据被叫号码逐段分析、逐段转发，所以长途电话的接续过程与市内电话的接续过程具有较大的差别。现有的通信网络都已使用公共信令信道方式传递信令，长途接续与本地接续之间的差别已很小了，所以拨打长途电话与拨打本地电话一样快捷方便。随着光纤通信技术的发展，长途传输资源的日益充裕，长途通信的成本将越来越低。

4．按业务网络分类

按业务网络区分，通信业务可分为电话通信业务、电报通信网业务、Internet 业务等。

通过电话通信网传送信息的通信业务，叫电话通信业务。电话通信网络除承载语音业务外，还提供了不少辅助应用功能和增值服务功能。

电话通信的基本传输单位是话路，电话通信交换接续是以话路为单位的、有连接的电路转接。每一个话路在模拟方式下的传输带宽是 3.4kHz，在数字方式下的传输速率是 64kbit/s。电话通信是双向通信，实时传送要求高，通话时间越长，占用的通信资源越多，所以，电话通信采用按通话时间计费方式进行计量结算。

通过电报通信网络传送信息的通信业务叫电报通信业务。在传输能力相对不足的时期，电报业务曾是电信企业的重要业务。电报业务根据传送的报文形式分为文字和图像，前者为普通电报，后者为传真电报。电报通信是单向通信，通信实时性没有电话通信高，从信源到信宿不一定有固定的报路连接，常采用存储转发方式传输。文字电报占用的通信资源较少，通常采用按字数进行计费。传真电报一般按页面进行计费。用户自备传真机通过固定电话线接入并发送传真时，占用固定电话通信话路，计费方式与普通电话相同。

Internet 通信业务，是指利用 IP 技术和 IP 网络，将用户产生的 IP 数据从源网络或主机向目标网络或主机传送的通信服务，以及 Internet 系统的增值应用。作为信息化社会的基础设施，Internet 是一个开放的共享平台，上网用户自愿地上传或下载什么内容在技术上没有任何困难和限制，因而 Internet 并非是一个可运营的通信服务网络。但 Internet 通常需要主导电信运营商负责基础设施建设、日常维护和管理，电信运营商通过为 Internet 用户提供数据传送接入服务，为接入用户提供接入所需要的网络资源，并将接入服务和网络资源作为一种业务进行经营。

主导电信运营商可以直接向终端用户、网络服务机构提供 Internet 接入服务，也可以利用不同运营商的网络互连实现接入。

电信运营商可以建设用户驻地网、有线接入网、城域网等网络设施实现数据传送业务，并提供诸如会议电视和图像服务业务、国际闭合用户群的数据业务等基于 Internet 的数据传送业务。部分特许 Internet 用户可以通过 Internet，对用户提供有偿信息服务，成为 Internet 增值业务的经营者。这些基于 Internet 的增值应用，既丰富了网络内容，又为 Internet 用户实现沟通和交流提供了方便，缩短了人与人之间的时空距离。

5. 按与业务承载网的关系分类

按与业务承载网的关系分类，通信业务可分为基本电信业务、辅助电信业务、电信增值业务。

通信业务网络所承载的主要通信业务叫基本电信业务，如电话通信网的基本业务是语音通信，电报业务网的基本业务是电报通信，Internet 通信的基本业务是 Internet 通信。

通信业务网络除基本电信业务之外的衍生服务叫辅助电信业务（附加业务），如现有电话通信网除了提供语音通信外，还能提供来电显示、呼叫转移、呼叫等待、多方通信、闹钟服务等辅助应用功能。这些应用不属于通信网络的主要功能，而是在实现主要功能的通信网络的副产品，但这些业务离不开相关通信网络而单独存在。

所谓增值业务，是指通信网络、服务网络在提供电信服务的过程中，为充分利用网络资源、服务资源而提供的非主导服务，从而提高通信网络资源和服务资源的价值。例如，114“号码百事通”利用电话通信网来提供信息服务。用户通过拨打 114 信息服务台的目的是查询相关的信息，而不是为了与话务员通话。通信运营企业拥有功能强大的通信网络和遍及城乡的服务网络，能通过这些资源为政府、企事业单位、公众消费者提供信息化服务，目前有大量的 SP（服务提供商）、CP（内容提供商）借助电信运营商的网络平台提供信息服务，同时依靠运营商的服务网络完成用户的缴费、结算和客户服务，实现持续运营。

6. 按业务智能化分类

非智能业务是在呼叫接续过程中，通信系统只根据用户的状态进行呼叫处理通信业务。在非智能化的电话通信系统中，当主叫发出呼叫，通信系统认为被呼叫的用户是合法的，并处在空闲状态，则进行接续，否则放弃接续，同时通过不同的信号音通知用户挂机。

智能业务是在呼叫接续过程中，通信系统能对主叫、被叫用户进行各种鉴权认证、号码分析和变换、费用调整等智能化处理的通信业务。目前，最常用的智能通信业务是预付费电信业务、虚拟网业务等。

智能通信在业务完成接入的基础上，增加了业务控制功能，可以在业务控制点通过改变业务逻辑定义开发新的业务，所以极大地丰富了通信业务，简化了新业务的开发过程。

7. 按计费结算方式分类

按计费结算方式进行分类，通信业务可分为预付费业务与后付费业务。

所谓预付费业务，是指用户先缴费、后消费的业务。预付费业务是一种智能业务，用户可以先购买具有一定面值的通信消费卡，这些卡的有关数据，如账号、密码、有效期、账户余额等，已存放在智能网系统的数据库中，用户通话时，系统首先对用户进行鉴权，并查询该用户的实际账户余额，如余额足够支付一分钟的通话费用，则为用户进行接续。用户通话完毕，系统根据通话时长和费率进行实时扣款。当账户余额不足时，用户可以续费，如用户不及时续费，用户账户经一定时间休眠后，自动注消。

后付费用户是指先消费、后缴费方式的通信业务。使用这类业务的用户，在一个账期内可以先消费，到月底，账务系统对每一个用户进行计费出账，用户于次月去运营商指定的场所缴纳话费。

为了避免用户过度欠费，减少坏账损失，部分电信运营商通过费用监控的方式来督促用户及时缴费。在费用监控方式下，账务系统为每一个用户分别记录预存话费和已产生的话费，如果已产生的话费超过预存话费，则提醒用户缴费，用户不及时缴费，系统自动限制该用户的通信功能，用户续费，系统将自动恢复通信功能。

8．按服务对象分类

按服务对象分类，通信业务可分为普通公众业务、商业客户业务、大客户业务。

按服务对象进行分类的目的是细分客户，按不同的客户特点进行有针对性的营销、业务维系和服务。

公众客户是指大众消费者，商业客户指政府、社会团体、企事业单位客户，大客户是指消费能力比较强的重要客户。商业客户与大客户是业务收入的重要来源，虽然客户数量不大，但对业务收入的贡献较大，需要通过专门服务来维系，以防流失。

9．按业务品牌分类

为了吸引客户，提高特色业务的感召力和客户归属感，电信运营商通过树立业务品牌，以鲜明的品牌特色来提高客户对业务品牌的认知、认同。如中国移动、中国联通分别推出针对中高端用户的“全球通”、“世界风”，针对大众用户的“神州行”、“如意通”，针对青少年的“动感地带”、“新势力”等，中国电信推出了家庭消费品牌“我的 e 家”，信息服务品牌“号码百事通”等。

小结

1. 通信业务的分类可以千变成化，主要取决于分类的目的，本讲讨论通信业务分类的目的是通过分类方式，简单解读通信业务，以便在后续课程中进一步深化学习。

2. 本讲从业务与服务的角度分析业务分类，比较切合于通信运营企业的经营分析的指标分类，与信息产业部公布的分类目录有较大的差异。

3. 业务分类并非是一种新的业务，类别间存在相互涵盖和交叉。

三、思考与练习

1. 学习《阅读材料二：原信息产业部电信业务分类目录》，进一步了解电信业务的种类与分类知识。

2. 请根据你的理解，描述你经常使用的通信业务可以列属在哪些类别中。

阅读材料一：电话网辅助电信业务说明

在现代电话通信网络中，功能强大的数字程控交换机具有智能化能力，所以除了提供电话接续功能外，能提供很多辅助功能，现将常用的辅助电信业务作一简单介绍。

1. 来电显示与主叫禁显

来电显示是指被叫用户振铃的同时，显示主叫号码，以便接听者能知道来电对象。

主叫禁显是指主叫用户不允许主叫号码在被叫用户的终端上显示。

2. 呼叫转移

呼叫转移是指交换机根据用户的设定，当该用户被叫时将来电转接至另一用户号码。呼叫转移分以下几种情况：

无条件转移：不管该用户当时状态如何，只要有呼入，都转移到指定号码；

遇忙转移：当该用户正在通话时，将此期间的呼入电话转移到指定号码；

无应答转移：该用户处在空闲状态，但久叫无人接听，将呼叫转移至指定号码；

不可及转移：当该用户处在不可用状态，如移动用户关机或在无线信号覆盖盲区时，将呼叫转移至指定号码。

3. 呼叫等待与呼叫保持

呼叫等待是指当该用户正在通话时，第三方呼入，交换机不给呼入方送忙音，而是送等待提示，当该用户通话完毕，自动接通第三方电话的功能。

呼叫保持是指当该用户正在通话时，有第三方呼入，该用户先接听新呼入的电话，而让原通话用户保持（不挂机），当与新呼入用户通话完毕，切回被保持的电话的功能。

阅读材料二：原信息产业部电信业务分类目录

A. 基础电信业务

一、第一类基础电信业务

（一）固定通信业务

固定通信是指通信终端设备与网络设备之间主要通过电缆或光缆等线路固定连接起来，进而实现的用户间相互通信，其主要特征是终端的不可移动性或有限移动性，如普通电话机、IP 电话终端、传真机、无绳电话机、联网计算机等电话网和数据网终端设备。固定通信业务在此特指固定电话网通信业务和国际通信设施服务业务。

根据我国现行的“电话网编号标准”，全国固定电话网分成若干个“长途编号区”，每个长途编号区为一个本地电话网。固定电话网可采用电路交换技术或分组交换技术。

固定通信业务包括：固定网本地电话业务、固定网国内长途电话业务、固定网国际长途电话业务、IP 电话业务、国际通信设施服务业务。

1. 固定网本地电话业务

固定网本地电话业务是指通过本地电话网（包括 ISDN 网）在同一个长途电话编号区范围内提供的电话业务。

固定网本地电话业务包括以下主要业务类型：

－端到端的双向话音业务。

－端到端的传真业务和中、低速数据业务（如固定网短消息业务）。

－呼叫前转、三方通话、主叫号码显示等补充业务。

－经过本地电话网与智能网共同提供的本地智能网业务。

－基于 ISDN 的承载业务。

固定网本地电话业务经营者必须自己组建本地电话网络设施（包括有线接入设施），所提供的本地电话业务类型可以是一部分或全部。提供一次本地电话业务经过的网络，可以是同一个运营者的网络，也可以是不同运营者的网络。

2. 固定网国内长途电话业务

固定网国内长途电话业务是指通过长途电话网（包括 ISDN 网）、在不同"长途编号"区，即不同的本地电话网之间提供的电话业务。某一本地电话网用户可以通过加拨国内长途字冠和长途区号，呼叫另一个长途编号区本地电话网的用户。

固定网国内长途电话业务包括以下主要业务类型：

－跨长途编号区的端到端的双向话音业务。

－跨长途编号区的端到端的传真业务和中、低速数据业务。

－跨长途编号区的呼叫前转、三方通话、主叫号码显示等各种补充业务。

－经过本地电话网、长途网与智能网共同提供的跨长途编号区的智能网业务。

－跨长途编号区的基于 ISDN 的承载业务。

固定网国内长途电话业务的经营者必须自己组建国内长途电话网络设施，所提供的国内长途电话业务类型可以是一部分或全部。提供一次国内长途电话业务经过的本地电话网和长途电话网，可以是同一个运营者的网络，也可以由不同运营者的网络共同完成。

3. 固定网国际长途电话业务

固定网国际长途电话业务是指国家之间或国家与地区之间，通过国际电话网络（包括 ISDN 网）提供的国际电话业务。某一国内电话网用户可以通过加拨国际长途字冠和国家（地区）码，呼叫另一个国家或地区的电话网用户。

固定网国际长途电话业务包括以下主要业务类型：

－跨国家或地区的端到端的传真业务和中、低速数据业务。

－经过本地电话网、长途网、国际网与智能网共同提供的跨国家或地区的智能网业务，如国际闭合用户群话音业务等。

－跨国家或地区的基于 ISDN 的承载业务。

利用国际专线提供的国际闭合用户群话音服务属固定网国际长途电话业务。

固定网国际长途电话业务的经营者必须自己组建国际长途电话业务网络，无国际通信设施服务业务经营权的运营商不得建设国际传输设施，必须租用有相应经营权运营商的国际传输设施。所提供的国际长途电话业务类型可以是一部分或全部。提供固定网国际长途电话业务，必须经过国家批准设立的国际通信出入口。提供一次国际长途电话业务经过的本地电话网、国内长途电话网和国际网络，可以是同一个运营者的网络，也可以由不同运营者的网络共同完成。

4. IP 电话业务

IP 电话业务泛指利用 IP 网络协议，通过 IP 网络提供或通过电话网络和 IP 网络共同提供的电话业务。

IP 电话业务在此特指由电话网络和 IP 网络共同提供的 Phone-Phone 以及 PC-Phone 的电话业务，其业务范围包括国内长途 IP 电话业务和国际长途 IP 电话业务。IP 电话业务在整个信息传递过程中，中间传输段采用 IP 包方式。

IP 电话业务包括以下主要业务类型：

－端到端的双向话音业务。

－端到端的传真业务和中、低速数据业务。

－与智能网共同提供的国内和国际长途智能网业务。

IP 电话业务的经营者必须自己组建 IP 电话业务网络，无国际或国内通信设施服务业务经营权的运营商不得建设国际或国内传输设施，必须租用有相应经营权运营商的国际或国内传输设施。所提供的 IP 电话业务类型可以是部分或全部。提供国际 IP 长途电话业务，必须经过国家批准设立的国际通信出入口。提供一次 IP 电话业务经过的网络，可以是同一个运营者的网络，也可以由不同运营者的网络共同完成。

5. 国际通信设施服务业务

国际通信设施是指用于实现国际通信业务所需的地面传输网络和网络元素。国际通信设施服务业务是指建设并出租、出售国际通信设施的业务。

国际通信设施主要包括：国际陆缆、国际海缆、陆地入境站，海缆登陆站、国际地面传输通道、国际卫星地球站、国际传输通道的国内延伸段，以及国际通信网络带宽、光通信波长、电缆、光纤、光缆等国际通信传输设施。

国际通信设施服务业务经营者应根据国家有关规定建设上述国际通信设施的部分或全部物理资源和功能资源，并可以开展相应的出租、出售经营活动。

（二）蜂窝移动通信业务

蜂窝移动通信是采用蜂窝无线组网方式，在终端和网络设备之间通过无线通道连接起来，进而实现用户在活动中可相互通信。其主要特征是终端的移动性，并具有越区切换和跨本地网自动漫游功能。蜂窝移动通信业务是指经过由基站子系统和移动交换子系统等设备组成蜂窝移动通信网提供的话音、数据、视频图像等业务。

蜂窝移动通信业务包括：900/1800MHz GSM 第二代数字蜂窝移动通信业务、800MHz CDMA 第二代数字蜂窝移动通信业务、第三代数字蜂窝移动通信业务。

1. 900/1800MHz GSM 第二代数字蜂窝移动通信业务

900/1800MHz GSM 第二代数字蜂窝移动通信（简称 GSM 移动通信）业务是指利用工作在 900/1800MHz 频段的 GSM 移动通信网络提供的话音和数据业务。GSM 移动通信系统的无线接口采用 TDMA 技术，核心网移动性管理协议采用 MAP 协议。

900/1800MHz GSM 第二代数字蜂窝移动通信业务包括以下主要业务类型：

－端到端的双向话音业务。

－移动消息业务，利用 GSM 网络和消息平台提供的移动台发起、移动台接收的消息业务。

－移动承载业务以及其上的移动数据业务。

－移动补充业务，如主叫号码显示、呼叫前转业务等。

－经过 GSM 网络与智能网共同提供的移动智能网业务，如预付费业务等。

－国内漫游和国际漫游业务。

900/1800MHz GSM 第二代数字蜂窝移动通信业务的经营者必须自己组建 GSM 移动通信网络，所提供的移动通信业务类型可以是一部分或全部。提供一次移动通信业务经过的网络可以是同一个运营者的网络，也可以由不同运营者的网络共同完成。提供移动网国际通信业务，必须经过国家批准设立的国际通信出入口。

2. 800MHz CDMA 第二代数字蜂窝移动通信业务

800MHz CDMA 第二代数字蜂窝移动通信（简称 CDMA 移动通信）业务是指利用工作在 800MHz 频段上的 CDMA 移动通信网络提供的话音和数据业务。CDMA 移动通信的无线接口采用窄带码分多址 CDMA 技术，核心网移动性管理协议采用 IS-41 协议。

800MHz CDMA 第二代数字蜂窝移动通信业务包括以下主要业务类型：

－端到端的双向话音业务。

－移动消息业务，利用 CDMA 网络和消息平台提供的移动台发起、移动台接收的消息业务。

－移动承载业务以及其上的移动数据业务。

－移动补充业务，如主叫号码显示、呼叫前转业务等。

－经过 CDMA 网络与智能网共同提供的移动智能网业务，如预付费业务等。

－国内漫游和国际漫游业务。

800MHz CDMA 第二代数字蜂窝移动通信业务的经营者必须自己组建 CDMA 移动通信网络，所提供的移动通信业务类型可以是一部分或全部。提供一次移动通信业务经过的网络，可以是同一个运营者的网络，也可以由不同运营者的网络共同完成。提供移动网国际通信业务，必须经过国家批准设立的国际通信出入口。

3. 第三代数字蜂窝移动通信业务

第三代数字蜂窝移动通信（简称 3G 移动通信）业务是指利用第三代移动通信网络提供的话音、数据、视频图像等业务。

第三代数字蜂窝移动通信业务的主要特征是可提供移动宽带多媒体业务，其中高速移动环境下支持 144kbit/s 速率，步行和慢速移动环境下支持 384kbit/s 速率，室内环境支持 2Mbit/s 速率的数据传输，并保证高可靠的服务质量（QoS）。第三代数字蜂窝移动通信业务包括第二代蜂窝移动通信可提供的所有的业务类型和移动多媒体业务。

第三代数字蜂窝移动通信业务的经营者必须自己组建 3G 移动通信网络，所提供的移动通信业务类型可以是一部分或全部。提供一次移动通信业务经过的网络，可以是同一个运营者的网络设施，也可以由不同运营者的网络设施共同完成。提供移动网国际通信业务，必须经过国家批准设立的国际通信出入口。

（三）第一类卫星通信业务

卫星通信业务是指经过通信卫星和地球站组成的卫星通信网络提供的话音、数据、视频图像等业务。通信卫星的种类分为地球同步卫星（静止卫星）、地球中轨道卫星和低轨道卫星（非静止卫星）。地球站通常是固定地球站，也可以是可搬运地球站、移动地球站或移动用户终端。

根据管理的需要，卫星通信业务分为两类。第一类卫星通信业务包括：卫星移动通信业务、卫星国际专线业务。

1. 卫星移动通信业务

卫星移动通信业务是指地球表面上的移动地球站或移动用户使用手持终端、便携终端、车（船、飞机）载终端，通过由通信卫星、关口地球站、系统控制中心组成的卫星移动通信系统实现用户或移动体在陆地、海上、空中的通信业务。

卫星移动通信业务主要包括话音、数据、视频图像等业务类型。

卫星移动通信业务的经营者必须组建卫星移动通信网络设施，所提供的业务类型可以是一部分或全部。提供跨境卫星移动通信业务（通信的一端在境外）时，必须经过国家批准设立的国际通信出入口转接。提供卫星移动通信业务经过的网络，可以是同一个运营者的网络，也可以由不同运营者的网络共同完成。

2. 卫星国际专线业务

卫星国际专线业务是指利用由固定卫星地球站和静止或非静止卫星组成的卫星固定通信系统向用户提供的点对点国际传输通道、通信专线出租业务。卫星国际专线业务有永久连接和半永久连接两种类型。

提供卫星国际专线业务应用的地球站设备分别设在境内和境外，并且可以由最终用户租用或购买。

卫星国际专线业务的经营者必须自己组建卫星通信网络设施。

（四）第一类数据通信业务

数据通信业务是通过因特网、帧中继、ATM、X.25 分组交换网、DDN 等网络提供的各类数据传送业务。

根据管理的需要，数据通信业务分为两类。第一类数据通信业务包括：因特网数据传送业务、国际数据通信业务、公众电报和用户电报业务。

1. 因特网数据传送业务

因特网数据传送业务是指利用 IP 技术，将用户产生的 IP 数据包从源网络或主机向目标网络或主机传送的业务。

因特网数据传送业务的经营者必须自己组建因特网骨干网络和因特网国际出入口，无国际或国内通信设施服务业务经营权的运营商不得建设国际或国内传输设施，必须租用有相应经营权运营商的国际或国内传输设施。

因特网数据传送业务的经营者可以为因特网接入服务商提供接入，也可以直接向终端用户提供因特网接入服务。提供因特网数据传送业务经过的网络可以是同一个运营者的网络，也可以利用不同运营者的网络共同完成。

因特网数据传送业务经营者可以建设用户驻地网、有线接入网、城域网等网络设施。

基于因特网的国际会议电视和图像服务业务、国际闭合用户群的数据业务属因特网数据传送业务。

2. 国际数据通信业务

国际数据通信业务是国家之间或国家与地区之间，通过帧中继和 ATM 等网络向用户提供永久虚电路（PVC）连接，以及利用国际线路或国际专线提供的数据或图像传送业务。

利用国际专线提供的国际会议电视业务和国际闭合用户群的数据业务属于国际数据通信业务。

国际数据通信业务的经营者必须自己组建国际帧中继和 ATM 等业务网络，无国际通信设施服务业务经营权的运营商不得建设国际传输设施，必须租用有相应经营权运营商的国际传输设施。

3. 公众电报和用户电报业务

公众电报业务是发报人交发的报文由电报局通过电报网传递并投递给收报人的电报业务。公众电报业务按照电报传送的目的地分为国内公众电报业务和国际公众电报业务两种。

用户电报业务是用户利用装设在本单位或本住所或电报局营业厅的电报终端设备，通过用户电报网与本地或国内外各地用户直接通报的一种电报业务。用户电报业务按使用方式分为专用用户电报业务、公众用户电报业务和海事用户电报业务。

二、第二类基础电信业务

（一）集群通信业务

集群通信业务是指利用具有信道共用和动态分配等技术特点的集群通信系统组成的集群通信共网，为多个部门、单位等集团用户提供的专用指挥调度等通信业务。

集群通信系统是按照动态信道指配的方式实现多用户共享多信道的无线电移动通信系统。该系统一般由终端设备、基站和中心控制站等组成，具有调度、群呼、优先呼、虚拟专用网、漫游等功能。

集群通信业务包括：模拟集群通信业务、数字集群通信业务。

1. 模拟集群通信业务

模拟集群通信业务是指利用模拟集群通信系统向集团用户提供的指挥调度等通信业务。模拟集群通信系统是指在无线接口采用模拟调制方式进行通信的集群通信系统。

模拟集群通信业务经营者必须自己组建模拟集群通信业务网络，无国内通信设施服务业务经营权的经营者不得建设国内传输网络设施，必须租用具有相应经营权运营商的传输设施组建业务网络。

2. 数字集群通信业务

数字集群通信业务是指利用数字集群通信系统向集团用户提供的指挥调度等通信业务。数字集群通信系统是指在无线接口采用数字调制方式进行通信的集群通信系统。

数字集群通信业务主要包括调度指挥、数据、电话（含集群网内互通的电话或集群网与公众网间互通的电话）等业务类型。

数字集群通信业务经营者必须提供调度指挥业务，也可以提供数据业务、集群网内互通的电话业务及少量的集群网与公众网间互通的电话业务。

数字集群通信业务经营者必须自己组建数字集群通信业务网络，无国内通信设施服务业务经营权的经营者不得建设国内传输网络设施，必须租用具有相应经营权运营商的传输设施组建业务网络。

（二）无线寻呼业务

无线寻呼业务是指利用大区制无线寻呼系统，在无线寻呼频点上，系统中心（包括寻呼中心和基站）以采用广播方式向终端单向传递信息的业务。无线寻呼业务可采用人工或自动接续方式。在漫游服务范围内，寻呼系统应能够为用户提供不受地域限制的寻呼漫游服务。

根据终端类型和系统发送内容的不同，无线寻呼用户在无线寻呼系统的服务范围内可以收到数字显示信息、汉字显示信息或声音信息。

无线寻呼业务经营者必须自己组建无线寻呼网络，无国内通信设施服务业务经营权的经营者不得建设国内传输网络设施，必须租用具有相应经营权运营商的传输设施组建业务网络。

（三）第二类卫星通信业务

第二类卫星通信业务包括：卫星转发器出租、出售业务、国内甚小口径终端地球站（VSAT）通信业务。

1. 卫星转发器出租、出售业务

卫星转发器出租、出售业务是指根据使用者需要，在中华人民共和国境内将自有或租有的卫星转发器资源（包括一个或多个完整转发器、部分转发器带宽等）向使用者出租或出售，以供使用者在境内利用其所租赁或购买的卫星转发器资源为自己或他人、组织提供

服务的业务。

卫星转发器出租、出售业务经营者可以利用其自有或租用的卫星转发器资源，在境内开展相应的出租或出售的经营活动。

2. 国内甚小口径终端地球站（VSAT）通信业务

国内甚小口径终端地球站（VSAT）通信业务是指利用卫星转发器，通过VSAT通信系统中心站的管理和控制，在国内实现中心站与VSAT终端用户（地球站）之间、VSAT终端用户之间的语音、数据、视频图像等传送业务。

由甚小口径天线和地球站终端设备组成的地球站称VSAT地球站。由卫星转发器、中心站和VSAT地球站组成VSAT系统。

国内甚小口径终端地球站通信业务经营者必须自己组建VSAT系统，在国内提供中心站与VSAT终端用户（地球站）之间、VSAT终端用户之间的语音、数据、视频图像等传送业务。

（四）第二类数据通信业务

第二类数据通信业务包括：固定网国内数据传送业务、无线数据传送业务。

1. 固定网国内数据传送业务

固定网国内数据传送业务是指第一类数据传送业务以外的，在固定网中以有线方式提供的国内端到端数据传送业务。主要包括基于异步转移模式（ATM）网络的ATM数据传送业务、基于X.25分组交换网的X.25数据传送业务、基于数字数据网（DDN）的DDN数据传送业务、基于帧中继网络的帧中继数据传送业务等。

固定网国内数据传送业务的业务类型包括：永久虚电路（PVC）数据传送业务、交换虚电路（SVC）数据传送业务、虚拟专用网业务等。

固定网国内数据传送业务经营者可组建上述基于不同技术的数据传送网，无国内通信设施服务业务经营权的经营者不得建设国内传输网络设施，必须租用具有相应经营权运营商的传输设施组建业务网络。

2. 无线数据传送业务

无线数据传送业务是指前述基础电信业务条目中未包括的、以无线方式提供的端到端数据传送业务，该业务可提供漫游服务，一般为区域性。

提供该类业务的系统包括蜂窝数据分组数据（CDPD）、PLANET、NEXNET、Mobitex等系统。双向寻呼属无线数据传送业务的一种应用。

无线数据传送业务经营者必须自己组建无线数据传送网，无国内通信设施服务业务经营权的经营者不得建设国内传输网络设施，必须租用具有相应经营权运营商的传输设施组建业务网络。

（五）网络接入业务

网络接入业务是指以有线或无线方式提供的、与网络业务节点接口（SNI）或用户网络接口（UNI）相连接的接入业务。网络接入业务在此特指无线接入业务、用户驻地网业务。

1. 无线接入业务

无线接入业务是以无线方式提供的网络接入业务，在此特指为终端用户提供面向固定网络（包括固定电话网和因特网）的无线接入方式。无线接入的网络位置为固定网业务节点接口（SNI）到用户网络接口（UNI）之间部分，传输媒质全部或部分采用空中传播的无线方式，用户终端不含移动性或只含有限的移动性。

无线接入业务经营者必须自己组建位于固定网业务节点接口（SNI）到用户网络接口（UNI）

之间的无线接入网络设施，可以从事自己所建设施的网络元素出租和出售业务。

2. 用户驻地网业务

用户驻地网业务是指以有线或无线方式，利用与公众网相连的用户驻地网（CPN）相关网络设施提供的网络接入业务。

用户驻地网是指用户网络接口（UNI）到用户终端之间的相关网络设施。根据管理需要，在此，用户驻地网特指从用户驻地业务集中点到用户终端之间的相关网络设施。用户驻地可以是一个居民小区，也可以是一栋或相邻的多栋写字楼，但不包括城域范围内的接入网。

用户驻地网业务经营者必须自己组建用户驻地网，并可以开展驻地网内网络元素出租或出售业务。

（六）国内通信设施服务业务

国内通信设施是指用于实现国内通信业务所需的地面传输网络和网络元素。国内通信设施服务业务是指建设并出租、出售国内通信设施的业务。

国内通信设施主要包括：光缆、电缆、光纤、金属线、节点设备、线路设备、微波站、国内卫星地球站等物理资源，和带宽（包括通道、电路）、波长等功能资源组成的国内通信传输设施。

国内专线电路租用服务业务属国内通信设施服务业务。

国内通信设施服务业务经营者应根据国家有关规定建设上述国内通信设施的部分或全部物理资源和功能资源，并可以开展相应的出租、出售经营活动。

（七）网络托管业务

网络托管业务是指受用户委托，代管用户自有或租用的国内的网络、网络元素或设备，包括为用户提供设备的放置、网络的管理、运行和维护等服务，以及为用户提供互联互通和其他网络应用的管理和维护服务。

注：模拟集群通信业务、无线寻呼业务、国内甚小口径终端地球站（VSAT）通信业务、第二类数据通信业务（含固定网国内数据传送业务和无线数据传送业务）、用户驻地网业务、网络托管业务比照增值电信业务管理。

B. 增值电信业务

一、第一类增值电信业务

（一）在线数据处理与交易处理业务

在线数据与交易处理业务是指利用各种与通信网络相连的数据与交易/事务处理应用平台，通过通信网络为用户提供在线数据处理和交易/事务处理的业务。在线数据和交易处理业务包括交易处理业务、电子数据交换业务和网络/电子设备数据处理业务。

交易处理业务包括办理各种银行业务、股票买卖、票务买卖、拍卖商品买卖、费用支付等。

网络/电子设备数据处理指通过通信网络传送，对连接到通信网络的电子设备进行控制和数据处理的业务。

电子数据交换业务，即 EDI，是一种把贸易或其他行政事务有关的信息和数据按统一规定的格式形成结构化的事务处理数据，通过通信网络在有关用户的计算机之间进行交换和自动处理，完成贸易或其他行政事务的业务。

（二）国内多方通信服务业务

国内多方通信服务业务是指通过通信网络实现国内两点或多点之间实时的交互式或点播式的话音、图像通信服务。

国内多方通信服务业务包括国内多方电话服务业务、国内可视电话会议服务业务和国内因特网会议电视及图像服务业务等。

国内多方电话服务业务是指通过公用电话网把我国境内两点以上的多点电话终端连接起来，实现多点间实时双向语音通信的业务。

国内可视电话会议服务业务是通过公用电话网把我国境内两地或多个地点的可视电话会议终端连接起来，以可视方式召开会议，能够实时进行语音、图像和数据的双向通信。

国内因特网会议电视及图像服务业务是为国内用户在因特网上两点或多点之间提供的双向对称、交互式的多媒体应用或双向不对称、点播式图像的各种应用，如远程诊断、远程教学、协同工作、视频点播（VOD）、游戏等应用。

（三）国内因特网虚拟专用网业务

国内因特网虚拟专用网业务（IP-VPN）是指经营者利用自有的或租用公用因特网网络资源，采用 TCP/IP 协议，为国内用户定制因特网闭合用户群网络的服务。因特网虚拟专用网主要采用 IP 隧道等基于 TCP/IP 的技术组建，并提供一定的安全性和保密性，专网内可实现加密的透明分组传送。

IP-VPN 业务的用户不得利用 IP-VPN 进行公共因特网信息浏览及用于经营性活动；IP-VPN 业务的经营者必须有确实的技术与管理措施（监控手段）防止其用户违反上述规定。

（四）因特网数据中心业务

因特网数据中心业务（IDC）是指利用相应的机房设施，以外包出租的方式为用户的服务器等因特网或其他网络的相关设备提供放置、代理维护、系统配置及管理服务，以及提供数据库系统或服务器等设备的出租及其存储空间的出租、通信线路和出口带宽的代理租用和其他应用服务。

因特网数据中心业务经营者必须提供机房和相应的配套设施，并提供安全保障措施。

二、第二类增值电信业务

（一）存储转发类业务

存储转发类业务是指利用存储转发机制为用户提供信息发送的业务。语音信箱、X.400 电子邮件、传真存储转发等属于存储转发类业务。

1. 语音信箱

语音信箱业务是指利用与公用电话网或公用数据传送网相连接的语音信箱系统向用户提供存储、提取、调用话音留言及其辅助功能的一种业务。每个语音信箱有一个专用信箱号码，用户可以通过终端设备，例如通过电话呼叫和话机按键进行操作，完成信息投递、接收、存储、删除、转发、通知等功能。

2. X.400 电子邮件业务

X.400 电子邮件业务是指符合 ITU X.400 建议、基于分组网的电子信箱业务。它通过计算机与公用电信网结合，利用存储转发方式为用户提供多种类型的信息交换。

3. 传真存储转发业务

传真存储转发业务是指在用户的传真机之间设立存储转发系统，用户间的传真经存储转发系统的控制，非实时地传送到对端的业务。

传真存储转发系统主要由传真工作站和传真存储转发信箱组成，两者之间通过分组网或数字专线连接。传真存储转发业务主要有：多址投送、定时投送、传真信箱、指定接收人通信、报文存档及其他辅助功能等。

（二）呼叫中心业务

呼叫中心业务是指受企事业单位委托，利用与公用电话网或因特网连接的呼叫中心系统和数据库技术，经过信息采集、加工、存储等建立信息库，通过固定网、移动网或因特网等公众通信网络向用户提供有关该企事业单位的业务咨询、信息咨询和数据查询等服务。

呼叫中心业务还包括呼叫中心系统和话务员座席的出租服务。用户可以通过固定电话、传真、移动通信终端和计算机终端等多种方式进入系统，访问系统的数据库，以语音、传真、电子邮件、短消息等方式获取有关该企事业单位的信息咨询服务。

（三）因特网接入服务业务

因特网接入服务是指利用接入服务器和相应的软硬件资源建立业务节点，并利用公用电信基础设施将业务节点与因特网骨干网相连接，为各类用户提供接入因特网的服务。用户可以利用公用电话网或其他接入手段连接到其业务节点，并通过该节点接入因特网。

因特网接入服务业务主要有两种应用，一是为因特网信息服务业务（ICP）经营者等利用因特网从事信息内容提供、网上交易、在线应用等提供接入因特网的服务；二是为普通上网用户等需要上网获得相关服务的用户提供接入因特网的服务。

（四）信息服务业务

信息服务业务是指通过信息采集、开发、处理和信息平台的建设，通过固定网、移动网或因特网等公众通信网络直接向终端用户提供语音信息服务（声讯服务）或在线信息和数据检索等信息服务的业务。

信息服务的类型主要包括内容服务、娱乐/游戏、商业信息和定位信息等服务。信息服务业务面向的用户可以是固定通信网络用户、移动通信网络用户、因特网用户或其他数据传送网络的用户。

注：我国承诺的 WTO 减让表中所列出的服务项目与本分类目录中的业务名称不一致时，其对应关系如下：

基础电信服务中，“移动话音和数据业务”属蜂窝移动通信业务。

国内业务中，“话音服务”、“传真服务”、“电路交换数据传送业务”含在固定网本地电话业务和固定网长途电话业务；“分组交换数据传输业务”属第二类数据通信业务；“国内专线电路租用服务”属国内通信服务设施业务。

国际业务中，“话音服务”、“传真服务”、“电路交换数据传输业务”、“国际闭合用户群话音服务”属固定网国际长途电话业务；“分组交换数据传输业务”含在因特网数据传送业务和国际数据通信业务中；基于因特网“国际闭合用户群数据业务”属因特网数据传送业务，利用国际专线的“国际闭合用户群数据服务”属国际数据通信业务。

增值电信服务中，“在线信息和/或数据处理（包括交易处理）”和“电子数据交换”属在线数据处理与交易处理业务；“电子邮件”、“语音邮件”、“增值传真服务（包括存储与传送、存储与调用）”属存储转发类业务；“在线信息和数据检索”属信息服务业务；“编码和规程转换”在目前电信网已无具体应用，故在本目录中未列出。

第三讲　通信业务的发展

一、目的与要求

本讲的教学目的是，通过课堂教学，让学生了解电信技术的基本发展脉络，了解通信技术发展对通信业务发展的影响，了解推动通信业务发展的动力，以及通信业务的发展现状与趋势。

二、教学要点

本讲教学的重点是分析通信技术与通信业务的发展与现状。通过本讲的教学，学生初步了解语音通信、数据通信、Internet 通信业务的基本情况。

了解通信业务发展情况的目的不是为了熟悉一个编年史，通过对语音通信、数据通信、Internet 通信技术和业务发展的初步了解，将对学生熟悉通信系统的相关知识及正确理解通信业务的发展有所帮助。

三、教学目标

概念识记：

- 传输
- 交换
- Internet

知识技能要点：

- 了解通信业务发展的主观原因与客观因素，了解人们的需求永远是推动各种消费产品的最重要因素，并树立关注客户感受的服务理念
- 了解传输、交换、网络的基础知识及技术现状
- 了解通信业务的发展趋势

通信技术的发展对人类社会生活的影响是深远的，“千里眼”、“顺风耳”这些人类一度的梦想，随着通信技术的发展早已成为现实。本讲拟简单介绍通信业务发展的概况，以便了解通信业务的过去、现在和将来，了解通信技术与通信业务发展的动因。

一、通信系统简析

最简单的通信系统模型如图 1-3-1 所示。

一个消息从信源通过信道传送到信宿的过程就是通信的过程。为了延伸通信距离，提高系统的效能，通信系统在如图 1-3-1 所示的模型基础上进行了不断的改进和完善，图 1-3-2 所示为现行通信系统的示意图。

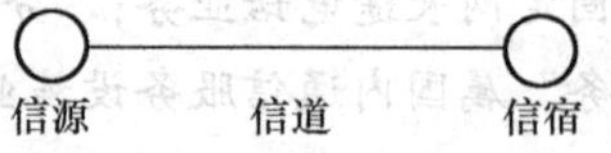

图 1-3-1　最简单的通信系统模型

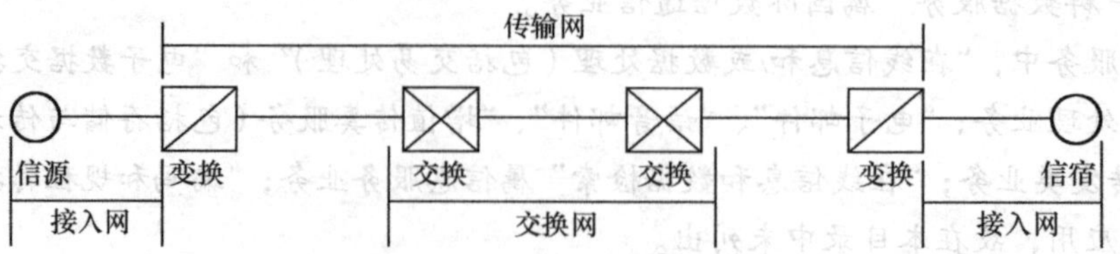

图 1-3-2　现行通信系统示意图

通信系统中，信源就是指需传送消息的信息源，通过变换，将信息转换成能更好地在系统介质中传送的信息形式，使之以更安全、更可靠、更有效的方式将信息传送得更远。交换的目的是为了实现对目标的寻址，实现通信用户之间的自动转接。

现代通信技术的发展主要是围绕着交换技术、传输技术、接入技术、变换技术等方面的不断突破，而不断更新和发展的。

问题

1. 信息为什么要变换？请列举你了解的信息变换方式。
2. 请讨论你们对交换的了解。
3. “接入”的概念在整个通信系统中如何理解？

二、通信技术和通信业务发展的动因

自从1844年莫尔斯发出第一份电报以后，通信业务随着电子技术的发展发生了巨大的变化，特别是近百年来，通信技术的发展可以说是日新月异。

小贴士

电信发展小史

1844年5月24日，莫尔斯发出世界上第一份电报。

1876年2月14日，贝尔申请电话专利权。

1919年，帕尔姆和贝兰德发明了“纵横制接线器”。10年后，瑞典松兹瓦尔市建成了世界上第一个大型纵横制电话局。

1946年，埃克特和莫奇利建成了世界上第一台电子计算机。

1947年，美国贝尔实验室提出了蜂窝通信的概念。

1965年，第一部由计算机控制的程控电话交换机在美国问世。

1966年，英籍华人高锟提出以玻璃纤维进行远距激光通信的设想。

1969年，美国国防部高级研究计划署（ARPA）提出了研制ARPA网投入运行。

1970年，世界上第一部程控数字交换机在法国巴黎开通。

1972年，国际电报电话咨询委员会（CCITT）首次提出综合业务数字网—ISDN的概念。

1982年，欧洲成立了GSM，任务是制订泛欧移动通信漫游的标准。

1983年，AMPS蜂窝系统在美国芝加哥开通。

……

通信技术之所以能得到如此快速的发展，一方面是由于人们对更先进、更多样化的通信方式的迫切需求，一旦工业技术特别是电子工业技术有所突破，就会很快地将新的成果应用到通信系统中；另一方面，也正是20世纪电子技术的飞速发展推动了通信技术的发展。

透过通信技术的发展推动通信业务不断更新的历史，我们不难发现，人们对更先进、更方便、更灵活的通信手段和内容更丰富多彩的通信服务是如此的渴求，以致各种适用于通信的新技术，将很快在通信领域得以应用，并促进通信系统的快速升级换代。

三、通信技术的发展概况

通信技术的发展是推动通信业务发展的客观动力，现代通信的发展是随着电子技术、计算机技术的发展而发展的，无论是在传输技术、交换技术、网络技术等诸方面，都受益于电子元器件和计算机技术的发展。

1．传输技术的发展

电信号是通过传输介质实现长距离传送的。为了提高通信距离和线路的复用率，传输技术在传输介质选择、传输复用能力提高、信号调制方式等诸多方面进行了有益的探索，并取得了惊人的成果。

传输介质可分为有线介质和无线介质两大类。

有线介质又分为金属介质与光纤。光纤通信，随着熔接技术、光通信器件、数字处理技术等方面的进步，以及各种先进的传输协议的开发和应用，现已成为长途传输及高速接入网的最主要的方式。

在光纤通信之前，有线长途传输主要采用架空明线、同轴电缆等技术，并通过载波复用提高传输容量。我国容量最大的中同轴载波系统是 20 世纪 80 年代初建成的京沪杭 1 800 路载波通信系统（其中湖州-杭州试验段容量达 4 380 路）。随着光通信的快速发展，光纤通信逐步取代了载波通信系统，成为覆盖全国主要城市的骨干传输大动脉。经济发达地区普遍建成了光纤城域网和光纤到大楼、光纤到小区的高速接入网。

语音业务的接入仍以铜芯双绞线为主。铜芯双绞线通过使用 xDSL 技术，成为家庭宽带接入的主要手段，这使早先投入的线路资源的利用率大大提高。

我国的传输骨干网络普遍采用先进的 SDH 和 ATM 模式，SDH 为同步实时线路传输提供了丰富的资源，ATM 为多协议、多业务的综合接入提供了使用灵活、利用率高的基础平台。

无线传输在长途传输网的主要应用形式是微波通信、卫星通信。无线接入网的主要形式是蜂窝式移动通信系统、WLAN 等。无线接入技术的广泛应用，特别是 3G 技术的应用，将使个人通信的理想成为现实。

2．电话交换技术的发展

电话，是人类应用最广泛的通信工具。电话通信的普及在很大程度上得益于交换技术的发展。电话交换经历了人工接续、半自动交换、机电式自动交换、模拟程控交换、数字程控交换等发展阶段。

数字程控交换技术的计算和控制能力通过结合公共信令网技术，普遍提高了系统的寻址能力，提高了长途资源的利用率，缩短了系统的接续时间。

数字程控交换技术通过结合位置信息管理技术，实现了移动交换中心的移动性管理，解决了移动用户在漫游状态下的寻呼和无线接入的难题。

数字程控交换技术通过结合数据库技术，实现了智能网通信服务。智能网通信系统通过在普通交换系统的基础上，增加业务控制点，将业务交换和业务控制分开，由业务交换点负责呼叫处理和业务交换，由业务控制点负责用户数据的管理和业务逻辑的定义和解释，使新业务的定义变得更为方便。

数字程控交换的呼叫控制和接续是基于电路的，通话电路的基本传输速率是 64kbit/s，为了适应不同业务的不同传输需求，国际电信联盟提出了 ISDN 标准，以支持多速率电路交换，为不同的业务提供不同带宽的 DDN（Digitai Data Network）业务（基于基本速率 8 kbit/s 或 64kbit/s）。

随着计算机和宽带通信技术的不断发展，软交换技术开始在系统中扮演越来越重要的角色。

不同于传统的程控交换，软交换系统以分组交换为核心，能通过一个公共的分组网络承载话音、数据、图像等。软交换系统是下一代分组网络的核心设备之一，它独立于传送网络，主要完成呼叫控制、资源分配、协议处理、路由、认证、计费等主要功能，同时可以向用户提供现有电路交换机所能提供的所有业务，并向第三方提供可编程能力。

3. Internet 技术的发展

Internet 通信是通过 Internet 协议将分布在世界各地的计算机和网络连接起来，以实现资源共享和互联通信。

自从 1969 年，第一个网络 ARPANET 在美国诞生以来，在网络结构、网络互连协议、分组交换、网络应用等诸多方面的涌现出大量的新技术，使 Internet 应用日新月异，成为人们日常生活的重要部分。无论是网络浏览、网上搜索、网上交流、网上游戏，还是网上办公、网上交易、网上信息发布，Internet 已深深地影响着人们的日常生活。

Internet 技术的发展是如此的迅速，从链路层、网络层到表达层、应用层等各个层面的技术交织发展，只用了短短十几年时间，这一高科技技术的应用正扑面走进寻常百姓之家，成为人们生活和工作的伴侣，电子邮件、网络游戏、网上订购等基于 Internet 的应用不胜枚举。

Internet 技术的应用是如此的灵活，使原来必须花巨资建设的各种通信系统能融合在一起，各种通信业务网络及广播电视网络都能在 Internet 的规范下成为 Internet 应用的接入业务。

通信网络的软交换改造，将成为业务融合的重要基础，也将进一步推进基于 Internet 通信的发展。通信业务网、广播电视网与 Internet“三网合一”已不存在任何技术栅栏。

四、通信业务的发展现状

通信技术的发展，直接推动了通信业务的发展。通信技术的快速进步，提高了通信资源的利用率，降低了通信业务的使用成本，提高了通信普及率，扩大了通信业务的应用领域，也改变了人类社会的生活方式。

1. 电报通信业务

电报通信曾是电信企业的重要业务，由于当时电话通信业务客观上存在着电路资源紧张、电话交换能力差、接续时间长等问题，电报一度是人们最重要的通信工具。

莫尔斯电报的发明，开创了以电为传输媒介的通信发展新纪元。在此后的一百多年时间里，电报业务得到了持续的发展，电传的应用，提高了电报通信的效率；传真电报改变了电报单一的文字传送方式，实现了图表、图像的异地传送。

电报通信业务门类较完整。从电报的形式上可区分为普通电报与传真电报，从服务的范围来区分可分为国内电报、港澳台电报、国际电报，从服务对象来区分可分为公众电报与用户电报。为了方便船舶上的工作人员和旅客通信，还专门开设了国内、国际船舶电报。电报通信业务根据服务对象不同可分为天气电报、水情电报、公益电报、普通电报、公务电报。为了增加电报服务内容，满足电报通信用户礼仪往来的需求，还开设了庆贺、吊唁、请柬、慰问、鲜花等礼仪电报业务，电信运营商在传递信息的同时携带了用户的一份情感。

随着电话通信的普及和 Internet 通信的普及，电报通信已逐渐被其他的通信形式所替代，除传真业务外，电报通信业务量极度萎缩，正在逐渐退出舞台。

2. 电话通信业务

语言是人类社会的主要沟通工具，因而以语音为载体的电话通信是通信业务的最主要形式。当今电信企业的快速发展，很大程度上得益于电话通信业务的蓬勃发展。

电话通信业务的持续发展，主要受益于程控交换技术、光纤通信传输技术、移动通信技术、智能网业务技术等新技术的开发和应用。

程控交换机的出现，使电话接续能力大幅度提高、装机容量大幅度增加，接续速度大幅度加快。

传输技术的发展，特别是光纤通信的大量应用，解决了通信传输的瓶颈，使长途通信变得与本地通信一样便利。过去，打长途电话需要挂号等待，有时为了打一个长途电话可能需要等几个小时，而现在，不管主被叫用户离得多远，电话通信都能做到即拨即通，从使用的角度来看已分不出本地电话、长途电话、国内电话、国际电话的差别。

移动通信技术的发展更进一步提高了电话通信的便利性，解决了固定电话的诸多局限性。使用移动通信，一方面基本实现在任何时间、任何地点可以与任何人通话的目标，另一方面，用户只要买一部手机在某一移动电信运营商注册入网就能实现通信，而不再受到接入条件的限制。

电话通信的智能化水平不断提高，为了适应用户的特殊需要，各种智能业务得到了广泛应用，如预付费业务、虚拟专网，自动信息服务等。

VoIP 技术的应用，使电话通信业务在传输和交换方式上有了新的突破，改变了经营电话服务必须建设一个骨干长途传输网的局面，降低了通信业务经营的进入门槛，有利于在电话业务接入层面展开竞争，提高服务能力和服务质量。

宽带技术的应用，使电话通信网络适应用户需求的能力增强，特别是移动通信信道的宽带化，使用户在移动的过程中，不但能进行语音通信，还能进行数据通信，不但能通电话，还能上网。

电话通信网络是建设最完善、投入资源最多的通信网络，如何发挥网络资源的效益，提高网络资源的价值，这是通信业务经营者追求的目标。据此，通信业务经营者开发出名目繁多的增值业务，如短信业务、手机上网、信息服务等，就连作为通知主叫用户“系统正在对被叫振铃”的回铃音也被开发为“愉快地等待”的“彩铃业务”。

在竞争的条件下，有多个运营商分流客户资源。为了提高网络对客户的粘贴能力，同时促进用户的消费，电信经营企业不再单纯地提供通信服务，已将信息服务纳入经营范围，并将信息服务作为“内容竞争”的手段。电信运营商对服务范围的定位从“提供通信服务”转变为“提供通信服务与信息服务”。通过语音信道进行信息传送的信息服务在电话通信网上得到较快的发展，“号码百事通”是语音信息服务的最有代表性的业务。铃声下载、音乐点播、图片下载、资讯订制等信息快餐也成为电话用户乐于接受的增值业务。

3. Internet 通信服务

Internet 业务的主要业务形式为 Internet 接入服务业务、Internet 数据中心业务、Internet 信息服务业务、Internet 虚拟专用网业务、Internet 会议电视、图像服务业务和其他 Internet 增值电信业务。

Internet 作为一个信息化的公共基础设施，其通信能力和通信传输功能目前处于非运营状态。在 Internet 上的大多数流量并非是象其他通信系统那样具有确定的信源、信宿，确定的传输路由，确定的传输目的和要求，网络流量的价值也很难衡量。目前，电信运营商能够提供多种基于 Internet 的业务，但各种业务的发展并不平衡。中国电信、中国联通具有较丰富的接入网资源，在家庭宽带接入服务业务方面得到了较好的发展。数据中心业务也主要集中在中国电信和中国联通，虽然电信运营商能提供良好的机房环境、良好的设备维护和管理能力、良好的网络资源，但数据中心服务并没有发展成为主流业务。主机托管、虚拟主机、空间租用等业务没有得到广泛的应用，特别是一些网站及其他非主导电信业务运营者（如 SP）提供了不少免费的网络空间，对单纯提供数据中心有偿服务形成了压力。

Internet 虚拟专用网业务、Internet 会议电视和图像服务业务无论是技术上，还是业务上都已十分成熟，除了为大中型企业提供网络资源服务外，中国电信、中国联通都已建设了公众视讯网络，为 Internet 会议电视及图像服务提供了基础平台，使视频通信系统从原来的专网方式转变为接入方式，大大降低了视频通信用户的使用成本，并为视频通信的公众应用创造了条件。

Internet 信息服务业务和 Internet 增值电信业务内容非常丰富，在我国有几千家 SP 和 CP 成为电信运营商的合作伙伴，成为方方面面的信息提供者。信息服务既是网络服务经营者的服务内容，也是网络服务经营者的生存之本。

五、通信业务发展的趋势

电信业务发展的主观原因是人们对通信服务的无止境的需求，客观原因是技术的进步。随着通信技术的发展，电信业务的发展呈现出数字化、移动化、宽带化、综合化、智能化、个人化的趋势。

1．数字化

通信系统的数字化主要指的是交换与传输的数字化。数字程控交换技术，PDH（准同步传送模式）、SDH（数据同步传送模式）、ATM（异步转移模式）等都是建立在数字化基础上的。在现有通信系统中，骨干传输网、电话交换网已完全实现了数字化，但用户接入段在多数情况下仍采用模拟传输。因此，每一个电话用户在程控交换机上都必须配有模数转换的电路端口。采用模拟接入的主要原因是用户的通信终端是非数字化的。

接入网数字化改造的途径是通信终端的数字化或在用户端加接数字调制设备。数字调制设备一方面解决了接入段的数字化，另一方面提高了线路的传输能力，如一线通业务为用户提供 N-ISDN 的服务。

2．移动化

移动状态下的通信，为人们实现了随时随地的通信需求。现代社会，人们的生活节奏越来越快，信息的时效性越来越重要，人们对在移动状态下的通信需求十分迫切。虽然 20 世纪 40 年代移动移动通信已开始在船舶、飞机及军事等通信领域小范围使用，但直到 20 世纪 80 年代才实现了真正意义上的移动通信。在此后的 20 多年时间里，移动通信系统经历了频分多址、时分多址、宽带码分多址的 3 次换代，移动通信用户超过了固定电话用户。移动通信手机终端是数字化终端，许多辅助应用是固定电话所无法实现的。便利的使用方式、随时随地的服务，使移动通信替代固定通信的趋势正在加快。

3．宽带化

宽带化是指应用更高速率的网络，适应传送宽带业务，如高速数据、高清电视、高保真音频信号、视频会议、远程教育、远程医疗、交互式语音、数据与图像通信等。以 ATM、SDH 为基础的骨干传输网络提供了宽带传输的关键技术。城市管线资源的完备、光纤接入网的建设，使宽带入户的目标越来越接近，FTTC（光纤到路边）、FTTB（光纤到大楼）、FTTH（光纤到住户）等网络技术得到了实际的应用。

语音通信系统也出现了宽带化趋势，宽带移动网络允许移动终端满足传送语音信息的同时，又能提供高速数据传送，解决高速数据终端的无线接入。3G 技术的应用将使各种高速终端的无线接入更完善。

4．综合化

无论是企事业团体，还是家庭用户，通常需要使用不同的通信业务，虽然不同的业务在传输速率、交换方式等方面各不相同，但在数字化的条件下，能通过综合通信协议结合在一起，以简化接入方式、简化室内布线、简化系统升级方式。ITU-T 对提供或支持不同通信业务的通信网称为综合业务数据网（ISDN）。

窄带综合业务数据网（N-ISDN）以电话通信网为基础提供一线通服务，在电话线上既传送电话业务又传送数据业务，基本速率为 2B+D，其中 B 为话音信道，提供来去各 64kbit/s 的传输通道，D 为信令及数据信道，传送 16kbit/s 的控制信令或数据；基群速率接口（PRI）为 30B+D，B、D 信道的速率均为 64kbit/s。

宽带综合业务数据网（B-ISDN）是基于异步转移模式（ATM）的综合业务网络，接入速率的标准为 155.520Mbit/s、622.080Mbit/s 等。

5．智能化

智能化是指在电信运行、业务管理与维护中引入计算机技术与数据库的应用，以利于支持业务控制、新业务的开发。

智能网业务有电话智能网、多媒体通信智能网等。

6．个人化

个人通信是一种理想的通信目标，个人通信的目标是任何人（whoever）在任何时间（whenever）任何地点（whereever）与任何人（whoever）以任何方式（however）进行任何可选的业务（whatever）进行通信。个人通信以移动通信技术为基础，通过个人接入号码识别使用者，利用智能网技术使系统内任何主叫无需知道被叫在何处、使用何种接入方式，就能自动寻址和完成接入。

小结

1. 现代通信，特别是基于电路交换的通信业务的发展是围绕着传输技术、交换技术的发展而发展起来的，计算机技术与 Internet 技术的广泛应用将有可能改变通信业务的发展轨迹。

2. 通信业务的发展得益于技术的进步，同时也受到人们对更先进、更便利、内容更丰富的通信需求渴望的驱动。人（包括法人）的需要永远是发展的主要动力，我们在从事各种经营活动中必须记住这一点。

3. 通信业务的发展趋势是数字化、移动化、宽带化、综合化、智能化，并向个人通信的目标演进。

六、思考与练习

1. 请分析推动通信技术与业务进步的原因，并据此分析中国电信“服务第一、客户至上”服务宗旨的现实意义。

2. “接入网实际上是指通信系统中用户侧的最后一英里的传输网。”请说说你对接入这个专业术语的理解。

3. 请分析和总结通信业务的发展趋势。

4. 请在 Internet 上搜索一下“SDH”、“ATM”、“软交换”等通信专业术语并阐述你对这几个专业术语的理解和认识。

第2单元 通信系统与电信业务网

第一讲 通信系统的概述

一、目的与要求

本讲的教学目的是通过课堂教学，使学生了解通信系统的基本组成和通信网的基本概念，了解通信系统一般的组网方式。通过教学，学生需熟悉：

1. 通信系统的概念，通信系统的组成，各部分的作用；
2. 通信系统不同逻辑层面的概念；
3. 常见的通信网络拓扑。

二、教学要点

本讲教学的重点是分析通信系统的概念、逻辑网络和组网方式，熟悉常见网络拓扑结构，了解业务发展趋势。

三、教学目标

概念识记：

- 传输层/传输网
- 业务网层/业务网
- 应用层
- 支撑网

知识技能要点：

- 了解通信网络的组成及逻辑层的概念
- 了解通信业务网的意义，初步了解各种业务网承载的主要业务
- 了解通信网的拓扑结构
- 了解通信业务网的发展趋势

一、通信系统的组成与电信网的概念

上一单元中，我们已经知道了什么叫通信。通信服务是通过通信系统实现的，实际的通信系统是很复杂的。以电信号作为信息传递方式的通信系统叫电信系统。电通信是现代通信的最主要形式。

电信系统由 4 部分组成，即通信终端、传输系统、交换系统及供电系统。

通信终端是指用户使用通信服务的工具，如电话机、手机、传真机、计算机等，其作用是将用户需要借助通信系统传送的信息通过某种方式转化为适合系统传送的形式，或将通过系统传送的信息复原，并以用户需要的形式呈现出来。例如，电话机是电话通信终端，发送端通过送话器将声波转化为电信号，通过电话通信系统将电信号传送到接收端，接收端通过受话器将电信号复原成为声波。

传输系统的作用是实现通信信号的长距离、高质量传递。为了提高传递质量，提高传输系统的效率，提高系统的安全性、可靠性，提高调度网络资源的灵活性，传输系统不仅需要建立各种转换协议，还需要在传递的过程中进行信息的变换、中继、转接，如将模拟信号转化为数字信号，将电信号转化为光信号，通过中继设备、交换设备实现传输损耗的补偿、路由的重组等。

交换系统的作用是根据通信目标地址，如电话号码、IP 地址等，分析传输路由，进行电路的转接或信息的转发。将任意的两个通信用户通过通信电路直接连接起来是不可能的，只有通过多重转接的方式才能实现在世界范围内自由选择通信的对象。

供电系统是为通信系统提供能量保障的，任何电信设备都离不开电源。电信系统需要提供不间断的服务，各种设备对电源系统的稳定性、不间断性要求非常高，所以，通信系统的供电系统对于电力供给的可靠性、稳定性保障措施十分周全。

通信系统的各个组成部分是通过严密的方案组合而成的，通信终端、传输系统、交换系统通过一定的规则形成网络，这样的网络就是通信网。

二、电信网的概念模型

电信网从广义的角度来分析可以分解成多个层面，而且网络在提供通信服务的过程中提供的职能也是不一样的，我们通过图 2-1-1 来讨论电信网络的概念模型与网络职能。

图 2-1-1 分左右两部分，左边部分可以理解为业务与应用系统，右边部分可以理解为支撑系统。业务与应用系统的作用是为用户提供通信服务与信息服务，是电信系统的主要功能。支撑系统为电信网的业务传输、业务交换与转接、业务管理和运营提供保障。

如图 2-1-1 所示，业务与应用系统部分在逻辑上分成传输层、业务层、应用层，需要注意的是，三层模型并不是指存在 3 类不同的网络，而是指网络的 3 个不同的概念模型。分层模型是将网络在逻辑上建立区分界面，在分层的概念模型下，从事系统设计、业务开发、应用开发的人员可以在不同范畴内丰富同一个通信网的功能。

1．传输层的作用

传输层的作用是从机制上、技术上解决通信信息流的传递，通俗地说，电信传输系统需要许多协议和约定，来解决采用什么介质、采用什么样的信号及信号调制方式、采用什么样的多路复用技术、如何转接、如何保证传送的质量、如何保证所传送的信号的安全等技术问题。

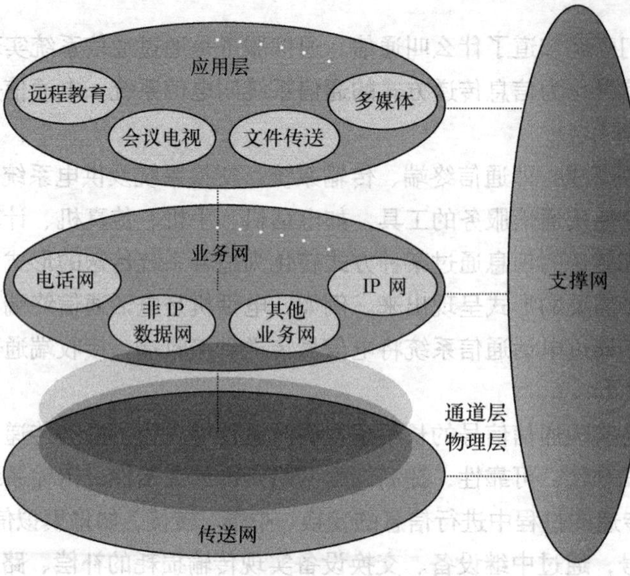

图 2-1-1　电信网结构示意图

传输系统是电信系统的基础网络，由传输线路、交换节点组成。传输网好比公路运输网，由各种道路及道路控制系统组成，除了路网，还需要道口管理、交通信号灯、道路指示牌、道路交通安全规则等，这一切都是为交通运输服务提供的基础设施。

2．业务层的作用

业务层的作用是将需要在传输网上传递的信息流定义成为不同的信息服务形式，如电话通信、电报通信、Internet 通信等，为用户提供对应的服务，如数字通信传输网是用来传送二进制信息的，当这些二进制信息代表的是语音时，网络所提供的是电话通信服务，当这些二进制信息代表的是电报信息，则系统提供的是电报通信服务。

当我们用电话终端设备将语音信息转换成与基础传输网适应的信息形式，在基础传输网上传输，构成一个适用于语音通信的电话通信业务网。同样的方法，我们可以构成电报通信业务网、Internet 通信业务网等。

电信业务网就是用户信息服务网，面向公众提供各种电信业务，目前主要包括公众电话交换网、数据通信网（分组交换网、帧中继网）、综合业务数字网、IP 网、移动通信网、智能网等。

电信业务网好比公路运输网中的长途客运网、长途货运网等，无论是客运，还是货运，都是通过运输工具在公路网上运输人和物，不同的是承载对象有所不同，客运系统通过客运站这一接口承办客运服务，货运系统通过货运站接口承办货运服务。

3．应用层的作用

如果将电信网提供的业务定义成为特定的用途，就形成了特定的通信应用，如电话服务是一种电信业务，目的是为用户提供一条语音通道，供双方进行语音交流，但通过电话通信网，我们可以提供一些特定的应用系统，号码百事通就是一个例子，用户拨打 114 的目的不是为了通话双方的语音信号的传送，即与话务员说话，而是为了通过电话通信网查询一些信息。

业务层与应用层在很多场合是较难区分的，表 2-1-1 列出了部分电信网的基本业务。

表 2-1-1　　电信网提供的基本业务

业务网名称		基 本 业 务	增值业务/补充业务
电话网		话音通信	数据传输、传真（Fax）、语音信箱（Voice Box）、计算机电话集成（CTI）等
窄带综合业务数字网	NISDN 一线通	话音、数据、图像（窄带）的综合业务	1. 号码识别业务 2. 呼叫提供类业务 3. 呼叫完成类业务 4. 多方通信类业务 5. 社团性业务（闭合用户群、虚拟网） 6. 计费类业务 7. 附加信息传送类业务
智能网（IN） 电话智能网		电话智能化管理	补充业务：电话智能网功能集（INCS-1） 25 种目标业务
数据网	X.25 分组交换网	数据文件传送、信息查询 基本业务：SVC、PVC 可选业务：闭合用户群、返向付费、呼叫重定向、搜索群业务、快速选择等	电子邮件（E-mail） 电子数据互换（EDI）
	数字数据网（DDN）	租用专线（半永久连接）	
	帧中继网（FRN）	面向连接的 PVC 业务	
IP 网		数据：电子邮件（E-mail）、文件传送（FTP）、远程登录（Telnet） IP 电话	Internet 增值电信业务： 1. Internet 接入服务业务； 2. Internet 数据中心业务 3. Internet 信息服务业务 4. Internet 虚拟专用网业务 5. Internet 会议电视、图像服务业务 6. Internet 呼叫中心业务 7. 其他 Internet 增值电信业务
宽带综合业务数字网	BISDN ATM	支持立体声音乐、高速数据、宽带活动图像综合业务，如可视电话、会议电视、远程教学、远程医疗、电子商务等	
卫星通信网		卫星移动通信业务，卫星转发器出租、出售业务，卫星固定通信业务	甚小卫星终端站（VSAT）通信业务
移动通信网	模拟蜂窝移动通信	频分多址（FDMA）	2001 年 12 月底，中国已关闭蜂窝模拟移动通信
	数字蜂窝移动通信	时分多址（TDMA）	数字集群通信业务 GPRS（通用分组无线业务）
		码分多址（CDMA）	CDMA 无线宽带
	IMT-2000	第 3 代移动通信系统： TD-SCDMA（中国） WCDMA（欧洲） cdma2000（北美）	

三、电信网的拓扑结构

电信网一般可以看成由软件和硬件两部分构成，网络硬件的物理结构称为网络的拓扑结构。

各种网元节点和传输链路相互有机地连接起来构成了电信网，通信终端、传输设备、交换机是常见的电信网元，其中电信终端一般是指各种用户终端设备，如电话机、传真机等；交换节点大多是指交换中心，包括交换设备、集线设备、交叉连接设备等；所谓链路是指连接节点，完成节点间的信息传送通道，一般是指由电缆、光纤、微波或卫星等构成的传输线路。

电信网的组网结构主要有星形、网状形、总线型、复合型、树形等结构。

1．星形

星形结构如图 2-1-3 所示，是将一个节点作为辐射点，该节点与其他节点均有线路连接，所以有时候也可以称为辐射网结构。星形网的辐射点就是转接交换的中心，其余节点之间相互通信必须要经过交换中心的交换设备的转接来完成。星形结构的优点是结构简单、易于建设维护、系统控制简单，容易进行资源配置（只需移去、增加或改变集线器某个端口的连接，就可进行网络重新配置）。其缺点是属集中控制，主节点负载过重，可靠性低，通信线路利用率低。星形网络上的所有控制和业务数据都集中在中心节点，中心节点是整个网络安全瓶颈。

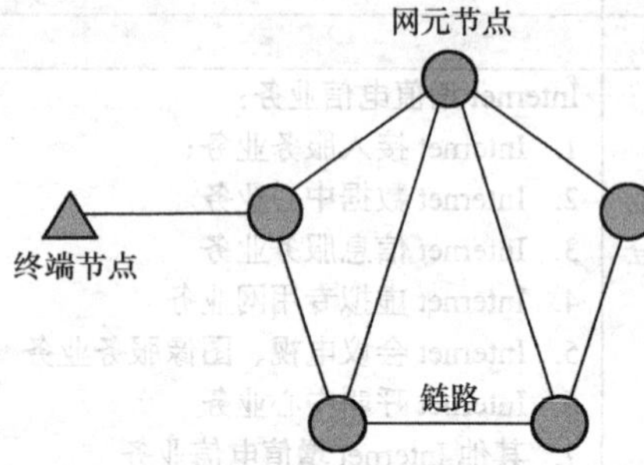

图 2-1-2　电信网结构示意图

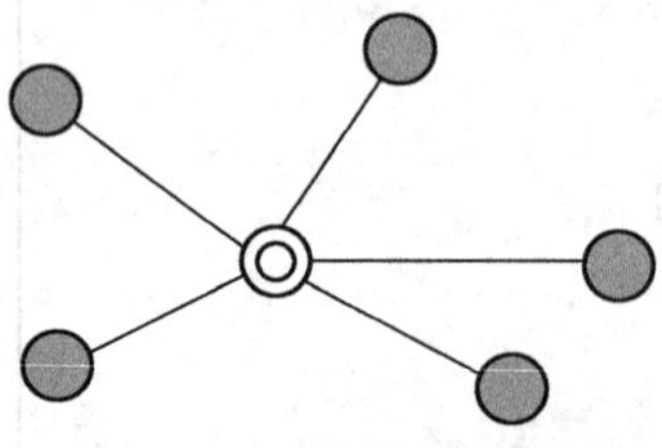

图 2-1-3　星形网结构示意图

2．网状形

网状形结构如图 2-1-4 所示。网状结构分为全连接网状和不完全连接网状两种形式。全连接网状是网内任意两个节点之间均有直达线路相连接，不完全连接网中，两节点之间不一定有直接链路连接，它们之间的通信，依靠其他节点转接。

从网状形结构图可以发现当网络中的节点数增加时，传输链路数会迅速增加（N 个节点，需要 $N\times(N-1)$组线路），所以这种网络结构的优点是节点间路径多，碰撞和阻塞可大大减少，局部的故障不会影响整个网络的正常工作，可靠性高；网络扩充和主机入网比较灵活、简单。但这种网络关系复杂，建网不易，网络控制机制复杂。广域网中一般用不完全连接网状结构。

3．环形

环形网结构如图 2-1-5 所示，其结构特点是网络节点首尾相接，形成一个闭合的环路。这种网络结构简单，容易实现，网络稳定性高。

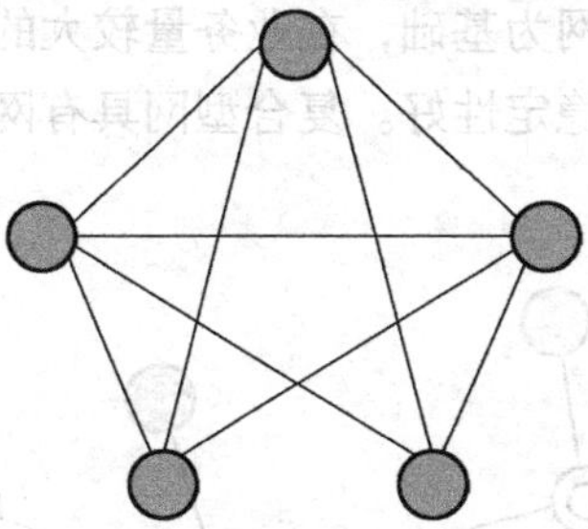

图 2-1-4　网状形网结构示意图

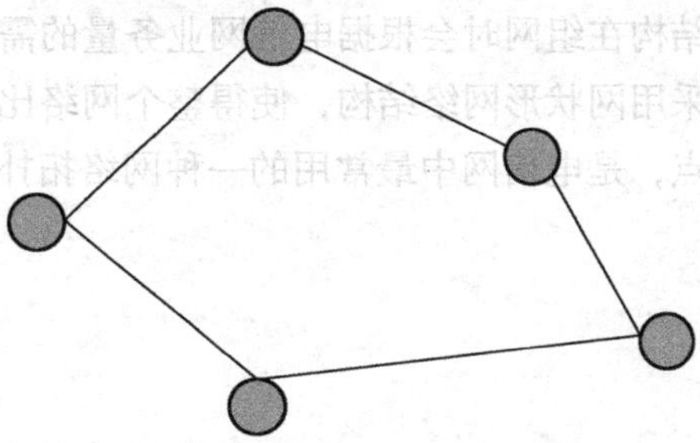

图 2-1-5　环形网结构示意图

在环形结构的网络中，可通过环路将任意两个节点连接起来，特点是传输路由单一，控制机制简单。缺点网络容量小。

环形网的任意两个节点可以选择两个不同传递方向组织传送路由，一般可选用一个方向作为主用传送路径，另一个方向作为备用保护传递路径，这样，当一个方向发生故障时，系统立即启用另一方向的保护路由，保证传输通路。

4．树形

树形结构如图 2-1-6 所示，其网络结构可以看成是星形结构的扩展。在树形网络结构中，网络节点进行分层汇接，信息交换主要在上、下节点之间进行。这种结构与星形结构相比最大程度地降低了通信线路的成本，但增加了网络复杂性。网络中除最低层节点及其连线外，任一节点或连线的故障均影响其所在支路网络的正常工作。

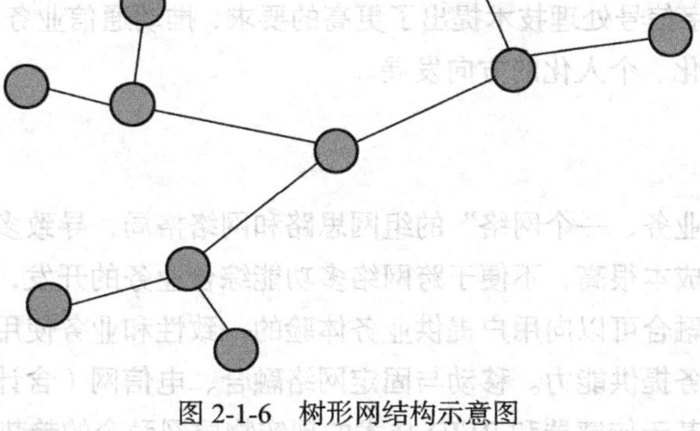

图 2-1-6　树形网结构示意图

5．总线型

总线型结构如图 2-1-7 所示。总线型网络结构是所有的节点都连接在一个公共传输总线上，节点之间通过分时方式传送信息。这种结构的优点是信道利用率较高，传输链路少，结构简单，增减节点比较方便，组网成本低。缺点是同一时刻只能有两个网络节点相互通信，网络节点之间的距离受限。另外，网络传输对每一个节点都是透明的，信息安全会受到影响。目前在局域网中多采用此种结构。

6．复合型

复合型结构如图 2-1-8 所示。复合网络结构是有网状形网络结构和星形网络结构复合而成的。

这种网络结构在组网时会根据电信网业务量的需要，以星形网为基础，在业务量较大的转接交换中心区建采用网状形网络结构，使得整个网络比较经济并且稳定性好。复合型网具有网形网和星形网的优点，是电信网中最常用的一种网络拓扑结构。

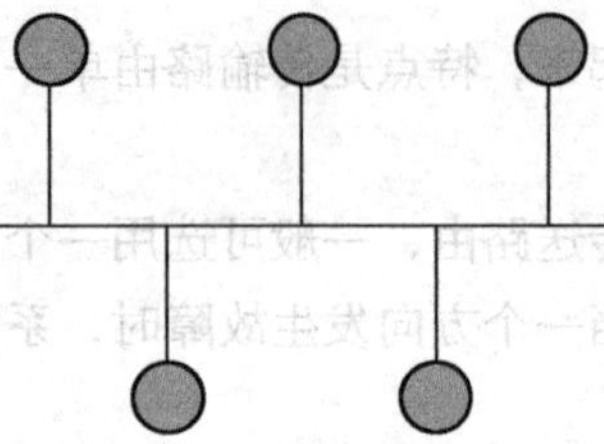

图 2-1-7　总线型网结构示意图

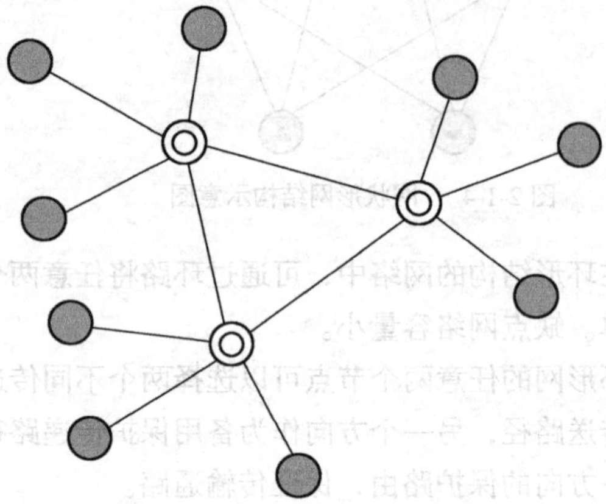

图 2-1-8　复合型网结构示意图

四、电信业务网的发展趋势

电信网络技术是影响电信业未来发展的重要因素。未来社会对信息的需求量将越来越大，整个社会的信息交换越来越频繁，高度发达的信息社会要求得到高质量的信息服务，通信网必须能够提供适应多样化业务传递要求的高速传输网。现代通信服务需求发展趋势，对通信技术、计算机技术、控制技术和数字信号处理技术提出了更高的要求，推动通信业务网向着数字化、综合化、融合化、宽带化、智能化、个人化的方向发展。

1. 网络融合

目前，我国“一种业务、一个网络”的组网思路和网络格局，导致多种复杂协议与网络体系共存，网络管理和维护成本很高，不便于跨网络多功能综合业务的开发，不利于网络资源尤其是传输资源的共享。网络融合可以向用户提供业务体验的一致性和业务使用的方便性，节省网络建设和运营成本，提高业务提供能力。移动与固定网络融合、电信网（含计算机网）与广播电视网融合、信息通信网络与基于传感器和 RFID 技术的现实物质网融合的趋势初露端倪。

网络融合将促进业务应用融合与相互交叉、技术趋于一致、网络间互连互通、号码与地址融合，促进下一代网络的形成以及各类网络在技术、业务应用、市场、终端、管制政策等方面的有机结合，并将催生出新的、广泛的信息服务市场。

2. 下一代网络（NGN）

下一代网络是将使基于分组的网络（目前就是基于 IP 的分组网络），支持多样化的业务应用和开放的产业价值链。无论是软交换还是 NGI，都将吸引更多的企业（如增值服务提供商等）参与，提供各类特色应用。下一代网络是一个融合的网络，核心网络在融合，业务和用户终端也将不断融合。

3．宽带移动通信

目前，第三代移动通信系统的开发、商用取得了很大进展，对 IMT-2000 以后移动通信技术的研究也已开展。新一代移动通信将在移动通信领域中逐步实现宽带化、数字化，各种无线技术互补发展，各取所长，向接入多元化、网络一体化、应用综合化的宽带化、IP 化、多媒体化的无线网络发展。我国的移动通信市场已经成为全球最大的市场，发展 3G 的条件已经基本具备。

4．数字家庭网络

数字家庭网络除了能够完成家庭内部各种设备资源共享、协同工作外，还能通过与外部网络（电信网/Internet/社区网）的连接，实现家庭内部设备与外部网络信息交流的目的，通过丰富多彩的业务和应用，使用户享受到舒适、便利、安全的全新生活体验。

小结

1. 电信网分为业务应用系统与网络支撑系统，业务应用系统分传输层、业务层、应用层 3 个逻辑网络层，支撑网系统对业务传输、业务交换、业务经营提供支撑和保障。

2. 电信网络的组网方案很多，各种网络拓扑各有优缺点，实际的组网是灵活地选择网络结构，组成灵活的、满足需要的、成本低效率高的网络。

3. 电信网络、电信业务的发展存在着明显的数字化、综合化、融合化、宽带化、智能化、个人化趋势。

五、思考与练习

1. 目前我国电信网由哪三大网络构成？
2. 电信网的拓扑结构有哪些？它们的优点和缺点分别是什么？
3. 通信业务网的发展趋势有哪些？

第二讲　电信基础网络

一、目的与要求

本讲的教学目的是通过课堂教学，使学生了解通信系统的基础网络的组成，了解通信系统中传输、交换等网络资源的作用，逐步建立起通信系统物理网络的概念。

二、教学要点

本讲的教学的重点是分析通信系统基础网络的组成，分析传输系统的组成以及相关知识，分析常见交换方式的特点及相互之间的区别。

三、教学目标

概念识记：

- 传输介质
- 传输体制
- 复用
- 电路交换

- 报文交换
- 虚电路

知识技能要点：

- 了解基础网络的概念
- 了解传输系统的组成
- 了解传输介质、几种常见的传输技术体制
- 了解常见的交换方式及特点

一、电信基础网简介

在上一讲中，我们已经了解了电信网络传输层的作用，电信网络传输层的相关网元及通信线路、链路组成了电信系统的基础网络。电信基础网是一个信息承载平台，电信服务所需的各种信息都是通过电信基础网实现传送的。

电信基础网络主要由两部分组成，即传输线路网与交换设备。

传输线路能传送电通信信号。任何形式的信号载体在传输过程中都存在衰耗、都会受到干扰。另外，线路资源是有限的，而线路实际传送信息的能力比基本业务传输所需的资源要大得多。通过信号调制进行线路复用，不仅能提高线路资源利用率，而且在调制的过程中，通过质量控制措施，为提高传输质量提供了手段。特别是采用数字方式传送，能灵活地通过编码技术对信息进行加密、纠错处理，进一步提高了信息的安全性和可靠性。

交换设备的主要功能是实现电路的转接或信息的转发。在一般情况下，通信各方不可能是专线相连的，一方面是因为通信线路的传送距离是有限的，另一方面任何通信用户的通信对象不是固定的，必须通过中继、转接的方式才能既保证通信距离的延伸，同时能保障通信网络资源的有效利用。

交换网是利用各种中继电路、链路将分布于各地的交换机连接而成的网络。在交换网络中，有的交换机与用户相连，俗称端局，有的交换机只与交换机相连，根据作用不同，叫法各异，如中继局、汇接局、关口局、长途局、国际局等。端局通过用户电路实现用户接入，通过局间中继与其他交换机相连。

交换方式分两种，一种是电路交换，另一种是数据交换。电路交换需要为通信双方建立一条独立的电路，供用户实时传送信息，通信结束，释放电路。数据交换通过存储转发，将信息在方便的时候送达。

二、传输系统

电信基础网作为一个基础平台，其主要的功能分成传输部分与交换部分。传输部分包括传输介质、传输体制、传输网节点设备三个层面。传输介质是信号载体；传输体制是与信息调制、传送、传输质量控制相关的各种协议与规定；传输网节点设备是具体实现各种协议的设备。传输网节点设备能实现接入、交换、协议变换、网络状态监控等功能。

1. 传输介质

信号需要通过一定的物理介质传播，我们将这种物理介质称为传输介质。传输介质划分为有

线与无线两种类型，目前主要有以下几种。

（1）电缆：双绞线电缆、同轴电缆等，特点是通信质量易保证，但成本大，维护困难。

（2）地面微波接力通信：一般将波长为 1mm～1m 的无线电波称为微波，微波按直线传播，若要进行远程通信，则需在高山、铁塔或高层建筑物顶上安装微波转发设备进行转发。

（3）通信卫星：卫星通信的工作频率在微波波段，与地面的微波接力通信类似，卫星通信则利用高空卫星进行接力通信。卫星通信分为高轨道通信卫星和低轨道通信卫星。

① 高轨道通信卫星：运行在赤道上空约 36 000km 的同步卫星。位于印度洋、大西洋、太平洋上空的 3 颗同步卫星，基本可覆盖全球。但因卫星的高度太高，故要求地面站发射机有强大的发射功率，接收机灵敏度要高，天线增益要高。

② 低轨道通信卫星：运行在 500～1 500km 上空的非同步卫星，一般采用多颗小型卫星组成一个星网。若能做到在世界任何地方的上空都能看到其中一颗卫星，则通过星际通信可覆盖全球。低轨道通信卫星主要用于移动通信和全球定位系统（GPS）。

（4）光纤：光纤通信是以光波为载波以光纤为传输介质的一种通信方式。光波的波长为微米级，紫外线、可见光、红外线均属光波范围。目前光纤通信使用波长为近红外区内，即波长为 0.8～1μm。20 世纪 80 年代初的多模光纤通信应用 850nm 窗口；20 世纪 90 年代初的 PDH 系统应用 1 310nm 窗口；1993 年开始的 SDH 逐步转向 1 550nm 窗口。光纤是一种光波导介质，具有把光封闭在其中并沿轴向进行传播的一种波导结构，它由直径大约为 0.1mm 的高纯度玻璃丝构成。光纤具有如下特点：

① 传输频带宽、通信容量大；

② 损耗低：实用光纤均为 SiO_2（石英）光纤，减小光纤损耗的主要办法是提高玻璃纤维的纯度，目前 1 550nm 窗口商用光纤的衰耗为 0.19～0.25dB/km；

③ 不受外界电磁波的干扰；

④ 线径细、重量轻、光纤材料资源丰富。

光纤的质地脆，机械强度低。在实际应用中需要将多根光纤外加护套组成光缆。

2．传输体制

传输体制的区别主要取决于采用何种传送方式、采用何种交换方式。

信号的传送方式主要分两类，即模拟方式与数字方式。模拟方式是将信源提供的信号直接转换成幅度随信源信号变化的电信号在网络中传送。数字方式出现之前，模拟通信系统的复用方式是载波通信。目前数字通信几乎替代了极大多数骨干网的模拟传输，但用户接入部分仍有大量模拟电路存在，如用户电话终端是模拟的，所以电话的接入部分是模拟方式传送的。此外，有线电视系统由于用户的电视终端只能接收模拟信号，数字化改造尽管存在着困难，但正在逐步进行中。

交换方式主要有电路交换方式和数据交换方式。电路交换方式为通信双方建立一条端对端的信息通道，以便进行同步的、实时的通信，在通信过程中，独占电路资源。数据交换方式通过数据报、数据分组的存储转发实现异步传送。

目前，在传输骨干网、接入传输网上主要使用以下 3 种复用方式。

（1）频分复用：将多路信息调制在不同载波频率上实现复用的技术叫频分复用。例如，有线电视、无线电广播、光纤的波分复用、频分多址的 TACS 制式模拟移动通信系统等。频分复用也可称为载波复用。

模拟方式的载波通信一度是长途通信线路频分复用的主要方式，由于采用模拟电信号传递方式，传输衰耗大，载波通信系统每隔一定的距离要通过增音站对传输信号进行放大。在电路复用与分路过程中，需要通过复杂的滤波器屏蔽不需要的信号，不仅过程复杂、设备调试与维护复杂、建设成本大，还会在调制与解调制过程中产生干扰信号。

（2）时分复用：通过使多路信息占用信道的不同时隙进行复用的技术叫时分复用。时分复用是建立在数字通信的基础上的，将需要传输的信息转化为二进制代码（如脉冲编码调制复用（PCM）设备将模拟信号转化为数字信号）按一定的时序插入传输通道中，进行远距离传递，在接收端按相同的时序分拆，每个用户占用一个逻辑上独立的通路。同步数字序列（SDH）、异步转移模式（ATM）在传输干路上提供了完善的时分复用解决方案，准同步数字序列（PDH）、GSM数字移动通信系统的无线接入技术等，是接入网的时分复用的例子。

（3）码分复用：在一个正交序列中，通过不同的序列将多路信息在共享信道上传递的技术叫码分复用技术。码分多址（CDMA）已成功地应用于数字移动通信系统中，就复用效率而言，码分多址能提高传输信道的利用效率。

目前主干传输网络是以光缆为主、卫星为辅的数字传输网，同步数字系列（SDH）、异步转移模式（ATM）是最重要的传输模式。SDH、ATM 作为信息高速公路成为信息传输网的大动脉，PDH 作为一种补充手段，也在接入段、短途中继接力系统中得到应用。

3. 传输网节点设备

传输网节点设备的作用是业务的接入、路由的选择与交换等，其主要任务是实现基础网传输电路的调度、故障切换和系统维护。

在以光纤通信传输系统为主的主干传输网络中，主要有 SDH、ATM 等不同技术体制的光端机，实现传输协议的变换与电路的转接或交叉。数字交叉连接设备（DXC）是传输网络节点的重要部分，既完成业务的接入，又实现电路的转接。

交换机（电路交换、X.25、以太网、帧中继、ATM 等）、路由器在电路交换、虚电路的路由重定向上实现传输链路的建立、释放或无连接的存储转发。

PDH、数字微波作为基础传输网络的延伸，用于基本业务的接入，另外，调制/解调设备将来自各种业务终端的信号转换成标准的模式接入传输网络，成为末端网元。由于接入网设备不能提供专用的控制信道，所以无法得到传输网管的控制与维护。

小贴士

PDH（Plesiochronous Digital Hierarchy，准同步数字系列）：PDH 是一个数据传输网的标准接口速率序列，采纳这一标准的设备厂家所生产的设备可以实现在各个数据群的接口同步互连。在传输网元上需设置高精度的标准速率时钟，但尽管每个时钟的精度都很高，网元之间总会有一些微小的差别，这种同步方式严格来说不是真正的同步，所以叫做“准同步”。

PDH 存在现两种标准：

欧洲标准为：	美洲标准：
E1 = 2.048Mbit/s	T1 = 1.554Mbit/s

E2 = 8.448Mbit/s　　　　　　　　T2 = 6.312Mbit/s

E3 = 34.368Mbit/s　　　　　　　　T3 = 44.7Mbit/s

E4 = 138.264Mbit/s　　　　　　　T4 = 274Mbit/s

E5 = 566.148Mbit/s

SDH（Synchronous Digital Hierarchy，同步数字系列）：SDH 的概念是美国贝尔通信研究所提出的，称为光同步网络（SONET）。它是高速、大容量光纤传输技术和高度灵活、又便于管理控制的智能网技术的有机结合，目的是在光路上实现标准化，便于不同厂家的产品能在光路上互通，从而提高网络的灵活性。1988 年，国际电报电话咨询委员会（CCITT）接受了 SONET 的概念，重新命名为“同步数字系列（SDH）”，统一的比特率、统一的接口标准使网络管理能力大大加强，并提出了自愈网的新概念，采用字节复接技术，使网络中上下支路信号变得十分简单。

SDH 以 155.520 Mbit/s 作为第一级同步转移模式，即 STM-1（Synchronous Transfer mode-1）、更高级的同步转移模式为 STM－N（N=4、16、64）。

三、交换方式

交换，在基础网络中扮演了十分重的角色。交换方式在某种意义上决定了业务形式以及网络组织方式。

1．电路交换

交换的概念始于电路交换。传统电话网由传输电路与交换机组成，处于网络节点的电话交换机用来完成对传输链路的选路与连接。一次长途通话往往要经过发端局、转接局（汇接局）和收端局的转接才能完成。

交换机的作用是在通话前根据信令将一段段的传输链路连接起来，从而形成主叫到被叫的物理电路（一对实线、一个时隙或频段），通话结束时拆除这条物理电路。我们将这种交换方式称为电路交换方式。电路交换的优点是延时小、实时性好；缺点是通信期间主、被叫间的物理电路被该次呼叫独占，电路利用率低。

2．报文（数据报）交换

数据报（报文）交换采用存储 / 转发方式。网络节点设备先将途经的数据报完全接收并储存，然后根据数据报所附的目的地址，选择一条合适的传输链路将该数据报发送出去。报文交换不像电路交换，无需预先为通信双方建立一条专用的电路，因此就不存在建立和拆除电路的过程。由于数据报的传送采用接力方式，任何时刻数据报只占用节点间的一条链路，因而提高了传输效率，但这也造成了报文交换的延时非常长，故主要用在电报交换中。

分组交换和数据报交换一样，也采用存储 / 转发方式，但不像数据报交换是以整个数据报为单位进行传输，而是将用户要发送的数据报分割为定长的一个个数据分组（包），并附上目的地址（或标记），按顺序送分组交换网发送，分组交换可以采用两种不同方式来处理这些分组。

（1）报文传输分组交换。报文传输分组交换与报文交换相似，只是将每一分组都当成一个小报文来独立处理，故报文传输分组交换中每个分组均带有目的地址。网络节点设备对每个分组都要根据网络拓扑和链路负荷情况进行路由选择，因链路负荷是动态的，故一个数据报所包含的各分组，可能通过不同途径到达目的地，分组到达终端的顺序也有可能被打乱，这时要求目的节点或终端负责将分组重新排序、组装为报文。

（2）虚（逻辑）电路传输分组交换。虚电路传输分组交换要求在发送某一群分组前，建立一条双方终端间的虚电路。一旦虚电路建立后，属同一数据报的所有分组均沿这条虚电路传输，通信结束后拆除该虚电路。通过拨号建立的虚电路称为交换型虚电路（SVC）；固定连接的虚电路则称为永久型虚电路（PVC）。

虚电路传输分组交换类似电路交换。电路交换通过将一段段物理链路连接起来，形成一条收发终端间专用的物理电路。而虚电路传输分组交换是通过节点交换机将一段段虚链路连接起来，形成一条收发终端间的虚电路。虚电路的“虚”的含义是只有传送分组时才占用物理电路，不传送分组时允许别的用户占用物理电路。这样在一条物理电路上用统计复用方式可以同时建立若干条虚电路，提高了线路的利用率。

虚电路交换与电路交换十分相似，都需要在通信前建立一条端到端的物理电路或虚电路，结束通信后拆除这条电路，这种交换方式称为面向连接的交换方式。面向连接的交换方式往往需要在相关联的一群分组头上附加一个标记，节点设备根据该标记进行交换接续。

在报文交换与报文传输分组交换中，交换途经的每个节点需要根据数据报或分组的目的地址重新寻找最佳路由，通信双方在端对端之间并不存在物理或逻辑上的连接。因此也常将报文交换和报文传输分组交换称为面向非连接的交换方式。为了与面向连接的节点交换设备相区别，一般将仅有选路与转发功能面向非连接的节点设备称为路由器。

小结

1. 电信网分为业务网、传输网和支撑网。

2. 业务网也就是用户信息网，面向公众提供电信业务，是电信网中最具活力的一个层面。

3. 支撑网是为了支撑业务网和传输网的正常运行，使全网服务质量能够满足用户要求的网络。

4. 传输网是通过不同的传输方式为不同服务范围的业务网之间传送信号的网络。

小贴士

常用分组交换技术：

（1）X.25 低速分组交换技术。X.25 是一个使用电话或者 ISDN 设备作为网络硬件设备来架构广域网的 ITU-T 网络协议族。X.25 是一种低速率的分组交换协议，是在传统话路上传送低速数据业务，提高电路利用率。X.25 各节点（包括终端在内）均具有查错、重发等功能，其优点是适用于误码率较高的通路；缺点是附加开销大、延时大，当前最高速率为 64Mbit/s。

（2）帧中继（FR）技术。帧中继技术属高速分组交换技术，又称简化的 X.25 技术。帧中继采用不等长帧，节点设备对出错信息不进行纠错和重发，使得处理每帧的时间大大缩短，其延时低于 X.25 分组交换。由于帧中继节点不提供错帧通知、恢复及重传等服务，故开展帧中继业务需有以下两个条件：

① 传输链路需要有较好的传输质量，一般适用于光纤传输；

② 须采用智能终端以完成纠错、重发、流量控制等工作。

帧中继链路速率一般可达 34Mbit/s，最高可达 100Mbit/s，主要用于 Internet 骨干网、局域网互连及局域网与广域网的互连。

（3）异步转移模式（ATM）。随着通信技术的发展，传输、复用、交换三者的关系越来越密切，以致逐渐不可分割，近年来有人用“转移模式”一词统一来描述这 3 个部分。

现有数据网中所用的 X.25、帧中继技术信道利用率高，但延时太大不适合实时通信，而现有的电路交换延时小，适合实时通信，但信道利用率低。ATM 综合了两者的优点，克服了两者的缺点，适合传送话音、图像、数据，如电视点播、会议电视、远程教学等多媒体信息，目前主要用于 Internet 骨干网（IP over ATM）。ATM 具有如下特点：

① ATM 采用时隙按需分配、统计复用的高速分组交换技术。

② 为减少时延，ATM 采用 53byte 的固定分组长度，称为 ATM 信元。ATM 信头为 5byte，有效信息字段为 48byte。

③ 在 ATM 交换机中按信头标记选择路由。为减少选路时延，一般采用硬件选路和大规模平行交换技术。

四、思考与练习

1. 什么是电信基础网？电信基础网包括哪些组成部分？
2. 传输网由哪些部分组成？
3. 试比较电路交换与分组交换的差别。

第三讲　电信支撑系统

一、目的与要求

通过本讲学习，使学生了解支撑系统的概念，并了解信令网、同步网、电信管理网的基本概念，熟悉电信业务支撑系统的主要作用。

二、教学要点

本讲的教学要点是了解信令网、同步网、电信管理网的基本概念；熟悉电信业务支撑系统的主要作用。

三、教学目标

概念识记：

- 信令
- 公共信道信令
- 信令点
- 同步
- 业务支撑系统

知识技能要点：

- 了解支撑系统在通信系统中的作用
- 了解信令网的作用
- 熟悉业务支撑系统的组成，及业务支撑系统的作用

通信网络所传送的信息流，可分成两大类，一类叫业务信息，另一类叫信令信息。业务信息

是通信系统的业务载体，建设通信系统的目的，就是为了以传送业务信息的方式为公众提供通信服务。信令信息是为了保障通信系统及时、准确、安全、协调地工作（传送业务信息）而在系统的各部分之间传送系统的状态信息、资源调度和控制指令，以及系统维护与管理所需的信息。

在前面的课程中，我们已经知道，电信系统可以分成3个逻辑层，即传输层、业务层和应用层；又可分成两类系统，即业务与应用系统和支撑系统。通信系统的业务与应用系统提供各种电信业务和电信服务功能，而支撑系统则为业务的传送、交换转接，业务管理和运营提供保障。

本讲主要分析支撑系统的基本作用。支撑系统包括网络支撑与业务支撑。数字同步网、No.7信令网、电信管理网是现代通信的3个主要的支撑系统。

电信管理网分运行管理与业务管理。在电信服务行业形成多家企业竞争的情况下，面向客户的经营与服务、计费结算等业务支撑系统的功能越来越完善，对业务开发、业务经营与管理的作用越来越显现，中国电信的BSS系统、中国移动的BOSS系统、中国联通的CRM系统对电信业务的运营提供了全面的支撑和保障。

一、信令网

1．信令及信令网的概念

信令可以看作是一种通信网元之间的通信语言。在电信网中，终端、交换机以及其他节点网元之间相互交换的“信息”必须遵守一定的协议和约定，这些能被网元设备所识别、所理解，并根据解析结果进行处理的协议和约定称为信令。一般信令都由专用设备或专用装置产生和接收，并且通过信息传输通道传送，信令设备、信令的传输通道（链路），以及信令的结构形式、传送方式和控制方式等的集合就构成了信令网或信令系统。

信令系统的发展经历了随路信令阶段与共用信道信令阶段。所谓随路信令，就是传送信令的信道也是传送业务的信道，信道在传送信令时不能传送业务，传送业务时不能传送信令，在呼叫接续过程中，信令信号需逐段分析、逐段转发，致使接续过程中长时间占用业务信道，信道资源利用率低，接续效率不高。公共信道信令是指将信令从业务信道分离出来，在专用的信令信道中传送。No.7是公共信道信令系统规范。No.7信令是一种采用时分复用方式的公共信道信令，No.7系统将信令传送信道从业务信道中分离出来，使信令点、信令传送链路独立于业务网络，自成信令网络。利用这种公共信道信令系统增强了信令的处理能力，加快了信令处理速度，提高了信道使用效率，实现了信令处理与业务处理的并行作业，使业务定义、业务处理逻辑更灵活、更方便。

值得注意的是，业务网络是通信用户之间的信息传递网，通信服务的对象是人与人，信令网络则是网元之间的信息传递网，信息服务的对象是网元。信令网覆盖了所有通信网元。

2．No.7信令系统的优点

No.7信令系统采用高速数据链路（64kbit/s）传送信令。信令链路是信令点之间传送信令信息的双向通路，由数据链路与数据链路两端的终端电路完成No.7信令系统功能。No.7信令数据链路具有传送速度快，呼叫建立时间短，信号容量大，更改与扩容灵活，信令设备投资省，话路利用率高等优点。在支持No.7信令系统的程控交换机中，我们可以方便地提供各种辅助电信服务功能，其中包括主被叫号码的识别、遇忙回叫、呼叫等待、免打扰、闹钟服务、恶意呼叫追查、三方通话、会议电话等。No.7 信令系统还能在通信网中传送呼叫控制、统计、计费及其他维护管理信息，适合综合业务数字网（ISDN）和智能网等新业务的使用。

3．我国 No.7 信令网结构

我国 No.7 信令网的结构是结合业务网络的组网方式，按行政区域、电信业务网的容量和结构、今后的发展而确定。我国的信令网采用了 3 级结构形式。

第 1 级为长途信令网节点，也就是高级信令转接点（HSTP）；第 2 级为低级的信令转接点（LSTP），也就是大、中城市本地信令网；第 3 级为信令点（SP）。三级结构如图 2-3-1 所示，其中 HSTP 采用网状网的结构互连；HSTP 与 LSTP 之间以及 LSTP 与 SP 之间采用星形结构连接。这样任何两个 SP 最多经过 4 次转接即可互通信令信息。为了保证信令网的不间断通信，我国的 3 级 No.7 信令网组织结构中 HSTP 采用双平面结构，如图 2-3-2 所示，可以看出即每对 HSTP 信令点分属 A、B 平面，同一平面内 HSTP 信令点全互连，不同平面的信令点只有配对的 HSTP 间作对应连接。这种双平面组网方式使信令链路得到有效的保护。

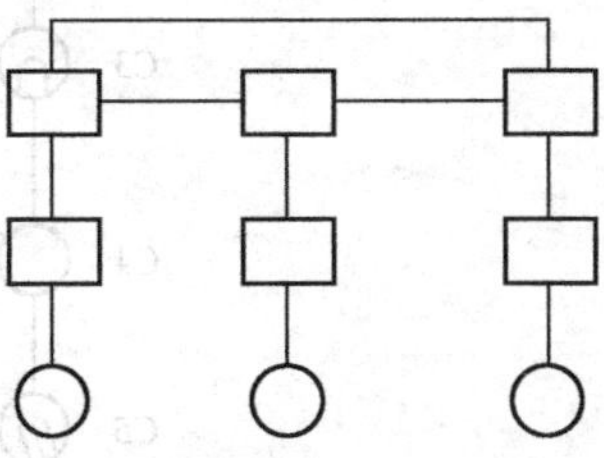

图 2-3-1　我国 No.7 信令网 3 级结构示意图

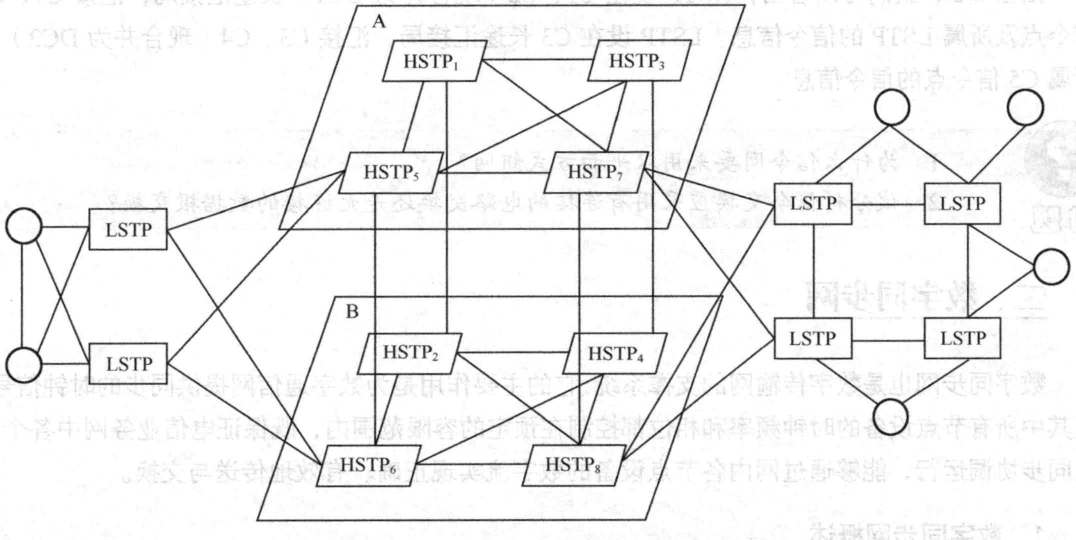

图 2-3-2　我国 No.7 信令网的网络组织结构示意图

（1）高级信令转接点（HSTP）：原则上一个省、自治区或直辖市为一主信令区，一般设在省会城市。在一个主信令区中根据业务需求设置一对或数对 HSTP，HSTP 汇接所属 LSTP 和 SP 的信令信息。

（2）低级信令转接点（LSTP）：原则上一个地级市为一个分信令区，一般设在非省会大、中城市。在一个分信令区中一般设置一对 LSTP，LSTP 汇接所属 SP 的信令信息。

（3）信令点（SP）：SP 是传送各种信令信息的源点或目的点。

4．我国 No.7 信令网与电话网的对应关系

我国的电话网分为 5 级，即 C1、C2、C3、C4（长途汇接局）和 C5（本地网端局）。长途汇接局、本地网端局与 No.7 信令网之间的关系如图 2-3-3 所示。

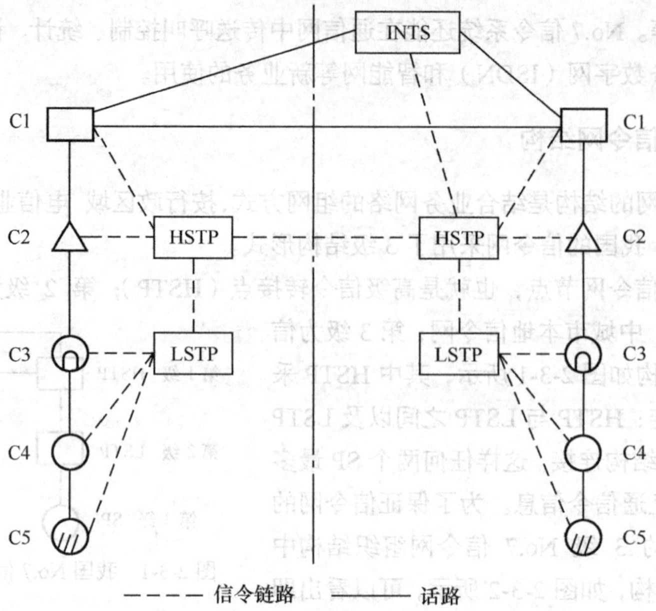

图 2-3-3 我国 No.7 信令网与电话网对应的关系

由图 2-3-3 我们可以看出，HSTP 设在 C1、C2（现合并为 DC1）长途汇接局，汇接 C1、C2 信令点及所属 LSTP 的信令信息。LSTP 设在 C3 长途汇接局，汇接 C3、C4（现合并为 DC2）和所属 C5 信令点的信令信息。

问题

1. 为什么信令网要采用双平面方式组网？
2. 试分析信令交换应采用有连接的电路交换还是无连接的数据报交换？

二、数字同步网

数字同步网也是数字传输网的支撑系统，它的主要作用是为数字通信网提供同步的时钟信号，使其中所有节点设备的时钟频率和相位都控制在预定的容限范围内，既保证电信业务网中各个节点同步协调运行，能够通过网内各节点设备的数字流实现正确、有效地传送与交换。

1. 数字同步网概述

数字通信网是由各种数字终端设备、数字交换设备和连接这些设备的数字传输系统互相连接形成的。在整个网络中，各个节点之间都会发送、传输、接收数据信号。如果每个终端或者交换设备自身的内部时钟频率不同，那么它们只能依靠自身的时钟频率来确定发送或接收的数字信号频率。在模拟通信网中，只要将交换传输系统中各个频率进行了同步，收发双方的频率和相位保持了一致即可满足业务信息传输的要求，但是在数字信息传输过程中要把信息分成帧，并设置帧标识码，因此在通信网中除了传输链路和节点设备时钟源的比特率要同步，还要求在传输和交换过程中保持帧的同步。也就是说要在节点设备中准确地识别帧标志码，以便正确划分比特流的信息段。数字交换机在进行时隙交换时，要求各交换时隙在时间上要对准，即要求交换设备与出入中继接口的数据流同步。解决的方法是在中继接口中设置缓冲存储器。如果每个交换系统接收到的数字比特流由于其内部时钟位置的偏移和错位造成有可能隔一定时间重读一帧或丢失一帧，这就会产生帧失步，即产生滑码。滑码是数字交换网需要进行网同步的主要原因，其会使得话音通路出现杂音以及数据通路发生误码。

同步网的基本功能，是将同步信息准确地从基准时钟传送给网内各同步节点，从而调节网中的同步节点时钟和基准时钟，使之保持一致。同步网中的节点设备为通信楼的综合定时供给系统（BITS）。它接收上级节点的基准同步定时信息，同时向下级时钟发送同步定时信息，并为所在通信网的设备提供同步定时信息。

2．数字同步网同步方式

目前，数字同步网采用的同步方式有主从同步方式、准同步方式和混合同步方式 3 种。

（1）主从同步方式：在通信网内的某个高等级交换局或中心局设置一套高精度、高稳定度的时钟，称为主节点时钟或时钟源，作为全网的时钟基准，其他各局的时钟（称为从时钟）的频率与主时钟同步。整个网络中的同步节点和数字传输设备的时钟都受控于主时钟的基准同步信息。

目前，我国采用的就是一种分等级主从同步方式，即各同步节点使用一系列的分级时钟。例如，在一个三级主从同步网中，一级基准时钟控制二级从时钟同步，二级从时钟控制三级从时钟同步。我国按照时钟性能将数字通信网划分为四级：第一级是基准时钟，是网内唯一的主控时钟源；第二级是具有高稳定度的时钟，设置于所有的长途网交换局中；第三级是具有保持功能的高稳定度的时钟，设置于汇接局和本地网端局；第四级设置于远端模块、数字终端设备和数字用户交换设备中。

（2）准同步方式：又叫做独立时钟法，通信网中所有的同步节点要求设置相互独立、互不控制、各同步节点时钟具有同一标称频率而且频率的变化被限制在规定的容限范围内的时钟。一般都要求节点采用高精度和高稳定度的原子钟。目前常用的有铯原子钟、铷原子钟，这种同步方式主要用于国际数字网的同步。

在准同步方式中，要求采用价格昂贵的铯原子钟作为基准钟。随着全球卫星定位系统（GPS）的出现，可通过 GPS 从空间取得高精度的时标，再与受控铷原子钟配合，得到与铯原子钟相近的高精度时标，而铷原子钟的价格与寿命均优于铯原子钟。因而可以在各同步区配置受控铷原子钟作为基准时钟，而在区内各同步节点配置从时钟，从而形成混合同步网。

（3）混合同步方式：各同步区配置基准时钟，而区内各同步节点配置从时钟，从而形成区内主从同步、区间准同步的混合同步方式。混合同步网与单纯的主从同步网相比，减少了串接时钟数，缩短了定时信号传送链路，使整个同步网的性能得以改善。

三、电信管理网

1．电信管理网（TMN）与运营支撑系统（OSS）

电信管理网（Telecom Managemant Network，TMN）是 ITU 于 1994 年提出的电信管理网络模型。TMN 体系将电信网络管理分成 4 层：网元管理层、网络管理层、服务管理层、商务管理层。网元管理层侧重于对网络设备及元器件的工作状态进行实时或接近实时的监视与测量；网络管理层侧重于网络状态、容量与路由的管理；服务管理层侧重于客户服务目标的达成，根据客户的服务需要进行业务的设计、开发和处理；商务管理层侧重于对各类数据的分析与统计，提供经营决策支持。

网元管理层、网络管理层通过运行状态的实时监控，可实现网络运行的管理、网络资源的调度、系统的调整的维护。由于系统厂家的接口技术标准是不对外公开的，所以规范一致的网管系统并没有得到很好的实现，而面向高层的大量维护与服务数据是向设备用户公开的，因而由 TMF（Telecom Management Forum）提出的 TOM（Telecom Operations Map）、eTOM（enhanced Telecom Operations Map）得到业界的广泛关注。由此，OSS（Operation Support System，运营支撑系统）成为通信运营企业信息化管理的切入点。

2．BSS 简介

准确地说，OSS 并没有确切的定义。不过很多相关组织从不同的角度对 OSS 提供了诠释，我们从中看到了 OSS 的基本内涵：OSS 可以分为两个部分，一是业务支撑系统（Business Support System, BSS），一是狭义的 OSS。

狭义的 OSS，是指电信网络设备的运行维护管理支持系统。BSS 为电信服务的营业受理、计费结算、账务处理、资费控制、客户服务等提供了支撑。BSS 主要包括以下几个方面。

营业系统：营业系统负责用户业务的受理，包括业务开通、业务查询、业务变更、营业缴款、用户资料变更等业务操作流程的实现与系统支持。一方面为录入用户的需求以及用户与运营商的约定等资料提供输入接口，另一方面为客户服务提供详细的用户信息。

计费系统：计费系统通过与交换机的数据接口，实时采集通信记录，并对这些通信记录按一定的费率进行计费批价，形成详细话单，送入话单数据库。

账务系统：账务系统的作用是将每一个用户、每一种业务的通信记录进行汇总，在月底通过出账，形成账单，作为与用户进行结算的依据。在出账过程中，通常根据运营商与用户的协议，对不同的用户（享受不同的资费套餐）进行优惠处理。当用户缴纳通信费用后，在账务系统中进行销账处理。

结算系统：结算系统用来完成不同服务运营商之间的网间结算，同一运营商不同经营单元之间的内部结算，运营商与银行之间的结算，运营商与业务、服务合作单位之间的结算。而运营商与用户之间的结算一般在账务系统中完成。

缴费系统：缴费系统提供各种缴费渠道与账务系统的缴费信息接口，如营业厅缴费、缴费卡充值接口、银行代收代扣接口、银行托收与信用卡缴费接口、代理缴费点缴费接口等。

联机指令：联机指令是指营业系统、客户服务系统与交换系统之间进行联机操作的支持系统。营业系统、客户服务系统可以通过系统界面的业务受理、业务变更操作，向交换系统传送命令，及时控制用户的使用与服务状态。

监控系统：为了降低欠费风险，部分运营商采用准实时话费的信用监控，如果用户预存的话费不足时，及时通知用户续费。用户如不能及时续费，可根据约定，限制用户可使用的通信功能。

经营分析：根据计费系统、营业系统、账务系统等提供的大量数据，对业务进行统计分析，发现、总结经营过程中的问题，提供经营决策所需的依据。

客户服务系统：通过各种网上资料的查询，为用户提供查询、咨询、投诉处理等服务。

资源管理系统：固定电信运营商，在业务处理过程中需要了解线路资源的情况，在开通过程中需要进行配线及施工工单的处理，如中国电信为此开发的“九七工程系统”能方便地完成用户开通所需的资源查询与调度。

小结

支撑系统的作用是为电信基础网络、电信业务与应用提供技术与业务保障。信令系统从应用系统中独立出来，组成公共信令系统，为呼叫控制、通信资源的充分利用、综合业务技术、智能化技术的应用创造了条件。

业务支撑系统是电信服务的运营基础，在竞争的环境中，业务支撑系统为业务计量、业务的统计分析、业务产品的实现提供了保障，已成为一种市场竞争的核心支持力。

四、思考与练习

1. 请分析通信业务与应用系统与支撑系统的关系。
2. 使用公共信令有哪些好处？
3. 业务支撑系统在哪些方面对业务经营提供了支撑？

第四讲　电信业务网—电话网概要

一、目的与要求

通过本讲学习，学生需了解电话通信业务网络的基本概念，了解电话通信的组网方式，了解长途通信网的组织方式与本地电话网的组织方式，了解电话通信网络互连的概念与跨网互连的方式。

二、教学要点

本讲的教学要求是分析电话通信网的组网方式和电话网络互连的方式。

三、教学目标

概念识记：

- 交换、汇接、关口局
- 本地网
- 远端入网

知识技能要点：

- 了解电话通信网及电话通信业务的特点
- 了解长途电话通信、本地电话通信的组网方式
- 了解网络互连的相关知识

电信业务网是电信运营商提供的、面向大众的电信服务承载网，为了满足不同用户在不同时期的不同需求，丰富服务内容，电信运营商提供不同形式的电信业务网，如公共电话业务网、数据分组业务网、综合业务数字网、IP 网、移动电话通信网、智能网等。

本讲重点介绍电话通信网的网络结构和特点。

一、电话网及电话通信的特点

1．交换的概念

自从贝尔发明电话以来，电话通信业务取得了长足的发展。电话是使用最简便、应用最广泛、业务最大的通信业务。现代通信技术的发展，很大程度上是围绕电话通信技术的进步而发展的。影响电话通信技术和业务进步的关键是交换技术的发展，特别是数字程控交换机的大量使用，使电话机走进了寻常百姓家成为现实。

为了实现电话用户的互连，需要让每一用户之间在需要时都能通过电话线路连接起来。如果只有少量的电话用户时，用户之间的两两相连是不难做到的，但当用户数量达到一定数量后，这种直接互连的方法变得不切实际，特别是当用户数量激增，网络覆盖全球的今天，用线路来完成通信是无法想象的。电话交换是必然的选择。图 2-4-1 所示为电话交换的最简单示意图：各一个电话用户通过一对独占的电话线路（用户线）与交换机相连，任意两个用户可通过交换中心转接实现互连。

当一个电话服务区只装一台交换机称为单局制。而对于大城市或用户分布区域较广的地区，需要设置多个交换节点，即多个电话机分局，分局间使用中继电路相连，如图 2-4-2 所示。与用户线不同，中继线所有局间通话用户共享的。如果交换的区域更广，用户数量更大，分局数量更多时，需要建立汇接交换节点，即汇接局。汇接局与所属分局之间采用星形连接，汇接局之间采用完全互连，分局用户之间通话需经汇接局转接。

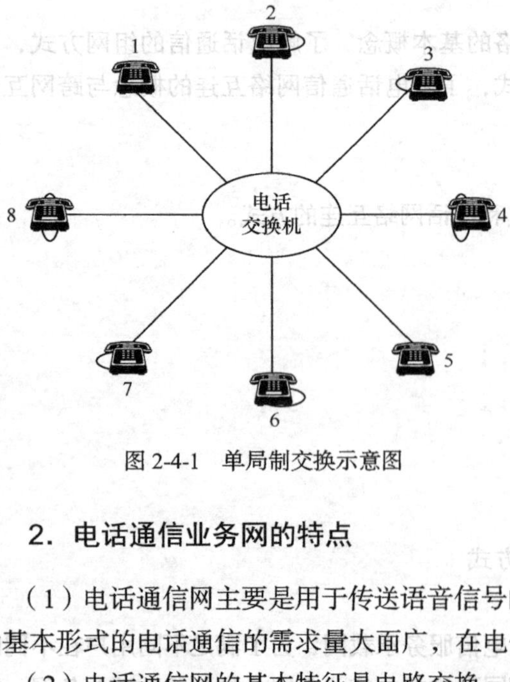

图 2-4-1　单局制交换示意图

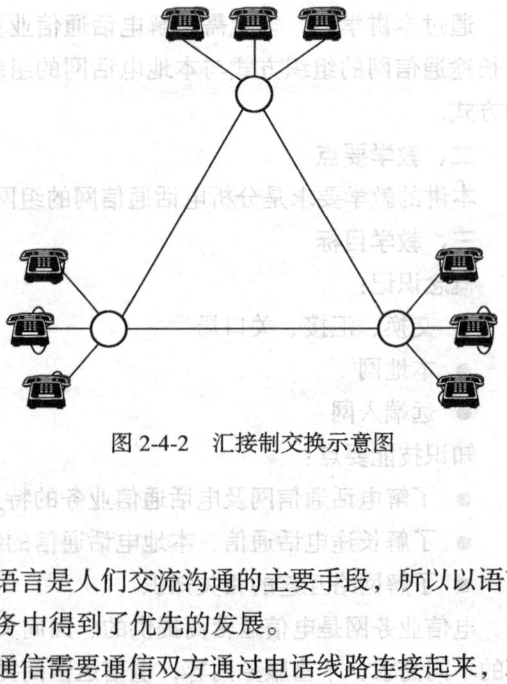

图 2-4-2　汇接制交换示意图

2．电话通信业务网的特点

（1）电话通信网主要是用于传送语音信号的。语言是人们交流沟通的主要手段，所以以语言为基本形式的电话通信的需求量大面广，在电信服务中得到了优先的发展。

（2）电话通信网的基本特征是电路交换。电话通信需要通信双方通过电话线路连接起来，才能进行语音实时的传递。在通信期间，这条电路是独占的，不能与其他用户共享。电话交换机需要为主被叫用户建立电路的连接、监测电话用户的状态，当用户通话完毕，释放电路。

（3）电话通信网的网络元素包括电话终端、电话线路、电话交换设备、电话网信令等。电话终端实现将声波转化为适合传送的电信号，并将对方传递过来的电信号还原为语音，并为电话通信的建立提供必要的信令，如电话的使用状态、拨出被叫号码等；电话线路负责电信号的传送；电话交换设备负责对被叫号码的分析、路由的选择与电路的转接；电话网信令是网元之间协调工作所需的状态信息和作业指令。

3．电话网的分类

根据服务的区域范围，电话网可分为长途电话网和本地电话网。

长途电话网：通过长途网络传送的电话称为长途电话，我国现阶段将不同地市之间的电信网络称为长途电信网。

本地电话网：在同一行政地市范围内的电话通信称为本地电话，固定电话运营商将同一地市内相同县市之间的电话通信称为区内电话，将同一地市内不同县市之间的电话通信称为区间电话。

根据接入方式，电话网可分为固定电话网和移动电话网。

固定电话网：通过有线方式连接，通信终端不能移动的电话通信叫固定电话，对应的网络称为固定电话网。

移动电话网：通过无线方式连接，通信终端可以移动的电话通信叫移动电话，对应的网络称为移动电话网。

二、长途电话网

为处在不同服务区之间的用户提供电话服务叫长途电话服务，提供长途电话服务的通信网叫长途电话网。长途电话分国内长途电话和国际长途电话。

我国是一个幅员辽阔的国家，人口分布很不均匀，为了适应我国的特点，我国的国内长途电话通信网是以行政区域为基础，采用 4 级汇接制的方式组成长途电话骨干网，分别叫做 C1、C2、C3、C4，如图 2-4-3 所示。

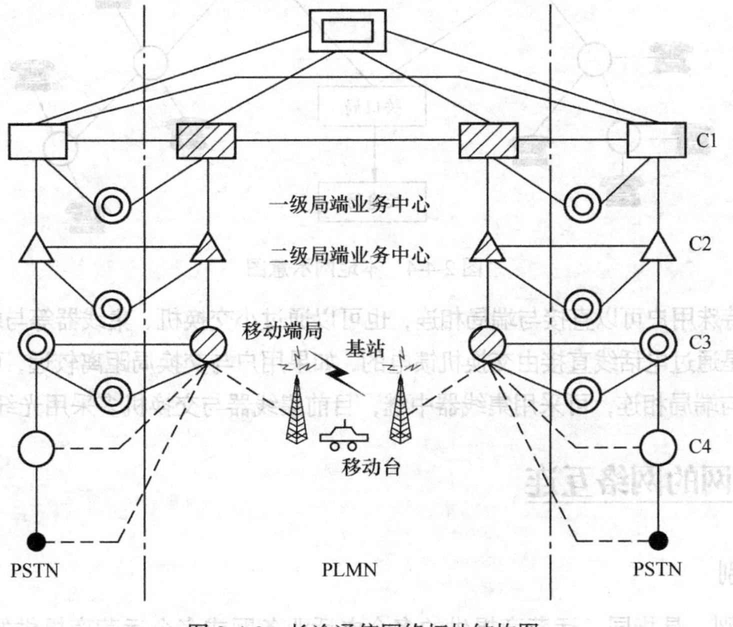

图 2-4-3　长途通信网络拓扑结构图

C1 为大区汇接中心，用来汇接本大区内各 C2 汇接中心的跨汇长途接区业务，并与其他 C1 汇接中心互连。我国分设北京、沈阳、南京、西安、成都、武汉 6 个 C1 局，分别汇接华北、东北、华东、西北、西南、中南地区的 C2 中心。天津、上海、重庆、广州为相关分区的辅助汇接中心。

C2 为省中心，用来汇接省内各 C3 汇接中心的跨区长途业务。

C3 为地市汇接中心，用来汇接地市内各 C4 汇接中心的跨区长途业务。C4 为县汇接中心，用来汇接县内长途业务。现在各地已将 C3、C4 两级汇接中心合并，统称本地网业务，C3、C4 局之间的电话按本地电话处理。

电话用户的识别码叫电话号码，同一本地网内电话号码统一编号，本地用户之间通话，只需拨打本地电话号码。

不同本地网之间的用户之间的通话叫长途电话，长途电话用户之间通话需加拨打长途区号。我国的长途区号采用不等长号码制。

长途电话的路由选择方式是：有直达通路的，先选择直达通路；没有直达通路的，逐级汇接。

国际长途电话网的组网方式是通过国际关口局与国外长途通信网互连。国际关口局与 C1、C2 局设有中间电路。拨打国际长途电话需加拨国际区号。

三、本地电话网

本地电话网是指在一个行政地市范围内的用户之间的通信服务网。本地电话网根据区域的大小、用户的多少可以选择是否采用汇接局。图 2-4-4 所示为本地电话网络的拓扑图。

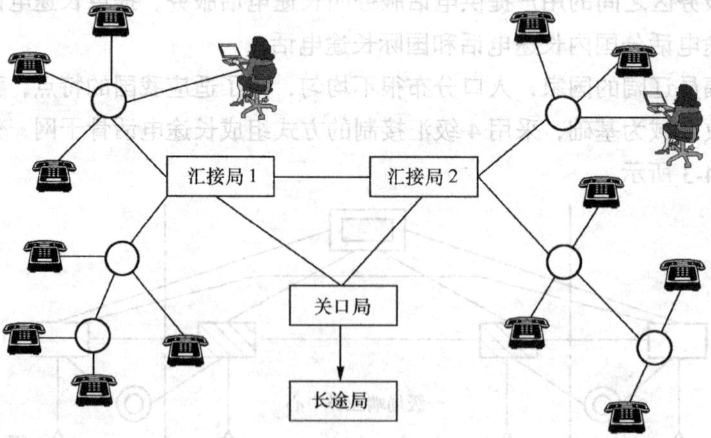

图 2-4-4　本地网示意图

普通用户、特殊用户可以直接与端局相连，也可以通过小交换机、集线器等与端局相连，固定电话用户的电话机是通过电话线直接由交换机馈电的，如果用户与交换局距离较远，可能导致线路衰耗过大，不能直接与端局相连，可采用集线器中继，目前集线器与交换机多采用光纤方式连接。

四、电话网的网络互连

1．电话网别

所谓电话网别，是指同一运营商提供的多个电话业务网或多个运营商提供的不同电话网。我国有中国电信、中国移动、中国联通等电信业务运营商开展公众电话通信服务，中国电信等运营商提供固定电话通信服务、CDMA 移动通信业务、小灵通业务，IP 电话业务；中国移动提供 GSM 移动通信业务、IP 电话业务；中国联通提供 GSM 移动通信业务、IP 电话业务和少量的固定电话业务。上述电话通信业务都是独立成网，跨网通信需通过网间互连实现。

为了规范网间信令、提高网间协调能力、进行网间业务结算，跨网业务多采用关口局方式进行统一的号码分析、路由选择与计费记录收集。

图 2-4-5 所示为网间互连的示意图，双虚线左右各代表示一个运营商，运营商之间通过双方的关口局互连。相同运营商的各种电话业务网之间也可以通过关口局转接，如本地网与长途网之间，本地网与 IP 网之间。设置双关口局的目的是为了实现双平面保护，各交换局与两个关口局建立传输链路，平时采用负荷分担方式均衡流量，当某一关口局或连接关口局的链路发生故障，可自动倒换业务，由另一关口局承担所有业务的转接。

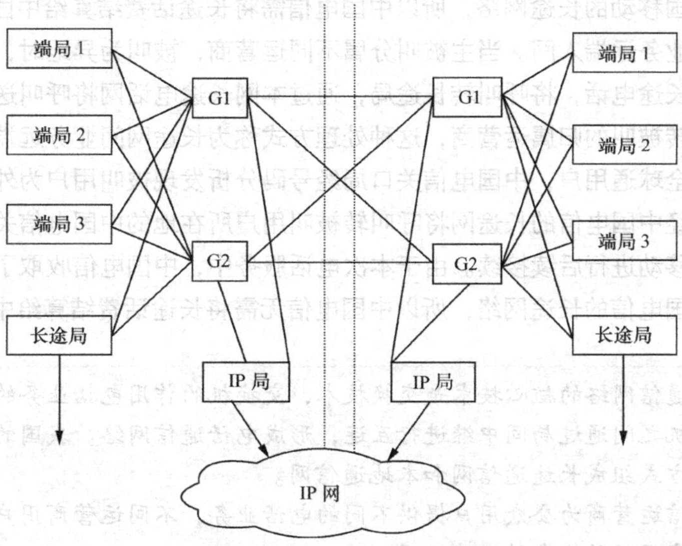

图 2-4-5　网间互连示意图

2．选网业务互连

（1）选择相同运营商的长途网。同一运营商经营不同的电话业务网时，用户可以通过加拨不同的识别号选择不同的业务网，如中国电信用户可以通过默认方式拨打长途电话，选择中国电信提供的长途电话网，加拨 17909 选择中国电信的 IP 长途电话网。中国联通的 GSM 用户可以通过默认方式拨打长途电话，选择中国联通提供的长途电话网，加拨 17911 选择中国联通的 IP 长途电话网。其他运营商可同样以默认方式拨打选择本公司提供的长途电话网，加拨本公司的 IP 接入号选择本公司提供的 IP 长途电话网。

（2）选择不同运营商的长途网。当用户用某运营商提供的电话终端选择另一运营商提供的长途电话网时，需在长途区号之前加拨提供长途电话网的接入号。如中国移动用户想通过中国电信的 IP 电话网与异地用户通话，可以在正常拨打方式前加拨 17909。当用户拨号后，中国移动的交换机对用户所拨号码进行分析，在分析到 17909 后，说明该用户选择了中国电信的 IP 电话网，交换机将本次呼叫通过关口局转中国电信的关口局负责后续接续。中国电信关口局接收这次呼叫，将呼叫处理交 IP 局，由 IP 局完成用户鉴权和呼叫接续处理。

3. 跨运营商业务互连

（1）本地网间业务。主被叫用户分属不同运营商的本地电话，为跨运营商的本地业务。跨运营商电话的接续方式是，端局通过被叫号码分析，判断本次呼叫为跨运营商呼叫，将呼叫处理交关口局，关口局根据被叫号码，判断被归属的运营商，并将呼叫转相应运营商的关口局，由该关口局负责后续接续处理。

（2）长途网间业务近端入网。当主被叫分属不同运营商，被叫为异地时，主叫局将呼叫通过关口局在当地转被叫的归属运营商，称为长途网间业务近端入网。例如，中国电信用户拨打外地全球通用户，中国电信端局经号码分析发现被叫用户为中国移动用户，将呼叫通过关口局转交中国移动关口局，中国移动关口局经分析，发现本次呼叫是长途呼叫，将呼叫转长途局，由长途局在中国移动的长途网内完成后续接续。由于本次电话服务中，中国电信收取了长途电话服务费，而实际使用的是中国移动的长途网络，所以中国电信需将长途话费结算给中国移动。

（3）长途网间业务远端入网。当主被叫分属不同运营商，被叫为异地时，主叫方关口局经分析发现本次呼叫是长途电话，将呼叫转长途局，通过本网长途电话网将呼叫送达被叫目的地，在被叫目的地将呼叫转被叫的归属运营商，这种处理方式称为长途网间业务远端入网。例如，中国电信用户拨打外地全球通用户，中国电信关口局经号码分析发现被叫用户为外地中国移动用户，将呼叫转长途局，经中国电信的长途网将呼叫转被叫用户所在地的中国电信关口局，并转中国移动关口局，由中国移动进行后续接续。由于本次电话服务中，中国电信收取了长途电话服务费，且实际使用的是中国电信的长途网络，所以中国电信无需将长途话费结算给中国移动。

小结

电话通信网络的核心技术是交换技术，交换机的作用包括业务的接入与业务的转接。交换机之间通过局间中继进行互连，形成电话通信网络。我国的电话通信网以汇接辐射的方式组成长途通信网和本地通信网。

各电信运营商为公众用户提供不同的电话业务，不同运营商用户之间可以进行业务互连，实现通信业务的互连互通。

五、思考与练习

1. 电话通信具有哪些特点？
2. 不同运营商用户之间的互连有哪几种入网方式？

第五讲 电信业务网络—移动通信网

一、目的与要求

通过本讲的学习，使学生了解移动通信的特点，了解移动通信系统中所采用的无线技术，了解无线通信系统及各子系统的作用，熟悉移动通信的网络结构。

二、教学要点

本讲的教学要点是分析移动通信的特点，熟悉移动通信系统的组成及各部分的作用，熟悉移动通信网的网络结构。

三、教学目标

概念识记：

- 移动通信
- 多径干扰
- MSC
- HLR
- VLR
- BSC
- MS

知识技能要点：

- 了解移动通信的概念
- 了解移动通信的特点
- 了解移动通信中所用的相关技术
- 了解移动通信系统组成及各部分的作用
- 了解我国的移动通信网的网络结构

一、移动通信网简介

1. 移动通信的概念

所谓移动通信，是指通信双方至少有一方处于移动状态的信息交换过程。移动通信是人们日常生活中非常需要的一种通信方式。无论是生活、工作，还是参与娱乐活动，人们都具有移动的需要。移动，既包括诸如在汽车，轮船、飞机之上快速移动，也包括在办公楼内、购物场所、公园等迈步式漫游移动。随着人们生活节奏的加快，移动状态下的通信服务具有必要性。

移动通信给人类带来的便利是不言而喻的。与固定通信相比，移动通信系统更为复杂。

2. 移动通信的特点

（1）可移动性。移动通信最根本的特点是可移动性。在移动通信系统中，移动台在通信区域内能随意漫游（移动）。在移动的过程中，移动通信终端为了与系统保持一定的联系，一方面要不断地收听系统的广播信息，测量系统信号，调适工作状态，另一方面在需要的时候与系统进行适时的通信，向系统报告位置信息，以便能与系统随时取得联系。

可移动性意味着移动终端与系统必须采用无线的方式接入。固定电话与交换机之间有固定的电路相连，而移动通信终端只能通过无线信道接入移动通信系统。无线信道是很多用户共享的珍贵资源，只有当移动用户终端需要接入时，才进行信道分配，无线资源管理是移动通信区别固定电话通信网最重要的特点之一。

可移动性意味着系统必须记录移动用户的位置信息，位置信息管理是移动通信区别固定电话通信网又一重要的特点。

（2）具有多普勒效应。所谓多普勒效应，是指在声源快速向观察者移动时声波频率会变高，而声源快速背向观察者移动时声波频率会变低的现象。例如当火车接近观察者时，其汽笛声会比平时更刺耳，无线电波的传播过程中也存在这种现象。在移动通信系统中，快速运动的移动台与基站之间传送的无线电波频率因快速接近或离开而产生附加频率偏移，出现噪声。

（3）多径传播。移动通信系统中无线电波在视距范围内传播，天线短，抗干扰能力强。我们知道，无线电波的信号强度会随着传输距离的增加而衰减。电波的传送环境是复杂的，接收端收到的电波是通过多种传播路径送达的，含地表波、电离层反射波、直射波、折射波和散射波等。地形、地面物体对电波传送会产生不同的影响。

直射波、绕射波、反射波、散射波被接收台接收，这些信号信号相互叠加，引起接收信号的强弱变化，这种现象称为多径衰落。

在移动传播环境中，到达移动台天线的信号并不是单一路径传播过来的，而是由许多不同路径传播过来信号的合成。由于电波传送路径的不同，传送距离不同，因而到达的时间、相位也不相同。不同相位的多个信号在接收端进行叠加，会发生局部信号增强，局部信号减弱，移动台接收信号的幅度由于多径传播引起的强弱变化，称为多径干扰，也叫多径衰落。

移动通信系统通过有效的方式来解决多径衰落现象。

（4）复杂的干扰。移动台的工作环境是复杂的，受到的噪声干扰也是复杂的。移动台所受到的干扰可分为系统内干扰和系统外干扰。

常见的系统外干扰有城市噪声和自然噪声。来自于风、雨、雪这样的自然噪声频率很低，对于工作在高频波段的移动通信系统的影响可以忽略。所以移动台受到的噪声干扰主要来自于城市噪声，如各种车辆发动机、各种电磁发射装置、各种电火花等都可能产生广谱电磁波，对移动通信造成噪声干扰。

移动通信系统是一个多频道、多电台同时工作的系统，会受到移动通信系统中其他发射机的干扰，即系统内的干扰。这类干扰可能对通信质量产生影响的主要有互调干扰、邻频干扰和同频干扰等。

① 互调干扰：两个或多个信号作用在通信设备上会产生与通信信号频率相近的组合频率，从而对通信系统构成干扰，这种现象称为互调干扰。

② 邻频干扰：邻近的频点由于频点偏移，可能产生相互的串扰，这种相邻频点之间的串扰称为邻频干扰。小区频率规划时，应尽量使相邻频点保持一定的物理距离，以防止滤波残余信号对相邻频点产生干扰。客观地说，基站环境是千变万化的，基站之间的距离、基站发射功率、铁塔高度、无线传播途径都会影响各个不同基站发射的信号到达某一接收机的信号强度，出现与规划不一致的情况，使两个规划距离较远的基站发射的邻频信号强度接近，造成干扰。

③ 同频干扰：相同频点之间的串扰称为同频干扰。因为蜂窝式移动通信系统采用频点复用来提高整个系统的容量，尽管小区规划时已考虑了复用频点的相隔距离，但是即使小区规划作出了精细的安排，系统中相同频点电台之间的干扰依然在所难免。

（5）对终端设备要求高。为了适应移动的需要，移动终端不仅需要具有携带方便、操作简单、体积小、重量轻的特点，更需要具备性能稳定、接收可靠、节省能耗、存储容量大等优点，还需要要支持时尚、新颖的辅助功能，适应不同人群个性偏爱。

（6）信道容量有限。由于规划给移动通信的频段是有限的，所以无线通信信道容量非常有限，频率资源的合理安排和分配显得十分重要。小区分裂、频率复用、跳频等提高无线资源利用率的技术能有效地提高系统的用户容量。

二、移动通信的工作方式

通信系统的的通信方式有单工、半双工、全双工 3 种。

1. 单工通信

所谓单工方式，是通信双方的一方只能发送，另一方只能接收。例如，无线寻呼系统中，寻呼终端只能接收发射台发射的信号，而没有发送信号的能力。广播系统、电视台都是单工工作的通信系统。单向的通信信道只能支持单工工作方式。

2. 半双工通信

半双工方式指通信双方既能发送、又能接收，但发送时不能接收，接收时不能发送。日常生活中使用的步话机就是采用半双工通信的例子。

半双工方式需要双向信道的的支持。

3. 双工通信

双工方式是指通信双方具有收信、发信功能，收发信机均能同时工作，任一方在发信的同时也能收听对方的信息。这种通信方式需要两个信道，一个信道用于从一方发送，被另一方接收，而另一个信道正好相反。移动终端与基站之间采用双向全双工通信，上行与下行信号分别在不同的频带内传递，通过天线的耦合功能，进行信号的来去分流。

在移动通信中，业务信道采用双工工作方式，而有些控制信道采用单工工作方式，如广播控制信道是单向下行信道，采用单工工作方式。

三、主要的无线通信技术

移动通信系统非常复杂，涉及的技术相当多，其中主要的无线技术有以下几种。

1. 多址接入技术

所谓多址，就是指多路复用技术。无线资源是有限的，如何利用有限的资源为更多的用户提供接入，是移动通信系统要解决的很重要的问题。现有移动通信系统采用的多址方式有频分多址（FDMA），时分多址（TDMA）和码分多址（CDMA）。

频分多址（Frequency Division Multiple Access，FDMA）是把通信的总频段划分成若干等间隔的频道分配给不同的用户使用，这些频道也称为信道，在呼叫的整个过程中，其他用户不能共享这一频段。一般移动台在通信时所占用的频道并不是固定指配的，它是在通信建立阶段由控制中心临时分配，每次通信结束移动台将退出它占用的频道，基站对应的收发信机也关闭，这个信道就可以再分配给其他台使用。

时分多址（Time Division Multiple Access，TDMA）是在一个宽带无线载波上，把时间分成周期性的帧，每一帧再分割成若干时隙，每一个时隙作为一个通信信道分配给其中一个用户。利用时分多址技术的通信系统中的移动台，它们的收发信机占用相同的信道，但占用时间不同，在满足定时和同步的条件下基站可以分别在各时隙中收发各移动台的信号而不混淆。

码分多址（Code Division Multiple Access，CDMA）是指不同的移动台共占同一个信道，系统为每个移动台分配了各自特定编码序列。这些编码序列是一个正交集，在正交序列中，只有编码序列相同时才能解码，所有用户可通过不同的编码序列加以互相区分，在接收端进行正交解码来恢复信号。

2．调制技术

所谓调制，就是对信号源的编码信息进行处理，使其变为适合于信道传输形式的过程。一般来说，信号源的编码是信息含有直流分量和频率较低的频率分量，称为基带信号。由于每一个用户都在同一个基带内，基带信号往往不能直接在多路复用系统中传输，因此需要把基带信号转变为一个相对基带频率而言频率非常高的带通信号以适合于信道传输。这个带通信号就叫做已调信号，而基带信号叫做调制信号。

系统分配给每个信道的带宽有限，在无线环境中，干扰在所难免，并存在多径衰落现象和多普勒效应，必须选择抗干扰能力强、频谱利用率高，带外辐射要小的调制方式，以提高利用能力，减小对临频干扰。基于幅移键控（ASK）、频移键控（FSK）和相移键控（PSK）是三种最基本的数字调制。目前在GSM数字蜂窝移动通信系统中选用的是高斯滤波最小移频键控（GMSK）调制。

3．抗干扰抗衰落技术

在城市建筑群或其他复杂的环境中漫游，所以发送的信号可能要经过反射、散射等传播路径后才能到达接收端，也就是我们之前所说的多径传播，这样的传播的方式形成的衰落称为多径衰落。在移动通信中除了多径衰落还有阴影衰落会对信号产生影响。为了解决这些问题。提高移动通信系统的性能，目前经常采用的是分集技术、均衡技术、信道编码这些技术来解决。

分集技术就是利用多条传输相同信息且具有近似相等的平均信号强度和相互独立衰落特征的信号路径，并在接收端对这些信号进行适当的合并，以便大大降低多径衰落的影响，从而改善传输的可靠性。

均衡技术可以补偿时分信道中由于多径效应而产生的码间干扰。它不用增加传输功率和带宽即可改善移动通信链路的传输质量。

信道编码是通过在发送信息时加入冗余的数据位来改善通信链路的性能。在发射机的基带部分，信道编码器把一段数字序列映射成另一段包含更多数字比特的码序列，然后把已被编码的码序列进行调制以便在无线信道中传送。

四、移动通信系统结构

数字蜂窝移动通信网是一种小区制移动通信系统，为了提高无线资源的利用率，可将服务区分割成若干小区，每一小区由一组收发系统进行无线覆盖，无线频点在每隔一定小区进行复用，按这样的方式组成一个类似蜂窝状的无线小区覆盖网。

蜂窝移动通信系统主要是由交换网路子系统（NSS）、无线基站子系统（BSS）和移动台（MS）3大部分组成，如图2-5-1所示。其中，NSS与BSS之间的接口为A接口，BSS与MS之间的接口为Um接口。

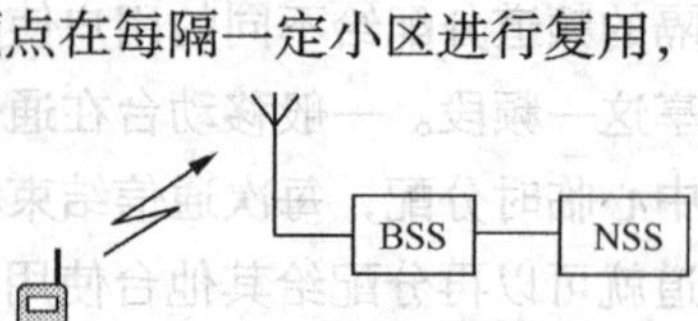

图2-5-1　蜂窝移动通信系统的组成

移动通信系统的典型结构图如图2-5-2所示。由图可见，移动通信系统是由若干个子系统或功能实体构成。其中，NSS主要包括移动业务交换中心（MSC）、拜访位置寄存器（VLR）、归属位置寄存器（HLR）、鉴权中心（AUC）和移动设备识别寄存器（EIR）；BSS主要包括有基站控制器（BSC）和基站收发信台（BTS）；移动台（MS）主要包括有移动终端（MS）和客户识别卡（SIM）。

1. 网络交换子系统（NSS）

网络交换子系统（NSS）主要完成交换接续功能、移动性管理、用户状态与业务数据管理、安全性管理等。

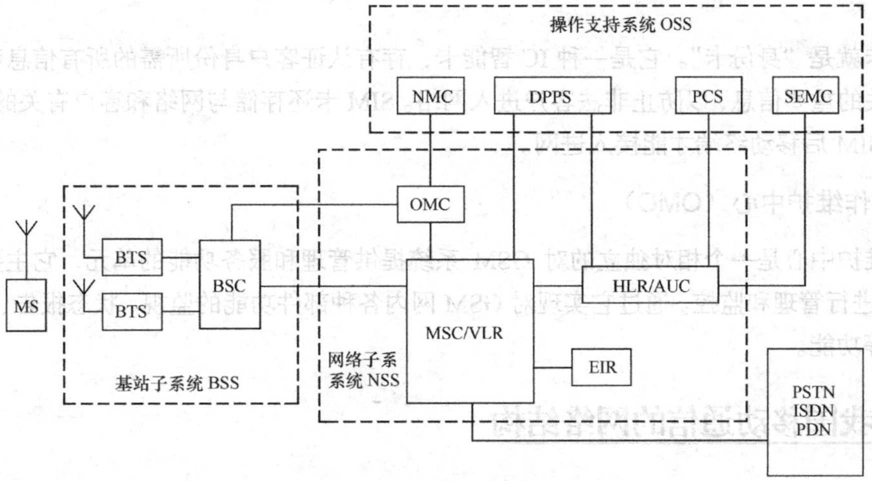

图 2-5-2　移动通信系统的结构图

移动交换中心（MSC）：MSC 是移动通信系统的核心，负责覆盖区域内的无线系统、移动台信令交换，移动用户的呼叫建立、呼叫控制和电路交换。MSC 是移动通信网络的端局，既是移动用户的接入点，又是与其他公用通信网的转接点；既是公共信道信令节点，又是用户计费信息的采集点。MSC 通过 BSS 完成无线资源的管理、移动性管理和越区切换等。

拜访用户位置寄存器（VLR）：VLR 是一个数据库，是存储 MSC 为了处理所管辖区域中 MS（统称拜访客户）的来话、去话呼叫所需检索的信息，例如用户呼叫识别码（IMSI/TMSI）、位置区域识别码、用户归属地信息、业务状态和服务功能等参数。

归属用户位置寄存器（HLR）：HLR 也是一个数据库，用来存放注册用户的身份信息、状态信息、服务信息和位置信息。每个移动客户都应在其归属位置寄存器（HLR）中注册登记。它主要存储两类信息：一是有关客户的参数，如用户号码、工作状态以及开通哪些服务等；二是有关客户目前所处位置的信息，例如当前登录 MSC、VLR 地址等。

鉴权中心（AUC）：用于完成移动用户的身份鉴定和安全性控制。移动用户在登录、位置更新等过程中需要对用户通过加密的参数（随机号码 RAND，鉴权响应 SRES，密钥 Kc）进行身份鉴权。

移动设备识别寄存器（EIR）：一个设备序列数据库，可以存储合法移动台设备的参数，便于对登录系统的移动终端设备进行识别、监视、闭锁等操作，以防止非法移动台的使用。

2. 基站子系统（BSS）

BSS 由一定无线覆盖区域的无线资源管理，负责所辖基站的无线网络资源的管理、小区配置数据管理、功率控制、定位和切换、无线信道管理、信令转发、呼叫控制、传输协议的变换。BSC 提供了 MSC 和 BTS 的连接桥梁，一方面承担了部分交换、信令管理的功能，另一方面实现了交换机侧电路协议（A 接口）到基站侧传输协议（Abis 接口）的变换。

基站收发信台（BTS）：无线接口设备，主要负责无线信号的收发，完成无线与有线的转换、无线分集、无线信道加密、跳频等功能。

3．移动台（MS）

移动台就是移动客户设备部分。它由两部分组成，即移动终端（MS）和用户识别卡（SIM）。

移动终端就是“机”，它可完成话音编码、信道编码、信息加密、信息的调制和解调、信息发射和接收。

SIM 卡就是“身份卡”。它是一种 IC 智能卡，存有认证客户身份所需的所有信息和一些与安全保密有关的重要信息，以防止非法客户进入网络。SIM 卡还存储与网络和客户有关的管理数据，只有插入 SIM 后移动终端才能接入进网。

4．操作维护中心（OMC）

操作维护中心是一个相对独立的对 GSM 系统提供管理和服务功能的单元，它主要是对整个 GSM 网路进行管理和监控。通过它实现对 GSM 网内各种部件功能的监视、状态报告、故障诊断、参数调整等功能。

五、我国移动通信的网络结构

我国数字移动通信网是采用独立网号方式来组成公共陆地移动通信网（PLMN）。它是一个与 PSTN、ISDN 等并行的电信业务网。

网号，就是网与网之间互通时所需要拨打的接入号。如中国移动的 GSM 网接入号是 134～139，159，158；中国联通的 GSM 网接入号是 130～132，156；CDMA 网络接入号为 133、163。

我国移动电话网的组网方式类似于固定长途网，大区设立一级汇接中心、省内设立二级汇接中心、移动业务本地网为端局。PLMN 不设国际出口局，国际间的通信借助 PSTN 的国际局。

移动通信网与 PSTN 网（公用电话网）的连接关系如图 2-5-3 所示。从图中可见，三级网路结构组成了一个完全独立的数字移动通信网路。而模拟移动通信网路结构是与 PSTN 网混合方式来组建的，它在省内建立二级汇接中心，在移动业务本地网内建端局，无一级汇接中心。省际间的通信是借助于 PSTN 网的长途电话网来实现。为实现省际间的自动漫游，模拟移动电话网必须建立自己

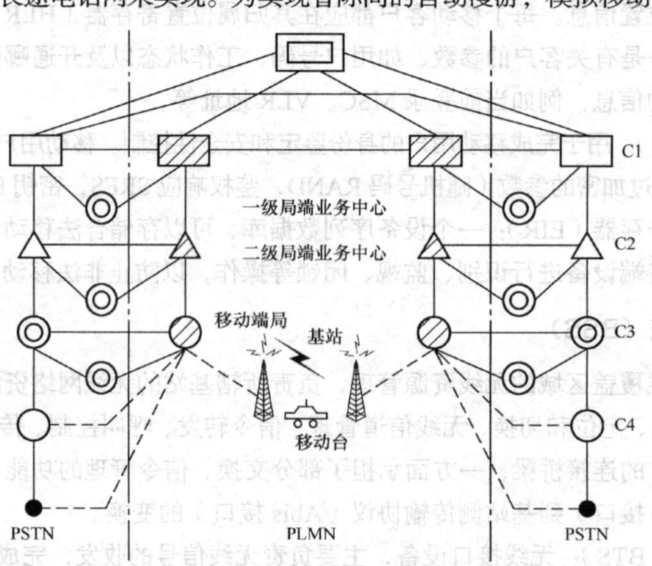

图 2-5-3　全国 GSM 网的结构及其与 PSTN 的连接关系

的全国信令网。另外，模拟移动通信网是采用 PSTN 网的端局号方式接入，以“9”字头为标志。因此，可以说模拟移动通信网是 PSTN 网的一部分，而数字移动通信网与 PSTN 网相重叠。

省内移动通信网由省内的各移动业务本地网构成，省内设若干个移动业务汇接中心（即二级汇接中心），汇接中心之间为网型结构，汇接中心与移动端局之间成星形网。根据业务量的大小，二级汇接中心可以是单独设置的汇接中心（即不带客户，没有至基站接口，只作汇接），也可兼作移动端局（与基站相连，可带客户）。省内移动通信网中一般设置 2～3 个移动汇接局较为适宜，最多不超过 4 个，每个移动端局至少应与省内两个二级汇接中心相连，如图 2-5-4 所示。任意两个移动交换局之间若有较大业务量时，可建立直达电路。

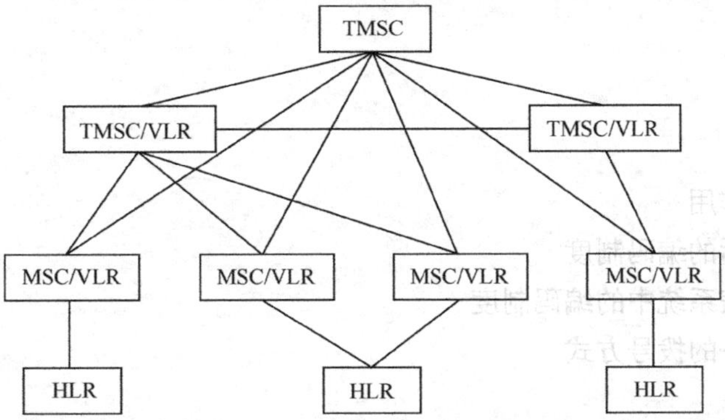

图 2-5-4　省内移动通信网络结构图

全国可划分为若干个移动业务本地网。划分的原则是长途区号为 2 位或 3 位的地区为一个移动业务本地网。每个移动业务本地网中应设立一个 HLR（必要时可增设 HLR，HLR 可以是有物理实体的，也可是虚拟的，即几个移动业务本地网公用同一个物理实体 HLR，HLR 内部划分成若干个区域，每个移动业务本地网用一个区域）和一个或若干个移动业务交换中心（MSC），还可以几个移动业务本地网共用一个 MSC。

小结

通信双方有一方处在移动状态的通信叫移动通信。可移动性是移动通信主要特点，无线接入是移动的必要条件，在无线状态下，移动通信需要较为复杂的技术保障正常的通信。

移动通信由交换子系统、基站子系统及操作维护子系统组成。

六、思考与练习

1. 移动通信具有哪些特点？
2. 请阐述移动通信系统的组成及各组成部分的作用。

第六讲　电信业务网络—电话业务编码制度

一、目的与要求

通过本讲的学习，使学生熟悉固定电话通信、移动电话通信的号码制度及拨打方式，熟悉在电话通信系统中各种编码在通信用户识别、业务接入识别、业务接续识别中的作用，以便进一步了解通信接续过程。

二、教学要点

本讲的教学要点是分析编码在通信系统中的作用；分析各种编码在通信过程中不同的环节中所起的作用，以及通信系统如何利用编码进行通信用户、通信终端、通信用户位置区域的识别。

三、教学目标

概念识记：

- MSISDN
- IMSI
- MSRN
- LAI
- GCI

知识技能要点：

- 了解编码的作用
- 了解固定电话的编码制度
- 了解移动通信系统中的编码制度
- 熟悉各种业务的拨号方式

一、电信编码的作用

电信业务是以电的方式进行信息传送的，也是以电的方式来进行接续控制的，通过数字编码是一种最容易实现、最容易被无歧义地识别用来描述通信对象、控制命令、设备状态的方式。在电信系统中，对识别用户、识别系统状态、识别通信信令毫无例外地采用了数字编码的方式来进行描述。

在应用层面上，最常用的电信编码是用户识别码（即电话号码）和接续识别码。用户识别码在发起通信时用来区分不同的用户，使我们需要与某一用户通信时，只要记住该用户的电话号码，并通过通信终端输入通信系统即可。事实上，用户号码与用户之间有一种对应关系。接续识别码是指通信系统在接续过程中，需要将哪些实体通过链路进行连接的标识。在固定电话网中，电话用户的位置是固定的，电话终端可通过固定的电路将通信终端与电话通信系统建立固定的连接，这个连接一端接电话机，另一端与某一局端设备（用户电路端口号）相连，在接续过程中，只要将通信链路与这一特定的设备相连就意味着可与指定用户进行通信。移动通信系统中，通信终端是随通信用户移动的，不可能建立像固定电话那样的固定连接，代表用户的终端与系统之间的默契通过终端的身份编码进行约定，这个身份编码称为国际移动用户识别码（IMSI），系统在需要时，通过 IMSI 与终端进行交互，建立链路，实现接入。

二、固定电话用户识别码

我国固定电话用户识别码由两部分组成，即电话号码和长途区号。电号号码能在同一本地网内唯一识别，即在同一本地网内无重复，用户拨打任一可用号码都能与唯一的用户进行连接。

长途区号是用来区分用户的所在地的，当处在不同本地网的用户之间需要通话时，由于号码不是唯一的，需要用地区识别码加以区分。

本地电话号码由电信运营商根据实际的容量和用户的发展情况而定，但也有一些需要业内共同遵守的规范约定。一般说来，第一位为“1”、“9”不能作为普通用户的识别号，而是保留给电信运营商作为业务接入号，或特别服务接入号，如第一位为“1”有“10000”、“10010”、“10060”“10086”、“110”、“119”、“114”、“120”、“17901”、“193”“130…”、“139…”等，第一位为“9”有“95…”、“96…”。第一位为“0”表示为非本地网电话，即长途电话。

长途区号分国内长途区号与国际长途区号。

三、固定电话接续识别码

固定电话接续识别码通常是交换机用户电路的端口号，交换机上的任一个端口可以配给任一个电话用户，即理论上可以配任何电话号码，但为了维护方便，须遵循一定的规律。将电路端口与电话号码建立一一对应的关系的过程叫配号。交换机端口一旦完成配号，各端口的电话号码就确定了，当用户选择某一电话号码时，则该用户的电话线必须与相应的端口相连。

从以上分析可以说明，对于通信用户来说，电话号码是对指定用户的标识，对于通信系统来说，电路端口是接续地址。

四、移动电话用户识别码

移动用户识别码，常用 MSISDN（Mobile Subscriber Integrated service Digital network ）表示。其一般格式为：

CC　　　　　　　　NDC　　　　　　　　SN

|----------------------国际移动客户 ISDN 号码 -----------------------|

|------- 国内有效移动客户 ISDN 号码 ------|

其中，CC = 国家码，我国为 86。

我国国内有效 ISDN 号码为一个 11 位数字的等长号码，结构如下：

N1N2N3　　　　　H0H1H2H3　　　　　ABCD

|----------NDC--------|--------HLR 识别号---------|---------SN-----------|

NDC：国内目的地码，即网路接入号，如“中国移动公司”GSM 网为 139 等，“中国联通公司”GSM 网为 130 等。

H0H1H2H3 是移动电信运营商内部分配给各地服务区的号段地址，既有固定电话网的局号的作用，又有固定电话网的长途区号的作用。

ABCD 是指同一段内的 4 位号码。

五、移动用户接续识别码

1．移动用户接续识别码

IMSI（International mobile Subscriber Indentification）是全球移动通信系统中任一移动用户

的唯一的识别码，用于移动通信用户与移动通信系统之间的信息交换和控制。IMSI是移动用户在移动通信系统中的身份代码，移动通信系统可以根据IMSI对用户进行鉴权、判别用户的注册地址（归属地）、查询用户识别码（MSISDN）以及相应的服务功能与状态、查询移动用户的位置信息。

IMSI存放在SIM卡中，SIM卡启用之前，需进行配号，即通过营业系统或后台服务系统，将IMSI与MSISDN的对应关系写入HLR,以便在用户拨打电话号码时,系统能根据对应的IMSI,在全球的移动通信网络中，寻找对应的用户。

IMSI号码结构为：

```
MCC                    MNC                    MSIN
|-----------------国际移动客户识别 ----------------------|
                              |--国内移动客户识别 --|
```

MCC：移动国家号码，由3位数字组成，唯一地识别移动客户所属的国家。我国为460。

MNC：移动网号，由2位数字组成，用于识别移动客户所归属的移动网。“中国移动公司”GSM PLMN网为00，“中国联通公司”GSM PLMN网为01。

MSIN：移动客户识别码，采用等长10位数字构成，唯一地识别国内GSM移动通信网中移动客户。

2．临时移动客户识别码（TMSI）

TMSI（Tomporay Mobile Subscriber Indentification）是IMSI的替代号码，当移动用户登录到某一台MSC/VLR时，系统已通过鉴权，判定该用户为合法用户，并从HLR调用了该用户的业务资料。为了保护IMSI安全，同时便于管理，MSC/VLR为每一个登录用户分配一个在本MSC/VLR内唯一的TMSI号码，TMSI号码比IMSI要短，仅限在本MSC业务区内用于寻呼、信道指配与释放等操作，凡涉及位置更新等需触发鉴权过程的操作，需使用IMSI码。

3．移动客户漫游号码（MSRN）

MSRN（Mobile Subscriber Roaming Number）是移动通信系统对于不能明确用户身份，但需要指配信令链路分配给用户的临时标识，当一个用户漫游进入MSC服务区，首先需要通过控制信道传送用户的身份信息，然而由于该用户是刚漫游进入的，MSC并不知道用户的真实身份（IMSI），只能分配一个MSRN以便建立信令链路。

当作为被叫的用户漫游在外，呼叫首先需在归属地检查HLR，了解用户的登录位置MSC/VLR，为了给登录MSC/VLR传送被叫用户标识，建立一个用于选路由的临时号码，HLR请求被叫所在业务区的MSC/VLR给该被叫客户分配一个移动客户漫游号码（MSRN），并将此号码送至HLR，HLR收到后再发送给MSC，MSC根据此号码选路由，将呼叫接至被叫客户目前正在访问的MSC/VLR交换局。路由一旦建立，此号码就可立即释放。

移动客户漫游号码（MSRN）结构是：

```
CC                    NDC                    SN
|---------------------国际移动客户ISDN号 -----------------|
                         |--国内有效移动客户ISDN号码 |
```

六、移动用户位置识别码

移动通信系统通过位置信息实现对移动用户的移动性管理，当系统寻址一个移动用户时，可以利用系统的 HLR、VLR 上记录的位置区域向移动终端发起寻呼。

位置信息实际上是一条信息链，我们根据用户号码，可以得知用户的归属地，即 HLR 地址，HLR 中记录用户号码与 IMSI 号码的对应关系，根据 IMSI 号码可以查询到用户登录的 VLR 地址，而在 VLR 中，记录了相关 IMSI 的位置区域信息。

1．位置区域识别码（LAI）

在 VLR 上记录的用户位置信息叫 LAI（Location Area Indentification），移动通信系统将若干基站、小区定义为一个位置区，移动终端漫游进入，通过位置更新流程将 LAI 上报给 MSC/VLR。当系统需呼叫该用户时，在该位置区域范围内进行寻呼，用户侦听到这一寻呼信号，向系统申请分配信道，建立链路，实现通信。

位置区域识别码的结构是：

MCC　　　　　　　　MNC　　　　　　　　LAI

|-------------------国际移动客户识别 -------------------|

|--国内移动客户识别 --|

MCC、MNC 的意义与 IMSI 码相同，LAI 为 2 个字节的 BCD 码，取值范围为 0000～FFFFH。

2．全球小区识别码（GCI）

GCI（Global Cell Indentification）是基站小区在全球移动移动系统中的唯一标识，它是在 LAI 的基础上加上小区识别标识（CI）构成，CI 由 2 个字节的 BCD 码组成。

GCI = LAI + CI = MCC + MNC + CI

七、拨号方式

拨号方式是用户通过拨十进制数字实现本地呼叫、国内长途呼叫及国际长途呼叫的方式，拨号模式分析如下：

移动用户→固定用户（含模拟移动用户）：0XYZ PQR ABCD

固定用户→本地移动用户：139HlH2H3ABCD

固定用户→外地移动用户：0139HlH2H3ABCD

移动用户→移动用户：139HlH2H3ABCD

移动用户→特服业务：0XYZ lXX　其中对火警只须拨 119，对匪警只须拨 110，对急救中心只须拨 120，对交警中心只须拨 122。

国际用户→移动用户：+ 86 139HlH2H3ABCD

国际用户→固定用户：+ 86 XYZ PQR ABCD

移动用户→国际用户：00 + 国家代码 + 该国内有效电话号码

固定用户→国际用户：00 + 国家代码 + 该国内有效电话号码

其中，0——国内长途有权字冠；

00——国际长途有权字冠；

XYZ——长途区号，由 3 位或 2 位数字组成；

PQR——局号；

ABCD——用户号码，当长途区号为 2 位时，用户号可以由 4 位或 5 位号码组成；

lXX——特种业务号码；

+86——86 是我国的国际长途区号，+表示当地的国际长途字冠，我国的国际长途字冠为“00”，不同国家的长途字冠并不统一。

小结

通信系统中，编码是系统网元的主要识别方式，无论是接入用户、网络端口、终端接入识别等都是通过代码来标识的。

在通信系统中约定的编码方式可以使整个通信系统遵循统一的规定去分析编码，进行一致的处理。号码制度是一种系统约定，并得到共同遵守。

八、思考与练习

1. 试分析什么场合使用用户识别码，什么场合使用端口或终端身份识别码。
2. 试分析移动通信系统通过哪些识别码来进行用户位置管理。

第七讲 电信业务网络—固定电话接续及移动用户状态分析

一、目的与要求

本讲学习两个内容，一是固定电话的接续流程，通过对固定电话接续过程的简单分析，了解一次电话通信的大致过程；二是通过介绍移动通信终端的状态以及状态转换过程中，通信终端与系统的相关活动，深入了解移动用户漫游过程中与系统如何保持联系。

二、教学要点

详细分析固定电话接续流程，通过分析，分解通信接续环节，并理解系统在各个环节的活动；详细分析移动终端的三个不同的工作状态，及不同工作状态之间变换时，终端和系统的活动。

三、教学目标

概念识记：

- 关机状态
- 空闲模式
- 专用模式
- 小区选择
- 小区重选
- 信道指配

知识技能要点：

- 熟悉固定电话接续过程
- 熟悉移动终端工作状态
- 熟悉移动终端状态变换过程中，终端与系统的交互方式

一、固定电话接续流程分析

1. 固定电话交换节点示意图

图 2-7-1 所示为电话交换节点示意图，电话交换系统由用户电路、中继电路、交换网络、控制单元、信号单元等组成。用户电路是每个用户的接入端口，用于为用户提供馈电、检测用户的状态，在数字程控交换机中，还作为模/数转换接口进行语音的模/数变换。中继电路是交换局之间的连接电路，用于局间电路转接。交换网络用于用户与用户、用户与中继电路的交叉连接。控制单元为整个交换机提供各种控制信号，控制各部件完成各种操作。信号单元为交换机提供所需的音信号和控制信号。

2. 固定电话接续流程分解

（1）摘机：用户拿起电话机的手柄，此时被手柄下压的搁叉弹起，使用权电话机的叉簧闭合，用户电路通过电话线路、电话机引成闭合回路，电话线路上有电流流过，交换机从用户电路上检测到电流信号，判断用户请求通信，交换机给用户电路分配一个记发器，如图 2-7-2 所示。

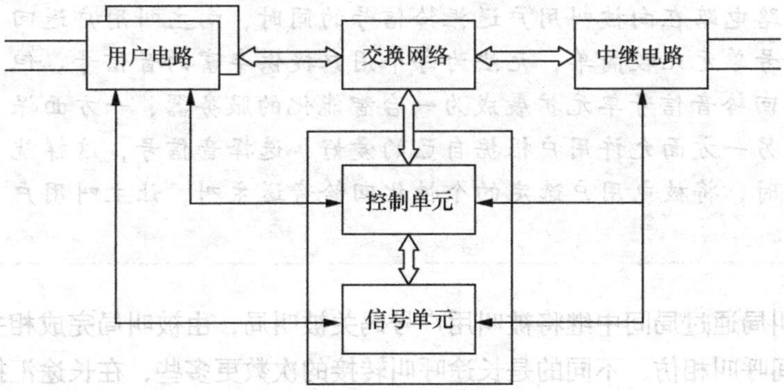

图 2-7-1　电话交换节点示意图

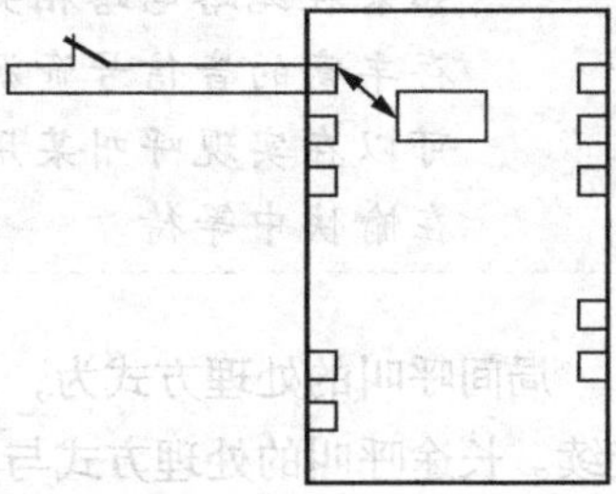

图 2-7-2　摘机拨号示意图

（2）放拨号音：记发器接通 450Hz 的音频信号单元，向用户送连续的音信号（拨号音），同时等待用户拨号。

（3）拨号与号码记录：用户拨号，记发器记录用户所拨号码。

（4）号码分析与接续：用户拨号完毕，交换机分析被叫号码，判断被叫局向。

本次呼叫的被叫用户如果是本局用户，交换机控制完成呼叫接续，不是本局用户，则选择出局中继。出局中继可分为本地端局或长途局，如果本次呼叫是长途呼叫，则通过长途中继，将呼叫转长途局。本局呼叫接续过程如下。

① 检查被叫状态：交换机根据被叫号码，查找被叫用户的用户电路端口，检查被叫用户状态，

如果被叫用户示忙（用户电路上检测到有电流），则向主叫用户送忙音（450Hz，送1秒、停1秒，或送语音提示“你所拨的用户正忙，请稍候再拨”）。如果被叫用户闲，则选择一条绳路电路将主被相连，如图2-7-3所示。

② 振铃：绳路电路向被叫用户送振铃信号（25Hz/75V，送4秒、停1秒），同时向主叫用户送回铃音（450Hz，送1秒、停1秒）。如果向被叫振铃一分钟，被叫没有接听，则交换机向主叫送催挂单（450Hz，送1秒、停1秒，或送语音提示“你所拨的用户没有应答，请挂机”）。

③ 用户接听：被叫用户摘机，交换机从被叫用户的用户电路检测到回路电流，停止振铃、停止送回铃音，为主被叫用户分配通话电路，如图2-7-4所示。

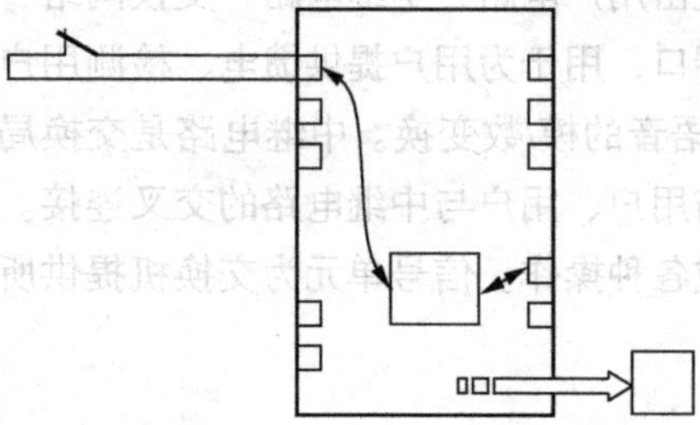

图2-7-3　绳路电路示意图

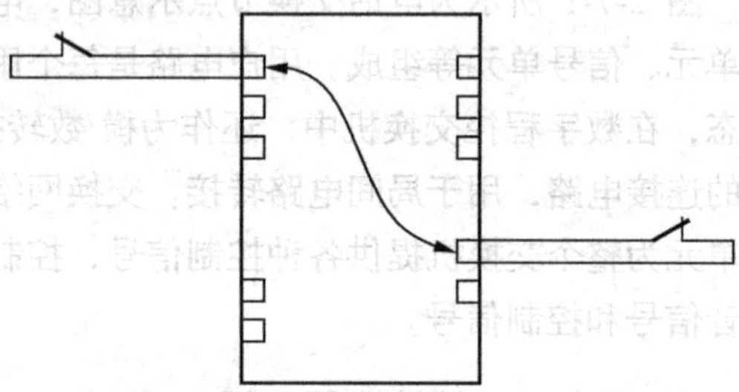

图2-7-4　主被叫用户连接通话示意图

④ 通话与状态监视：主被叫用户进入通话状态，交换机监视主被叫状态，直到主被叫任一方挂机。

⑤ 挂机、拆线：主被叫任一方挂机，交换机释放连接主被叫的电路。

小贴士

彩铃：交换机的绳路电路在向被叫用户送振铃信号的同时，向主叫用户送回铃音，由于交换机的信号单元比较简单，无法为每个用户提供丰富的音信号。但如果在绳路电路相关的回铃音信号单元扩展成为一台智能化的服务器，一方面保存丰富的音信号资源，另一方面允许用户根据自己的爱好，选择音信号，这样就可以在实现呼叫某用户时，将被电用户选定的个性化回铃音送主叫，让主叫用户在愉快中等待。

局间呼叫的处理方式为，主叫局通过局间中继将被叫用户号码关被叫局，由被叫局完成相关接续。长途呼叫的处理方式与局间呼叫相仿，不同的是长途呼叫转接的次数更多些，在长途汇接局的转接过程中，不但要转发被叫号码，同时需转发被叫的长途区号。

二、移动通信用户状态分析

移动通信用户的接续要比固定电话复杂得多，为了更好地理解移动电话的接续过程，我们先来熟悉一下移动用户的状态。

1. 关机状态

关机，自然是用不着作任何解释的，但值得注意的是，不管用户的手机是否处在工作状态，运营商仍必须提供用户所需的服务。移动用户处在关机状态，意味着用户的手机终端没有登录到任一个 MSC/VLR 上，移动通信系统中只有用户的静态信息，即保留在 HLR 上的信息，运营商能为用户做的只是等待用户开机上网或转接用户设置的呼叫转移。

2．空闲模式

空闲模式是指手机没有申请系统连接的状态，手机根据系统广播的住处自行活动。空闲模式事实上是我们俗称的待机状态。处在空闲模式的手机实际上并没有真正的空闲，而在不断地收听系统信息，测量系统信号，进行小区重选，在必要时进行位置更新。

（1）开机登录

当用户打开手机电源，手机就进入了开机过程。事实上开机是一个复杂的过程，手机终端与移动通信系统要进行大量的工作。

首先，手机将在允许的频段内搜索可用的频点，并筛选出其中的 30 个。这些频点可能并不可用，或许是因为并非同一运营商提供的，也许是因为非用于基站标准频点。手机终端将按照服务商信息选择其中的 6 个作为候选频点，尝试登录相关小区。

（2）小区选择

小区选择就是手机选择一个最合适的小区作为开机后登录系统，开始漫游的起点。所谓最合适是指提供频点的运营商正是你注册入网的运营商、选取的频点是基站基准频点、选取的频点是候选频点中最强、质量最好的等。

① 频率同步：频点选后，手机需将振荡频率调整到所选频率，与所选频率取得同步。当频率同步完成后，手机就能从小区的基准频率上接收信息。

② 时间同步：当频率同步后，手机已完全能接收基站发布的消息了，但基站发送的是没有结构标志的信息流，只有与系统的帧取得同步才能正确地解析出系统信息，这好比在一串文字中加上正确的标点停顿一样，如在“…张华卫国庆…”中我们要读出三个字的姓名，如果起始位置不清楚，就无法断定这个人姓名是“张华卫”、“华卫国”、“卫国庆”中的哪一个。时间同步就是建立帧同步的过程。

③ 侦听广播：当时间同步完成后，手机不但能收听到基站的信息，而且能分辨出信息的意义。此时，手机开始收听系统在连续播放的系统信息，系统信息包括小区识别号、相邻小区列表、位置区域码等，以及某些策略。

④ 位置更新与鉴权：当手机具备登录条件时，发起位置更新、申请鉴权。在位置更新与鉴权过程中，手机通过控制信道向系统递交 IMSI、以及一些位置相关信息，系统根据 IMSI 对用户进行鉴权。

⑤ 登录：鉴权成功后在 MSC/VLR 上记录当前位置区，MSC 给用户分配 TMSI，HLR 记录当前 VLR 地址，VLR 从 HLR 获得用户信息的副本，手机显示网络信息。

（3）小区重选

手机登录上网后，通过收听系统信息，不断测量小区及相邻小区的信号强度和信道质量，当发现相邻小区的信号强度和信道质量好于当前小区时，进行小区重选，使手机登记在新的小区之下。

空闲模式下，移动通信终端在漫游的过程中，不断调适与系统的关系，使自己始终与系统保持最佳的状态。

3．专用模式

专用模式是指激活全双工信道的状态，在 GSM 通信系统中，专用模式是指给用户分配业务信道（TCH）、独立专用控制信道（SDCCH），前者用于双向语音通信，后者用于双向信令通信。

（1）信道指配

系统响应用户申请给用户分配信道。由于无线信道是移动通信系统中最珍贵的资源，采用三种分配策略应对不同的接入要求。三种分配策略为：

① 超前分配方式（VEA）：当 MS 要求分配时，马上分配 TCH；

② 提前分配方式（EA）：当 MS 要求分配时，先分配 TCH/8，然后尽可能早地分配 TCH；

③ 迟后分配方式（OACSU）：当 MS 要求分配时，先分配 TCH/8，然后尽可能晚地分配 TCH，通常需一直等到被叫应答时，才分配 TCH。

MS 得到系统的信道指配指令，将收发信器调整到指定的频点指定的时隙上，占用信道，实现通信。

（2）通信与监视

MS 进入专用状态后，通过 TCH 传送业务信息。在传送业务信息的过程中，系统在每一帧业务信息中夹带一位测量信令，用于 MS 测量系统的状态，以便及时改变占用方式，如信道切换、呼叫重建等。

（3）切换、呼叫重建

所谓切换，是指 MS 在通信过程中，由于信道的信号强度、信号质量、小区无线资源的分配情况等原因，需调整到新的小区、新的无线信道的过程。对于移动中的 MS，在漫游的过程中，一个基站的信号变弱，另一个基站的信号趋强是经常的事实，随时调整信道有利于保证通信质量。

在通信过程中，由于外部原因，信道质量突然下降，导致通信无法正常进行，需采取紧急措施，快速指配一条新的信道，保持已建立的通信，这个过程叫呼叫重建。呼叫重建不同于正常的信道指配，需加快分配过程。

（4）信道释放

通信结束，用户挂机，系统释放被占用的通信链路，释放被占用的无线信道，MS 进入空闲模式。

小结

电话接续由摘机拨号、号码分析与接续、振铃、接听通话、挂机拆线等过程组成，长途通信需经过多次转接才能通达，实际的过程要更长些。

移动终端有关机、空闲、专用三个工作状态，在不同的工作状态中，终端和系统不停地进行信令的交换，以保持必要的联系。

三、思考与练习

1. 试解读固定电话的接续过程。
2. 试分析手机终端的工作状态，并分析不同状态的变化过程。

第八讲 电信业务网络—GSM 移动通信信道分析与接续

一、目的与要求

本讲以 GSM 系统为例，详细分析了移动通信系统的无线接口。通过无线接口的逻辑信道的分析，通过学习建立移动通信信道的一些概念。

通过移动通信终端发起呼叫和接收呼叫的过程的详细分析，熟悉移动通信接续过程与固定电话接续过程和差异，以便更好地理解移动通信的特点及在通信过程中发生的特殊情况。

二、教学要点

详细讨论 GSM 的逻辑信道，以及逻辑信道的作用，以加深对移动通信业务的理解；详细分析移动通信用户呼出、呼入的信道指派方式及在信道指派过程中终端与系统的交互过程，以加深对移动通信的理解。

三、教学目标

概念识记：

- 物理信道
- 逻辑信道
- PCH
- RACH
- AGCH
- SDCCH
- SACCH

知识技能要点：

- 理解信道的概念，了解 GSM 系统的各种逻辑信道的作用
- 理解移动通信用户呼出、呼入的信道指派方式及在信道指派过程中终端与系统的交互过程

一、GSM 移动通信系统的信道分析

1．物理信道

GSM 系统采用的是频分多址接入（FDMA）和时分多址接入（TDMA）混合技术，具有较高的频率利用率。FDMA 就是在 GSM900 频段的上行（MS 到 BTS）890～915MHz 或下行（BTS 到 MS）935～960MHz 频率范围内分配了 124 个载波频率，简称载频。各个载频之间的间隔为 200kHz。而每个载频上按时间分为 8 个时间片（时隙），每一个时隙作为一个独立的信息传送通道，这样的时隙就称为信道或者物理信道。GSM 系统的一个载频上可以提供 8 个物理信道。

2．逻辑信道

每个时隙作为物理信道，独立地传送信息，如果将这些信息按一定的规则划分为稳定的模块，并对这些模块进行定义，就组成了逻辑上独立的信息传送通道，这些逻辑上独立的通道称逻辑信道。逻辑信道是指依据移动网通信的需要，为传送的各种控制信令和语音或数据业务在 TDMA 时隙所分配的控制逻辑信道或语音、数据逻辑信道。

逻辑信道分为公共信道和专用信道两大类。公共信道是指很多用户共用的信道，主要用于传送基站向移动台广播消息的广播控制信道和用于传送移动业务交换中心与移动台之间建立连接所需的双向信号的公共控制信道。专用信道是指分配给指定用户，用户在占用期间独享的信道使用权的信道，主要是指用于传送用户语音或数据业务和专用控制信令的信道。图 2-8-1 所示了 GSM 系统的逻辑信道关系图。

（1）公共信道

① 广播信道（BCH）：广播信道（Broadcarst Channel，BCH）是从基站到移动台的单向信道，用于基站向移动台广播公共的信息，主要包括移动台登记上网所需的同步信息和维持网络联系的

所需要的相关系统信息，包括频率校正信道（FCCH）、同步信道（SCH）、广播控制信道（BCCH）。

频率校正信道（Frequency Correction Channel，FCCH）用于播放一个小区基准频点的基准频率。同一小区，可分配多个频点，其中的一个作为基准频点，与本小区相关的系统信息都是通过基准频点播放的，MS 只能调谐到基准频点的基准频率，才能从基准频点的控制信道上收听系统信息，建立与系统的联系。FCCH 的作用实际上就是不停地发送周期脉冲，这个脉冲作为手机的参考时钟，取得与系统的同步。

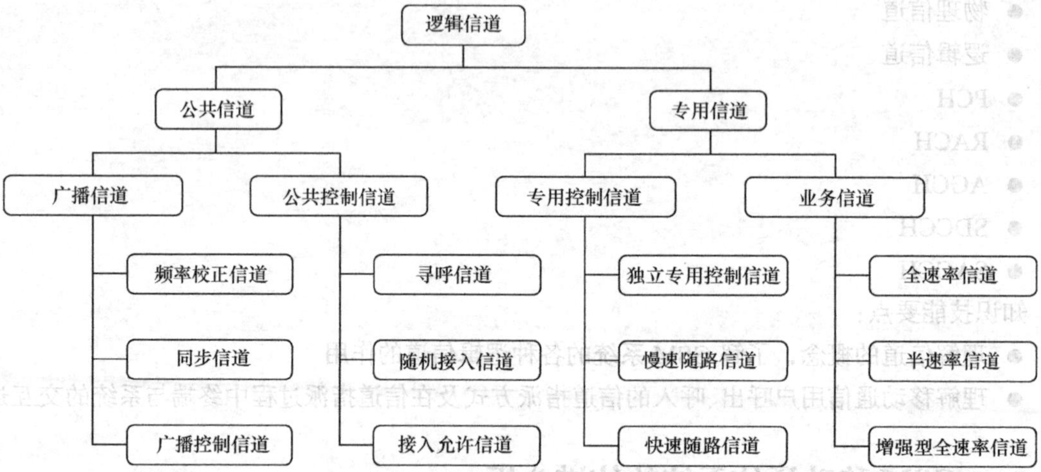

图 2-8-1　GSM 逻辑信道关系图

同步信道（Synchronization Channel，SCH）的作用是取得 MS 与系统在信息帧的同步。在数字系统中，信道上传送的都中由“0”和“1”组成的代码串，代码是由若干位“0”和“1”组成的，不同的“0”和“1”组合代表的意义不同，这就需要收发双方的起始位等取得一致，才能保证双方获得相同的“0”和“1”组合。

广播控制信道（Broadcarst Control Channel，BCCH）用于向每个 MS 广播通用的系统信息，以便保证 MS 们能自觉地与系统保持必要的联系，如当前小区的 CI、LAI，相邻小区列表等。

② 公共控制信道（CCCH）：公共控制信道（Common Control Channel，CCCH）是基站与 MS 间的一点对多点的单向信道，用于呼叫接续阶段传输链路连接所需要的控制信令，主要包括寻呼信道（PCH）、随机接入信道（RACH）、准许接入信道（AGCH）。

寻呼信道（Paging Channel，PCH）是下行信道，基站小区通过 PCH 寻呼 MS，通知 MS 接入，寻呼信道是公共信道，在寻呼信道中播放的住处在同一寻呼组中的 MS 都能收听，所以在寻呼消息中包含了寻呼用户的识别号（IMSI 或 TMSI）及寻呼原因，相关 MS 收到寻呼消息后与系统进行联系。

随机接入信道（Random Access Channel，RACH）是上行信道，用于 MS 随机提出的信道分配申请信息。当 MS 需要分配专用信道时，由于 MS 并没有通达系统的专用信息链路，只能通过公共信道提出申请消息。申请消息包括申请用户识别号（IMSI 或 TMSI）及申请分配信道的原因。

准许接入信道（Access Grant Channel，AGCH）为下行信道，用于系统对提出分配申请作出应答的消息，将一个专用信道（TCH 或 SDCCH）指配给 MS，应答消息通过公共信道播放，消息中包含 MS 的识别码（IMSI 或 TMSI）及指配信道标识。

（2）专用信道

① 专用控制信道（DCCH）：专用控制信道（Dedicated Control Channel，DCCH）是基站与

MS 之间的点对点的双向信道，用于在呼叫接续阶段以及通信进行中在 MS 和基站之间传输必需的控制信息，主要包括独立专用控制信道（SDCCH）、慢随路信道（SACCH）、快随路信道（FACCH）。

独立专用控制信道（Stand alone Dedicated Control Channel，SDCCH）用于传送基站与 MS 间的指令与信息，如鉴权与位置信息、被呼叫的电话号码、短消息等，SDCCH 上传送的信息与公共控制信道上传送的住处的区别是，SDCCH 是点对点的，SDCCH 上传送的消息比较长等。

慢随路信道（Slow Assoaiated Control Channel，SACCH）事实上并非独立存在的信道，而是附着在专用信道之上的，所以叫随路信道。MS 在通信期间，已无法像空闲模式时一样通过侦听广播信道的消息来调适与系统的联系（如是否需要切换等），只能通过夹带在业务信道中的小量测量信号来评判信道质量、提交测量报告。由于这种测量信号比特量很小，所以传送的测量信息并不频繁，固称慢随路信道。

快随路信道（Fast Assoaiated Control Channel，FACCH）并非是一种专门的信道，只是业务信道在紧急状态下充当信令信道时的一种叫法。MS 占用的业务信道质量突然下降时，为了抢救呼叫，采取应急信道指配，此时，不能像正常情况下按部就班地进行信道分配，而是将已分配的业务信道充当信令信道传送呼叫重建所需的信令信息。

② 业务信道（TCH）：业务信道是用于传送用户的语音和数据业务的信道，根据传输速率的不同可以分为全速率信道和半速率信道，半速率业务信道所用时隙是全速率业务信道所用时隙的一半。增强型全速率信道的速率与全速率信道的速率相同，但是其压缩编码方案比全速率信道的压缩编码方案优越，所以具有较好的语音质量。

二、GSM 移动通信系统的接续流程分析

1．主叫接续

（1）拨号。移动通信的拨号不同于固定电话拨号，分两步完成：①输入被叫号码；②按发送键。之所以如此，是因为移动终端与系统没有固定的连接，无线线路资源又比较宝贵，所以需等到所有号码全部拨完，再通过按发送键，向系统申请信道上传。当用户按发送键后，MS 通过 RACH 向系统提出信道分配请求，系统收到请求后，通过 AGCH 指配一条 SDCCH 给 MS，MS 通过 SDCCH 上传被叫号码，上传完毕，释放 SDCCH。

（2）交换系统对被叫进行号码分析、选择路由、检测被叫状态，当被叫空子闲时，向被叫振铃，主叫听回铃音。

系统需要专用信道为 MS 传送回铃音，指配信道过程为：①系统在 PCH 信道上寻呼；②MS 收听到寻呼消息，通过 RACH 向系统提出信道分配请求；③系统收到请求后，通过 AGCH 指配一条 TCH 给 MS，MS 通过 TCH 听回铃音，等待被叫用户应答。

（3）被叫用户应答后，双方进入通信状态，系统监视通信双方的状态，MS 在通信过程中，测量无线系统的情况，并通过 SACCH 上报测量报告，以便在适当时进行切换等操作。

（4）拆线释放。当主被叫中有一方挂机时，交换系统释放通信链路，无线系统释放无线信道，MS 重新回到空闲模式。

2．被接续过程

（1）寻呼。当 MS 作被叫时，系统通过 MSISDN，检索 HLR、从 HLR 中查询对应的 IMSI

以及 IMSI 登录的 VLR，从 VLR 中查询 IMSI（或 TMSI）、LAI，通过寻呼组在特定的寻呼信道上寻呼，MS 收到寻呼消息后，作出响应。

（2）寻呼响应。MS 收到寻呼消息，分析寻呼原因，通过 RACH 向系统提出信道分配请求。

（3）信道分配。系统收到请求后，通过 AGCH 指配一条 TCH 或 SDCCH 给 MS，并给 MS 送振铃指令。如果 MS 开通来电显示，将来电号码送 MS。与固定电话不同的是，固定电话交换机向用户送的是铃流信号，移动通信系统向 MS 送的是振铃指令，振铃信号是 MS 终端自身提供的，MS 可以在终端内存中保存的音乐资源中选择个性化铃音。

（4）MS 按接听键，建立通信链路，双方进入入通信状态，系统监视通信双方的状态，MS 在通信过程中，测量无线系统的情况，并通过 SACCH 上报测量报告，以便在适当时进行切换等操作。

（5）拆线释放。当主被叫中有一方挂机时，交换系统释放通信链路，无线系统释放无线信道，MS 重新回到空闲模式。

3．短信收发过程

短信是通过 SDCCH 信道传送信息的，短信的发送和接收与电话主叫接续与被叫接续过程比较接近，不同的是所指配的信道不同，语音通信分配 TCH，短信通信分配 SDCCH。

小结

无线信道分为物理信道与逻辑信道，物理信道实际上是无线频点上有效传递数字信号的一个时隙。一个物理信道可以用来传送各种逻辑上独立的各种业务信息与控制信息，为了便于管理，将这种逻辑上独立的信息链路叫逻辑信道。

移动通信与固定电话接续过程的最大差别是，移动终端在接续过程中需进行无线信道的指配。由于无线信道资源十分宝贵，信道分配有多种策略，过程相对较固定连接复杂。

三、思考与练习

1. 公共控制信道与专用信道在分配方式上有何不同？
2. 你认为广播控制信道上应播放哪些系统信息？

第3单元 通信业务支撑流程

第一讲 通信业务支撑概要

一、目的与要求

本讲的教学目的是通过课堂教学，让学生了解通信业务支撑的基本流程。通过教学，学生需掌握：

1. 业务支撑系统的基本概念
2. 业务支撑系统的主要功能
3. 客户和用户的区别
4. 在业务支撑系统中确定客户的信息
5. 业务预处理的过程
6. 客户开户的过程

二、教学要点

本讲教学的重点是分析业务支撑系统的功能及客户资料要素的分析；通过对各子系统模块的分解，了解业务支撑系统所完成的任务和它的主要功能；通过对客户信息的分析，归纳出在业务支撑系统中确定客户的4个要素，以及在客户开户过程中，这些信息是如何分步建立的。

三、教学目标

概念识记：

- 业务支撑系统
- 资源管理
- 客户资料

知识技能要点：

- 业务支撑系统各子系统的功能

- 客户与用户的区别
- 客户资料要素有哪些
- 客户开户前的预处理过程

一、通信业务支撑简介

所谓通信业务支撑，是指保障通信服务业务活动得以持续开展的基本条件。通信业务支撑系统是一个记录信息、控制用户业务状态等客户资料的信息系统。

随着通信用户数量、通信业务量的迅速增长，对业务处理与服务的网络化、及时性、灵活性的要求越来越高，因此，业务保障手段的系统化、信息化、自动化水平也越来越高。为了有力地支撑业务经营，各电信运营企业建设了功能强大的业务支撑系统。

虽然每一个电信运营企业建设的业务支撑系统的子系统模块分解方式各不相同，但整个支撑系统要完成的任务及主要功能是基本一致的，主要包括通信业务的受理与业务查询、通信业务的变更、通信业务计费与账务处理、用户缴费与业务结算、通信资源管理、联机控制等。

1．通信业务受理与查询

通信业务受理一般由营业子系统完成，营业人员可根据客户填写的业务受理单（或根据客户的业务要求——免填单服务），将客户的各种信息输入系统的数据库，并由系统对业务信息进行处理，控制通信网络、业务支撑网络，为客户的通信应用提供服务与结算的依据。

通信业务受理的主要任务是通过营业系统将客户业务需求录入营业系统，营业系统通过各种接口将相关的信息分发给其他子系统和通信网络，为用户提供合适的服务。

业务查询指的是通过营业系统，查询客户的基本信息、状态信息、结算资料、电信运营商提供的服务产品等资讯，并为客户提供咨询等服务。

2．通信业务的变更

通信业务变更指的是根据客户的要求或通信服务提供商与用户的约定，增加或减少服务项目与内容、变更服务状态、变更结算方式等信息，例如辅助电信业务的开通与关闭、停机复机、增加增值业务等。

3．业务计费与账务处理

业务计费是指通信服务提供商对用户的每一次通信服务进行记录、计价，形成详细话费清单。

账务处理是指通信服务提供商根据每一个用户的详细话费清单，进行分类汇总，统计出每一用户在每一个账期的各项通信费用，并形成用户的结算账单。结算账单是通信服务提供商向用户收取通信费用的唯一依据。通信服务提供商可在账务处理期间根据预先的约定（如资费套餐），对用户的通信费用进行优惠。

4．用户缴费与业务结算

用户缴费是指用户向通信服务提供商缴纳通信结算所需的费用。通信费用的缴纳方式分两种，即预付费方式和后付费方式。预付费方式是指用户先缴费后消费的结算方式，即在进行通信消费前预先缴纳一定的话费，用户每使用一次通信服务，系统就根据计费规则进行计费，并在预存话费中实时地扣款；后付费方式是指用户先消费后缴费的结算方式，即用户先消费，通信服务提供商每一个账期（一般为一个月）进行一次账务处理（出账），计算用户应缴话费，形成结算账单，用户根据结算账单缴纳话费。

为了方便用户缴费，通信服务提供商提供了多种缴费的方式与渠道。用户可以在营业厅以现金方式缴费，可以在银行以银行代收、代扣、代缴的方式进行缴费，也可以购买充值卡充值。

预付费业务采用实时扣款进行实时结算，没有出账环节；后付费业务采用平时记账、月底出账、缴费扣款进行结算与销账处理。

5．通信资源管理

通信资源管理是指提供通信服务所必须的号码资源管理、线路资源管理。

每一个用户入网，都必须配置一个接入号码供业务接入，通信用户根据业务接入号来标识，通过业务接入号建立用户与业务的对应关系，比如，“张三”的电话号码是“2345678”意味着找“张三”就是拨“2345678”，同样，拨“2345678”就是找“张三”；此外，“张三”如果还使用计算机上网，Internet 通信系统需为“张三”分配一个 IP 地址实现 Internet 业务的接入。

为了便于号码的管理，行业管理部门、电信运营商对号码资源制订了严格的管理制度和严密的号码规划与放号计划，以实现全程全网的协调一致。

号码资源管理包括号段分配与局数据管理、号码激活、配号、用户选号、放号开通。

在整个通信系统中，任何一个用户都有一个唯一的标识，所以号码资源必须进行统一的规划与分配。号码分配完成后，通信网络需通过在所有交换机中进行局数据和寻址方式进行定义，保证通信网络能准确地对用户进行寻址。

电信运营商的分支机构分到号码段后，有计划地将号码资源进行激活启用。号码激活后，通过配号将业务接入号码与系统接入设备建立对应关系，例如固定电话号码与交换机用户电路端口、移动电话号码与 IMSI 号码进行配对。

用户选号、放号开通是为用户选择一个接入号实现用户的业务接入。

对于有线业务，需通过有线传输介质连接用户通信终端与网络接入点。建设足够的管道和线路资源，为用户接入提供接入条件是电信运营商开展业务的条件。用户入网后，装机地址与接入号就确定了，电信运营商需调度线路资源为用户建立一条从局端到终端的接入链路。

6．联机控制

为了加快业务处理速度和可靠性，通信网络与业务网络之间建立了联机指令接口，以实现业务系统对通信网络系统的业务控制。

联机系统的作用是将业务系统的业务控制命令进行解释，转化为通信网络的指令，控制通信网络中用户的业务状态，如用户激活、用户停机、辅助电信业务开通或取消等。

业务系统中的营业系统、账务系统等都需要与通信网络建立联机指令接口，进行业务指令的传递。联机接口对来自营业系统、账务系统的业务指令按时间先后及优先级进行排队，依次送提交给通信网络，通信网络执行完毕，将执行结果反馈给业务系统。另外，业务系统也可以通过联机接口查询用户在通信网络中的业务状态。

问题

1. 请总结业务支撑系统主要解决业务经营过程中哪些方面的问题？

2. 业务支撑系统对运营商来说是十分重要的，你认为业务支撑系统哪些方面的工作是最重要的？

二、客户与客户资料

1. 客户与用户

客户与用户是两个常被混淆的概念，事实上各电信运营商从来没有对客户和用户进行过严格的区分。

用户是业务与应用层面的概念，客户是一个结算层面的概念。通信业务与应用的使用者就是一个用户，所以用户是与某一种具体的业务相关的，而同一个客户可以使用不同的通信业务和应用，就是不同的用户。

用户必须是某一种业务的使用者，必须与通信系统的相应资源存在依存关系，但用户不一定与运营商有结算关系。比如，电信运营商内部使用的通信服务是不必计费与结算的，但这些用户确实占用了独立的通信资源，对通信网络来说，这些用户与需要结算的用户是没有差别的。

客户可以是一种业务的使用者，也可是多种业务的使用者，也可是没有使用任何业务。根据客户的业务使用情况及可能的结算关系，可以将客户分为潜在客户、在网客户、销户（离网）客户。潜在客户是可能成为用户的客户，需要通过服务与营销活动转化成为用户的客户，运营商与潜在客户之间尚未建立结算关系。当客户申请使用一项业务后，潜在客户转化为在网客户，建立了对应的结算关系，当客户使用多项业务时，业务系统需对多个业务进行记账，在同一客户下进行合账结算。客户由于某种原因，退出服务状态，就成为离网客户，客户离网，结清费用，可以销户。销户客户可以不再保留结算关系。对于已销户客户，运营商可以通过有效的服务，重新转化为在网客户。

2. 客户资料及客户资料的要素

客户资料是指电信运营商所掌握的客户的信息。客户资料可以从多个角度进行分类。

根据资料存储介质的不同，客户资料可分为纸质资料与系统资料。纸质资料主要包括业务开通受理单、业务变更受理单、客户身份证明、运营商与客户的特别约定（如租机协议、银行托收协议等），这些资料通常是客户与运营商签具的法律文书，需妥善保管。系统资料是根据客户的纸质资料录入系统的信息，或客户在使用通信服务过程中产生的业务记录，以及依据业务记录（如计费话单），经统计汇总形成的结算信息（如账单）。纸质资源是固定的、静态的，系统资料是动态的。

根据资料的来源不同，客户资料可以分为原始资料与非原始资料。原始资料包括各种业务受理单及由通信系统自动产生的各种通信服务记录等。非原始资料是指依据原始资料，经分析、统计、汇总产生的资料。

在业务支撑系统中，随着服务水平的不断提高，客户资料越来越丰富，业务支撑系统提供的客户信息资料越来越全面，业务支撑系统正在向客户关系管理系统演变，形式多样的业务分析系统和决策支持系统能及时捕捉到客户的异常变化，提示相关人员关注。

通过对客户信息总结，可以将支撑通信业务方面的客户信息归纳成四个要素。

（1）客户识别标识：客户识别信息是不同客户之间进行互相区别的信息。客户识别信息包括：客户的姓名、身份证明、住址、工作单位、联系方式及运营商关心的对区分客户有帮助的其他信息。身份证明是客户识别信息中最重要的内容，客户通过业务申请与电信运营商建立服务供需关系，业务受理单是客户与运营商之间的业务合同，身份证明确定了合同一方的法律地位。

（2）业务接入识别标识：业务接入识别标识是区分不同接入用户的标志，是同一通信系统中各个用户互相区别的标志。在固定电话系统中，用户通过“地区识别号+本地电话号码”互相区分；在移动通信系统中，用户之间通过移动用户识别号（手机号码）互相区分；在 Internet 通信系统中，用户之间通过域名互相区分。有了业务接入识别标识，通信用户可以从逻辑上方便地告诉系统需建立通信链路的目标用户。

（3）系统接续识别标识：系统接入识别标识是通信系统自动寻址的识别码。就通信系统来说，通信用户就是对应的通信终端，将通信双方的终端通过通信链路连接，就实现了通信接续。对于固定电话通信而言，用户终端通过用户线与端局交换机中的用户电路端口相连，所以用户电路端口号就是固定电话的系统接入识别码。对于移动用户来说，由于用户终端是移动的，没有固定的接入点，因而通过 IMSI 号码作为移动终端的身份编码在通信系统中登记登录位置，系统通过 IMSI 号码及登录位置信息寻址移动用户，并建立无线接入链路。在 Internet 通信中，系统通过 IP 地址与通信终端建立通信链路。

（4）费用结算识别标识：费用结算识别标识是指业务支撑系统在账务系统中为客户建立的结算账户。结算账户包括一个账号及记录结算信息的各种账户科目。结算信息需包括客户预缴的话费、客户应缴的话费、结算方式等信息。如果采用银行代扣或托收，还需记录开户银行的相关信息。

客户信息的 4 个要素保证了客户的业务接入、业务接续与费用结算，业务支撑系统的作用是通过各种业务流程建立与维护 4 个要素的对应关系，并通过系统的处理能力，客观地记录通信服务过程，准确进行计价计费，正确地进行账务处理和结算，并为客户提供各相关方面的资讯查询。

问题

1. 业务支撑系统的“三户”指的是客户、用户、账户，请问，三者之间的关系是什么？

2. 客户业务结算需要哪些信息？

三、业务预处理与客户开户

客户开户从业务的角度来说就是将客户（在支撑系统中是客户的识别标识）、电话号码（在支撑系统中是业务接入标识）、接入设备标识（在支撑系统中是系统接续标识）、结算账号（在支撑系统中是费用结算标识）建立一个四位一体的对应关系。在实际应用中，这些对应关系是分步建立的。

1. 业务预处理

（1）配卡：配卡是移动通信业务的一个预处理过程。移动通信终端身份是通过移动用户识别卡（SIM）来确定的，SIM 卡是一张 IC 卡，卡内保存了一些永久信息，其中最重要的是 IMSI 号码，当手机开机时，SIM 卡中的 IMSI 号码被读入，并被上报给系统。SIM 卡在激活前，需将 SIM

卡号（SIM 卡的生产序列号）与保存在 SIM 卡中的 IMSI 号码的对应关系写入到业务支撑系统及 HLR 中，以便可以根据 SIM 卡号查询 IMSI 号码。

（2）配号：配号是将系统接入标识与业务接入识别标识进行对应。具体地说，在固定电话通信系统中，将交换机的用户电路端口与电话号码一一对应，配号后，用户选择某一号码，只要将该用户的电话终端与对应的端口连接即可；在移动通信系统中，将电话号码与 IMSI（或 SIM 卡）号码一一对应，配号后用户选择某一号码，只要将对应的 SIM 卡插入用户的手机即可。

2. 客户开户

客户开户，需提供身份证明、填写入网登记表、选择电话号码，当业务受理人员将受理单的内容录入营业系统后，系统自动完成业务数据的分发与传递，在营业、计费、账务系统、通信网络中完成客户（通过营业系统录入用户身份信息）、业务接入号（用户选择电话号码）、系统接入号（配号时已将电话号码与接续识别号建立对应关系）、结算账号（入网信息提交时，由系统随机分配结算账号）的统一。

小结

1. 虽然每一个电信运营企业的业务支撑系统的子系统模块分解方式各不相同，但整个支撑系统要完成的任务及主要功能是基本一致的。

2. 在业务支撑系统中，通过客户识别标识、业务接入识别标识、系统接续识别标识、费用结算识别标识 4 个信息来确定一个客户。

3. 客户开户就是将客户的 4 个信息在系统中建立一个四位一体的对应关系，这种对应关系是分步建立的。

四、思考与练习

1. 固话有业务预处理这个过程吗？
2. 业务支撑系统是如何来完成这些功能的？

第二讲 通信业务营业流程

一、目的与要求

本讲的教学目的是，通过课堂教学，让学生了解电信营业的基本流程和各个环节的要素。通过教学，学生需掌握：

1. 营业系统的作用
2. 营业受理业务的内容
3. 各种业务受理的流程

二、教学要点

本讲教学的重点是分析营业业务受理和处理的流程。通过对各类业务受理和处理流程详细的阐述，了解各类业务受理和处理的各个环节，每个流程中的控制点、注意点，以及移动业务和固话业务在业务受理和处理流程上存在的差异。

三、教学目标

概念识记：

- 营业系统
- 订单
- 移机
- 过户

知识技能要点：

- 服务变更与业务变更的区别
- 移动通信的主要营业内容
- 固定有线通信业务的主要营业内容
- 业务开通受理和处理的流程
- 变更的流程
- 补卡的流程
- 移机与过户的流程
- 客户接待与业务咨询的流程
- 营业收费的项目

一、营业简介

营业厅是电信运营商展示企业文化与企业形象的窗口，也是电信运营商连接客户的纽带。电信运营商通过营业窗口受理客户的业务申请、接受客户的咨询和投诉，为客户提供业务咨询、业务变更、费用缴纳等面对面的服务，这些相关的经营活动就是营业。

营业系统是营业服务人员的人机接口，营业服务人员通过营业系统，将客户资料、客户的业务要求、查询命令通过营业系统录入，提交给业务支撑系统。业务支撑系统对提交的命令进行解释执行并返回处理结果。不同电信企业所提供的电信业务不完全相同，业务管理方式也存在差异，营业处理方式并不完全一致，但基本的处理方式和服务要求大致相同。

营业系统提供各种业务的受理并触发处理流程。营业人员的基本任务是正确地受理客户的业务需求，正确地在业务受理过程中解释营业规范与约定，正确地将业务需求录入营业系统。业务支撑系统自动根据业务的要求形成后续流程及后台工单。

根据业务的不同，营业内容也存在很大的差别，例如，移动通信业务的营业内容相对比较简单，这是因为移动通信采用无线接入，不需要为用户分配固定电路资源，也不需要进行装机施工。而有线接入业务相对比较复杂，后台流程比较长，业务牵涉面比较广。不同的固定有线业务存在差异，多数用户是通过接入方式实现与其他接入公众通信网的用户进行通信，这类用户只要在公众网上分配一个端口并通过固定电路将通信终端与对应端口相连，通信的接入需分配一个接入号。另一类用户只是租用运营商的通信电路等资源，并非与公从通信网相连，这些业务采用点到点的永久专线。专线业务的每一条专线都有两个接入点，因为采用直连电路，所以不需要业务接入识别标识（如电话号码）。

移动通信的主要营业内容有开户、销户、报停机、报开机、补卡、过户、缴费、业务变更、服务变更、客户资料变更、客户资料查询与业务咨询等。

固定有线通信业务的主要营业内容有开户（装机）、销户（拆机）、报停机、报开机、移机、过户、缴费、业务变更、服务变更、客户资料变更、客户资料查询与业务咨询等。

固定有线通信的接入业务与专线业务在业务处理与业务结算上存在着较大的差异，通常接入类业务只在通信时才需要占用公共通信资源，所以一般采用按通信时间的长短进行计时、计次计费，而专线业务一旦租用，专线的使用权就只归客户所有，因此采用租金方式进行客户记账与结算。

在业务受理过程中，大多数业务都关系到运营商与客户双方的权利与义务，与业务结算相关，所以原则上需确认是客户本人的真实意图，原则要求客户本人凭身份证件，亲自到营业厅办理，客户业务办理完毕，需在业务受理单上签字确认。

问题 移动通信业务的营业内容与固定有线通信的营业内容的主要差别是什么？为什么会出现这些差别？

二、业务受理与处理流程分析

营业受理的过程是简单的，但业务受理只业务的开始，业务处理往往比业务受理复杂，而且业务处理与业务受理是密切相关的，了解业务的处理过程对于正确受理业务是有帮助的。在此选择几个典型的业务受理与处理流程进行分析，以帮助熟悉业务流程。

1．业务开通

业务开通是指客户从申请业务到放号开通业务的整个过程。营业人员在受理开通业务时特别需要注意以下几点。

（1）确认客户的真实身份：营业受理人员必须认真核对客户的有效身份证件。所谓有效身份证件指的是在有效期内的，能证明客户真实身份的本人身份证、驾驶证、军人证、护照、户籍证。单位用户需持有单位介绍信及经办人身份证。

（2）客户必须在业务受理单上签字，确认受理单上填写的内容真实、正确地反映了客户的需求。

（3）采用银行委托收款的用户，需签订三方协议，托收账号的开户名称、账号、账户的有效性等需得到开户银行的核对与确认。

移动通信用户的业务开通比较简单，用户填写业务受理单，选择服务内容、选择资费套餐、选择电话号码，就可以直接配卡、配号，当通信网络收到联机系统提供的命令并执行完毕，业务就被开通了。

固定有线业务的开通相对比较复杂，下面我们来详细地分析固定有线通信的业务开通相关处理流程。

（1）业务受理：客户需要开通固定通信业务，需携带有效身份证件，到营业厅填写入网申请单，一般入网申请单一式两份，正反两面印刷，正面为客户信息、申请的通信业务与服务项目、结算方式与结算信息等，背面为客户须知内容。客户需详细填写客户姓名、有效身份证件的名称及号码、联系方式、家庭住址、工作单位、详细装机地址等信息，并在营业人员的指导下选择电话号码与资费套餐、辅助业务、增值业务，选择结算方式。如果选择银行托收或扣款，需清楚填写开户银行及账号。所选业务有多个接入点（如电话、Internet 宽带等）需一一填写清楚。专线业务的开通，需清楚填写每一条专线的两个接入点地址，每一条专线规格要求和资费标准。

（2）资料录入：营业人员与客户核对并确认业务受理单的内容后，将受理单的内容输入营业系统。业务支撑系统收到营业系统提交的业务受理单（有些系统称“订单”）后，自动启动后续的流程及工单。

（3）资源调查：营业人员将业务受理单输入营业系统后，系统生成作业工单并自动分发到相关部门，各相关部门根据工单流转顺序依次处理工单。线路部门根据装机地址，在资源管理系统中（如中国电信的 97 系统）调用线路资源，并选择一个配线组合，派单施工。

（4）施工调试：施工人员根据施工工单，进行线路跳接与用户线的接入施工，施工完毕，进行线路测试，测试合格，经客户签字确认后，录入完工信息。

（5）放号开通：施工部门施工、测试完成后，工单自动流转到业务系统，业务系统开通业务，并开始计费。

2．变更流程

（1）服务变更：服务变更是指附属于某一业务的辅助业务、增值应用、信息服务等服务项目的增加或减少，例如来电显示的开通与取消，呼叫转移的开通与取消，短信业务的开通与取消，气象预报服务、股票信息服务的开通与取消等。

（2）业务变更：业务变更是指一个客户的业务的增加或减少，以及业务资费政策变更，比如，一个客户已安装了固定电话，需加装宽带业务，同时由于加装宽带业务后，固定电话的月租费被减免等。

（3）报开报停：报停就是根据客户客户的要求，暂时中止某一业务的使用。报停业务不再收取月租费，相关的附属服务也同时被中止，但由于需保留所占用的通信资源，有的电信运营商向客户每月收取停机保号费。报开是指根据客户的要求，恢复某一被报停的业务。

具有话费监控功能的账务系统自动对欠费用户进行系统报停，这些用户一般通过缴费方式由系统报开。

（4）结算变更：结算变更是指改变结算方式。结算方式的变更会影响账务系统的信用控制方式，比如，现金缴费的用户、托收或信用卡缴费用户的话费一般是不会被话费监控系统监控的，所以这些用户的欠费风险比较大，而账务系统对采用预存话费结算方式的用户会受到监控系统的控制，欠费风险相对较小。从欠费风险较小的结算方式变更到欠费风险较大的结算方式时，需要严格控制。结算方式变更时，通常需要用户先缴清变更前已产生的欠费。

3．移机与过户

（1）移机：移机是指固定电话用户因为搬迁等原因，要求改变装机地址的业务。对运营商来说，移机相当于需在原完装机地进行拆机，在新装机地进行新装，所以需进行线路资源的调查、线路的施工与调试等相关的作业。

移机业务还涉及是否改变电话号码的问题。如果新装地与原装地在同一个局的覆盖区域，则不用在移机时变更电话号码。但如果不在同一个局的覆盖区域，则需在移机时变更电话号码（为了使电话号码规范有序，固定电话号码的编码方式采用“局号”+“局内编码”组成，不同交换局的局号不同）。

移机不变号是客户的普遍需求，固定电话运营商开发 SHLR 智能服务系统，以支撑移机不变号业务的全面实现。在这种编码方式下，电话号码不再包含局号，多个端局统一编号，直接由 SHLR 登记电话号码与用户电路端口之间的对应关系。

（2）过户：过户是指客户将已开通的业务转让给其他客户。过户业务可以理解为受让客户继承了出让客户的业务使用权及其他相关的权利与义务。业务过户要求双方客户到营业厅，凭双方身份证件办理。在办理过记业务时，需首先对出让客户的费用进行清算，以免造成结算纠纷。

4．补卡

补卡业务是指移动通信用户补办用户识别卡，即 SIM/UIM 卡。通信系统对移动通信用户的寻址与通信接续是通过 IMSI 实现的，IMSI 被集成在移动用户的 SIM 卡上，用户开机时，手机自动从 SIM 卡上读取 IMSI，登录移动通信系统。移动通信系统通过配卡、配号流程将 SIM 卡号、IMSI、电话号码的对应关系登记在 HLR 中。SIM 卡损坏或手机丢失时，用户如要继续使用原号码，需补办 SIM 卡。

补卡的过程实际上是用一张新的 SIM 卡取代原来的 SIM 卡，这就意味着将该电话号码与原来的 SIM 卡的对应关系取消，与一张新的 SIM 卡建立对应关系，而 IMSI 是集成在 SIM 卡上的，补卡导致该用户的 IMSI 发生改变。

营业人员将新的 SIM 卡号录入营业系统，变更了该用户所对应的电话号码与 SIM 卡的绑定关系，但没有改变该用户的结算关系。营业系统将补卡命令通过联机系统，在 HLR 上取消原来的 SIM 卡与该用户的绑定，建立新的 SIM 卡与该用户的绑定。HLR 执行命令，新的 SIM 卡被激活。

5．客户接待与业务咨询

（1）业务政策咨询：向咨询客户介绍资费政策、业务套餐、优惠方案、促销活动等情况。随着经营与服务的深化，各种业务政策是分别针对各种不同用户的，为客户推荐合适的业务套餐或优惠方案，是营业服务从被动受理向顾问式服务发展的表现形式。

（2）客户账单查询与缴费：通过营业系统与账务系统的接口，查询客户的当月账单或历史账单。账单是运营商与客户结算的依据，用户根据账单所列费用进行缴费，运营商根据客户缴费进行扣款与销账。

（3）客户详细话单查询：客户凭本人身份证件，可到营业厅查询本人详细通话记录，即详细话单。通话详细记录是客户的个人隐私，不能随意泄露，查询详细话单需严格控制。

（4）投诉接待与受理：作为运营商与客户的联系纽带，营业厅也是接待受理客户投诉的重要渠道。接待客户、受理客户投诉要做到有礼有节，关切客户的利益，通过沟通了解客户的诉求要点，准确地记录投诉内容，并及时联系相关部门进行处理。投诉处理完毕，需将结果反馈给客户并得到客户的认可。

问题

移机与过户的业务有什么差别？对客户资料的四个要素中哪些要素有影响？在业务受理和处理过程中要注意哪些问题？

三、营业收费

在营业的过程会发生两类收费项目，一类是因为电信运营商为客户提供通信服务或租用通信资源客户需缴纳的费用，另一类是电信运营商在提供营业服务时客户需缴纳的费用。前一类费用是根据业务计费及账务处理发生的业务收入，后一类费用是运营商提供营业服务而发生的一次性营业收入。

业务收入在计费与出账流程中进行详细介绍，我们在此简单分析一下营业收入。

营业收入包括营业服务费（如增值应用开通费）、营业过程发生的材料费（如 SIM 卡费）、入网初装费（如接入材料费、调试费）等。

不同运营商有不同的营业收费项目，相同收费项目的收费标准也不完全相同。减免营业费用也经常成为业务促销手段。

小结

1. 营业系统是营业服务人员的人机接口，营业员将一些信息通过营业系统提交给业务支撑系统。

2. 移动通信的主要营业内容有：开户、销户、报停机、报开机、补卡、过户、缴费、业务变更、服务变更、客户资料变更、客户资料查询与业务咨询等。

3. 固定有线通信业务的主要营业内容有：开户（装机）、销户（拆机）、报停机、报开机、移机、过户、缴费、业务变更、服务变更、客户资料变更、客户资料查询与业务咨询等。

4. 不同电信企业所提供的电信业务不完全相同，业务管理方式也存在差异，营业处理方式并不完全一致，但基本的处理方式和服务要求大致相同。

四、思考与练习

1. 电信营业系统需要支持哪些功能？为公司和客户解决哪些问题？
2. 根据平时的观察，哪些业务必须在营业厅受理？

第三讲　电信业务计费流程分析

一、目的与要求

本讲的教学目的是通过课堂教学，让学生了解电信计费的基本流程，各个环节的要素和注意点。通过教学，学生需掌握：

1. 计费的基本规则
2. 计费作业的过程
3. 计费的流程
4. 优惠实现的途径
5. 计费数据安全性、完整性、正确性的保障措施

二、教学要点

本讲教学的重点是分析计费的流程。通过对计费流程的分析，了解计费的规则是什么，

在此前提下，计费的数据是如何采集的，在采集的过程中，如何来保证这些数据的正确性、安全性和完整性，以及根据这些数据，如何进行计费，如何针对不同用户不同优惠信息进行二次计费。

三、教学目标

概念识记：

- 计费
- 数据采集
- 计费批价
- 优惠批价

知识技能要点：

- 电话业务计费的基本规格
- 计费作业的过程
- 计费数据采集的流程
- 话费批价的流程
- 优惠批价的流程

一、计费概要

计费是电信业务结算的基础。电信运营商为用户提供通信服务，按照一定的规则进行计量、计价，并与用户进行结算，这是电信运营商持续经营的重要基础。电信业务的计量、计价方式，按服务内容和形式的不同，分计时计费、计次计费、流量计费以及包月使用等方法。电话通信是电信业务中的传统业务，我们通过对电话业务计费流程进行解析，介绍电信业务的计费流程及流程控制要点。

1．电话业务计费的基本规则

电话通信的基本计费规则有以下几条:

（1）电话通信计费以话单为基本单位，每次通话形成一条话单，每条话单单独计价，不同话单通话时长不累计。

（2）每条话单采用计时、计次复式计费，话单按通话时长折算为通话次数（本地电话、IP 电话每分钟计一次，不足一分钟，按一分钟计；长途电话按每 6 秒计一次，不足 6 秒按 6 秒计），通话费为通话次数与计费费率之积。

（3）通信费用分基本话费、长途话费两个部分，分别计次计费。

（4）话单包括主叫号码、被叫号码、通话起始时间、通话时长、通话费（基本话费+长途话费）、话费调整信息。

（5）固定电话用户单向计费，移动通信用户双向计费。

（6）移动通信用户在离开归属地时，需计漫游通话费。

（7）在计费批价过程中，每一个用户采用相同的费率，计费系统对部分用户通过二次批价方式进行优惠调整。

2. 计费相关处理过程

计费的正确如否，关系到用户及运营商双方的利益。保证计费的正确性、计费数据的安全性，是计费工作的重点。计费作业流程需围绕如何保证计费的正确与安全来设计。

计费作业包括数据采集、预处理、计费批价、计费优惠等过程。为了保障计费的正确性、安全性，每一个过程通常都有周密的保障措施。

计费可分实时计费和非实时计费两类。实时计费是指用户通话结束，计费系统立即对通话记录进行计费。非实时计费是通话完成后，计费系统在一定时间内进行计费。对于实行用户话费监控的运营商来说，对计费的实时性有较高要求。实时计费意味着需要对通话记录进行实时采集、实时批价及实时进行优惠处理。

问题

根据你的经验，运营商在计费阶段可采用哪些优惠手段？

二、计费流程与分析

1. 计费数据采集流程

（1）数据采集

数据采集是指计费系统收集交换机上产生的通话记录。数据采集可分为实时采集、集中采集、联机采集、脱机采集。

实时采集是指采集系统及时从相关交换机收集通话记录，以便及时批价计费。集中采集是指采集系统非实时收集通话记录，而是等到通话记录积累到一定的量或在某一时间点进行通话记录的采集。联机采集是指计费采集系统与交换系统实时相连，通过系统设置自动完成采集流程。脱机采集是指计费采集系统与交换系统没有连接，数据采集方式是将交换系统中计费文件通过复制方式送至计费系统。

现行计费系统基本上采用实时的联机采集，而集中采集、脱机采集作为一种备用备份手段。在现行计费采集模式下，一方面交换系统通过计算机通信协议（比如 FTP）将实时通话记录发送给计费采集系统，另一方面将通话记录存放在交换机的计费文件中，以防计费文档的意外丢失。

（2）计费数据采集的安全性、准确性保障措施

① 计费记录的产生、落单与检测：计费记录是交换机根据需要收集的交换机状态信息。交换机在工作过程中会在各个环节产生各种状态信息，计费信息是其中的一部分。事实上，在一次电话通信过程中，在很多环节都有会产生相关的状态记录，而计费系统只要取其中的一个点的数据即可。为了避免过多地记录不必要的数据，交换机通过指定用户线、中继电路群的方式指定计费落单点。由于这些点是通过人工方式指定的，可能会造成遗漏或重复，所以每一种新的业务上线之前，需进行拨打测试及计费验证测试，避免计费采集、计费批价的差错。拨打测试是由交换中心与计费中心共同组织的，根据业务的各种可能情况，设计一组比较完整的拨测组合进行全面的拨打试验，一方面验证交换系统呼叫处理是否正确，另一方面检验计费采集与

计费批价是否正常。

② 计费记录的备份：备份是一种防止计费文件意外丢失的补救措施。一般说来，计费文件的备份制度是十分严格与周密的。交换中心每天需要对计费文件进行硬盘文件备份、计费带备份。计费带备份需要保留一定的时间。计费中心也需要对从计费采集系统中采集的计费记录进行备份，计费中心的备份制度比交换中心会更严格，保留的时间更长。

③ 计费采集的核对：为了保证计费数据的正确无误，计费中心与交换中心需要每天核对计费采集记录，一般是第二天核对上一天的数据。通过核对，保证交换机收集的计费文件与计费采集系统收集的计费数据保持一致。如不一致，及时进行纠正。

2. 计费批价流程

（1）预处理

由于从交换机采集的通话记录是一个字符串记录，而且各种交换机提供的字串格式也不相同，所以并不适合直接提供给计费系统进行批价计费。

现行的计费系统，大多采用集中批价方式以简化计费系统结构，充分保证统一规范，提高计费效率。为此，需要将从各交换机采集的数据进行预处理，转化成为符合计费系统输入要求的格式化文档，送计费系统进行快速、正确的流水化批价作业。

（2）批价

批价是指将经预处理的话单进行话费计算。计费系统根据主叫号码、被叫号码、通话起始时间、通话时长、主被叫所在地的区域信息等，计算计费次数、检索对应的费率进行话费批价。通话记录通过计费批价，形成通话的详细话单，存入详细话单数据库。

（3）话单检验

话单检验是保证计费正确的重要流程。一般说来，批价系统是一个十分稳定的系统，一旦批价系统投入运营后，系统数据不会出现太大的变动，所以话单检验主要是系统上线前的大量检验。

批价系统上线前，需进行各种批价功能的检测与压力测试，模拟各种拨打情况进行批价检验，排除可能出现的差错，并通过模拟大批量的话单，检验计费系统的处理能力。

如果计费批价系统进行参数调整或业务添加，需要对调整部分进行详细测试。

定期的例行检查是话单检验的补充手段，如定期进行超短话单、超长话单、重复话单检查，或分析错单数据，检查是否发生不合格话单的错判等。

（4）话单备份

话单是运营商进行账务处理及用户结算的依据，不仅需要正确，更需要安全。

话单的备份保护是多方面的，一方面通过数据库系统的一系列安全策略，保证数据库数据的自动备份、恢复，另一方面通过对话单文件的硬备份，保证用户话单永久保存（计费中心需将每一个月产生的详细话单永久性备份在光盘等媒介上，以便查询）。

需要注意的是，用户详细话单的查询需要数据库系统的支持。数据库系统的容量是有限的，一般只能保留最近几个月的详细话单供前台查询，超过时限的详细话单导出到其他的存储介质上。若用户确需查看超过时限的详细话单，必须将这些话单重新导入系统，这是一件十分麻烦的事，在实际工作中，遇到用户提出这类要求，应说明理由，尽量避免。

3．优惠批价流程

（1）优惠批价

计费批价过程是将交换机产生的通话记录输入计费系统，由计费系统为每一条话单进行计价的过程。计费系统的计费依据是主叫号码、被叫号码、通话起始时间、通话时长、主被叫所在地的区域等信息及相应的话费费率。

在批价阶段，计费系统并无法判别主被叫用户的类型，只能按一般的用户、一般的计费标准进行统一的批价。但在业务经营过程中，运营商会根据经营情况提出各种优惠措施吸引用户，其中不乏通过降低通话费率的优惠政策。

如果某些用户享受了降低费率的优惠政策，就必须在标准资费的基础上，对这些用户的话单进行重新批价，即优惠批价，这种通过计费批价实现的优惠，通常叫计费优惠。

优惠批价是在第一次批价的基础上结合相关用户的优惠政策进行的第二次批价。在优惠批价过程中，系统需要从营业或账务系统中的用户档案中了解优惠用户所对应的资费政策的标识（如套餐标识），以及对应的费率。

（2）优惠批价的检验

计费优惠政策上线之前，计费部门必须对优惠批价进行检测，以保证优惠批价的正确性。

优惠政策上线的当月，需对该优惠的实际用户使用情况进行抽样验证，以确保在批价系统中能正确实现优惠资费的计费。

问题

为了保证计费信息的安全性、准确性、完整性，计费部门常采用哪些措施?

小结

1. 计费是电信业务结算的基础。电信业务的计量、计价方式，按服务内容和形式的不同，分计时计费、计次计费、流量计费以及包月使用等方法。
2. 电话业务的计费必须遵守计费的基本规则。
3. 计费作业包括数据采集、预处理、计费批价、计费优惠等过程。

三、思考与练习

1. 举几个自己熟悉的套餐，说说它优惠实现的途径?
2. 请打印你手机的详细话单，分析每条话单所包含的信息。

第四讲　电信业务账务处理流程分析

一、目的与要求

本讲的教学目的是通过课堂教学，让学生了解电信结算的基本流程，结算流程包括哪些模块，各模块需要做哪些工作等。通过教学，学生需掌握：

1. 账单形成的过程

2. 账单的内容
3. 出账的流程
4. 客户缴费的渠道及流程
5. 销账的流程

二、教学要点

本讲教学的重点是分析账务处理的流程。通过对出账销账流程的分析，了解用户账单形成的过程，为了保证账单的正确性，出账前需要做哪些准备检查，出账后，客户可以通过多种渠道进行缴费，系统在收到缴费信息后又启动怎样的销账流程。

三、教学目标

概念识记：

- 账户
- 账单
- 出账
- 销账

知识技能要点：

- 账单的形成
- 账务处理的流程
- 客户缴费的途径
- 销账的流程

一、账务系统与账务处理的概述

1. 账务系统与客户账单

账务系统是业务支撑的核心部分，营业系统、计费系统、缴费系统、结算系统、话费或信用监控系统、客户服务系统都与账务系统紧密关联。

账户是电信客户在账务系统中一个映射。客户在账务系统中以账户的方式存在，通过账户反映客户的各种属性，包括客户基本信息的描述、客户业务信息的描述、客户结算方式的描述、客户各种业务计费信息的描述、客户缴费/欠费信息的描述以及客户历史消费记录等。

电信运营商与客户之间一般以月为单位进行结算，以自然月为统一出账周期，每月出账、每月结算。账单是运营商每月与客户进行结算的依据。

账单包括客户应缴的各项费用，可分为月费、电信业务费、信息服务及代收费等几个方面。月费指的是按月收取的费用分项，与当月的电信业务量不直接关联，如月租费、来电显示功能费、彩铃业务功能费等；电信业务费是指客户因使用电信服务、电信业务而需支付给电信运营商的费用，通常与电信业务量相关，需根据业务量进行统计计算，如本地通话费、长途通话费、漫游通话费等；信息服务费与代收费是因为客户使用SP/CP提供的信息服务，SP/CP委托电信运营商代收的费用。

2. 账务处理过程

账务处理是指与客户结算相关的各项操作，主要有出账处理、客户缴费处理、客户结算、客户话费监控等。

部分客户能根据其本月消费的情况，享受一定的优惠，由于账务优惠的依据是本月消费的额度，因些需在出账时才能最终确定，被称为账务优惠。

问题

账单是公司与客户进行业务结算的依据，为了明明白白消费，你认为出账工作最重要的是什么？

二、账务处理流程

1. 出账流程

出账是根据客户的计费记录（即话单），以及客户使用的各种通信服务进行每月一次的通信费用的统计和汇总。出账过程中，一方面需要对客户当月的计费详细话单进行汇总，另一方面需将客户当月使用的各种收费服务以及信息服务费用进行归集，计算出该客户当月应缴话费。在计算客户应缴话费时，应根据运营商与客户的约定（如套餐之类的资费政策）对客户实施话费的优惠和折让。

出账的结果是产生每一个客户当月的结算账单。账单是客户结算的依据，也是确认运营企业当月应收业务收入的记账依据。市场部门通过对用户账单数据的统计分析，对经营情况进行分析，评估各种经营策略的实际效果，并根据经营过程中反映出来的特点，制订或修整经营政策。

客户结算账单通常分若干分项，如月租费、来电显示费、本地通话费、国内长途费、国际长途费、短信通信费、SP 信息费等。分项的目的主要是为了对客户的通信费用进行分类统计，并以某些分项的话费总额为依据，对该用户进行优惠折让，如本地话费满 18 元，免 18 元月租费，表示只有本地话费作为优惠的依据，优惠的最大额度是 18 元月租费。

在应缴话费中，有些分项是运营商为合作伙伴代收的，这部分费用一般不包括在可优惠范围之内。有些分项结算比例较高，不宜作太多的优惠，如国际漫游费等。

（1）出账预处理

出账是一个简单的过程，但为了保证出账结果的正确性，需进行的各项准备工作十分繁杂。出账之前需做大量的预处理工作。

① 话单批价稽核：计费话单是出账的基础资料，账单金额是汇总话单得到的，所以保证话单的准确是得到正确账单的先决条件。出账前，对话单进行有效的检查，排除可能的差错，是出账前必须进行的工作。

话单稽核一般是通过对话单的抽样检查的方式进行的，检查的目的是尽可能多地发现可能存在的差错。科学合理地抽取样本，对稽该效率、效果有很大的关系。

话单稽核样本抽取的常用方式有：

- 每种资费政策选择若干个客户进行抽样检查；
- 对本月新上线的资费套餐进行重点抽样检查；

● 选择较典型的用户进行重点稽核，如对高额话费用户、低资费用户、国内长途/国际长途费较多的用户、漫游费较多用户、超长话单、与上月相比话费增长或下降比例较大的用户等进行抽样检查；

● 在当月变更了资费的用户进行抽样检查。

② 外来话单导入：除由联网计费系统产生的话单之外，还有部分“话单”是外部导入的，这些话单通常不是运营商自己提供的业务和应用，一般是为 SP/CP 等提供信息服务所产生的一些话单。这些话单虽然在出账时不同于普通话单，需单独汇总，但在给用户提供查询的详细话单中必须同时列示，以便使用户的详细话单与账单之间保持对应。

外来话单导入是一个细致的工作，一方面由于目前提供 SP/CP 服务的合作商很多，导入时间、导入周期各不相同，话单的规范性也不及运营商计费系统提供的话单，因此在导入过程中，一方面应防止遗漏，另一方面要保证导入正确。

③ 重复话单检查：一般而言，从端局采集的用户话单包含了用户的每一次拨打，但某些特别业务正真的计费点可能并不是端局。虽然在这些业务开通之时，已充分考虑到了重单的因素，而采取了有效的措施，但由于某些事先难以预料的原因（比如用户用一种很怪异的拨打方式），仍有可能出现重复话单。

重复话单检查就是为了防止这类话单的出现。

④ 营业差错检查：营业员在进行营业受理时，由于操作不正确，导致录入信息错误（如业务套餐选择错误等），也有可能导致出账不正确。营业差错检查是通过某些方式来排除在逻辑上明显错误，以减少出账差错。

⑤ 用户结算方式变更的检查：用户结算方式的变更可能会改变用户信用控制方式，因而改变欠费控制等级。目前，运营商普遍倾向于对普通用户通过预存话费方式来降低欠费风险，在这种方式下，系统通过预存话费与应收话费的比较对用户话费进行监控，实现“准预付费”功能。但也有一些用户坚持选择现金缴费、银行委托收款等后付费方式，即先消费、后缴费。后付费用户存在较大的欠费可能性，所以需有所控制。出账前，通过对本月新开通的选择后付费方式的用户进行检查，可以防止营业人员出错，而导致欠费风险。

（2）出账

当出账前的各项检查完成后，就可以进行出账了，出账的过程比较简单，只要提交出账命令，就等待系统对所有用户进行资费汇总的结果。

系统在出账过程中，汇总各项通信费用，并根据资费套餐的要求对应收话费进行账务优惠。理论上，账务优惠可分为两类，一类是出账优惠，一类是合账优惠。出账优惠是指对客户的每一种业务资费的优惠，合账优惠是指对客户所有业务资费汇总之后进行的减免和折让。

出账结束，需进行对账检查，即抽取一定数量的有代表性的样本进行复核。

2．缴费流程

（1）现金缴费

现金缴费一般是指后付费用户到电信运营商的营业窗口或指定银行的营业窗口，以现金的方式缴纳已消费的通信费用或欠费、欠费滞纳金等费用。无论是通过运营商的营业窗口，或是指定银行的营业窗口，缴费用户需提供缴费用户的号码或由运营商分配的缴费账号，窗口营业员据此进行查询，与缴费用户核对姓名等客户资料，告诉用户应缴费用。用户缴纳与应缴数额相同的现金，营业人员提供收费凭证供用户核对，并作为已缴费的证据。

（2）银行代收

银行代收主要是指通过运营商指定的银行窗口缴纳预存话费。预存话费是用户为以后的通信消费而预先存放在运营商账户中的费用，运营商每月出账后，根据该用户实际出账的应收话费在用户预存的话费中扣除，结余部分作为下一个月的预存话费。预存话费没有规定的数额要求，用户缴多少，窗口核对用户资料后收多少，并提供收费凭证。

（3）银行托收

银行托收是指运营商根据预先的约定，委托相关银行向用户在指定银行的指定账户中收取指定用户应收的通信费用。

银行托收用户需事先签具委托收款三方协议（用户、运营商、银行），并经账户所在银行对用户所提供账户的有效性进行确认。

银行托收的流程为：计费结算部门出账后，打印托收账单，交托收承办银行委托收款，托收承办银行根据托收账号到指定银行指定账户扣款并进行银行之间的结算划拨。银行将通过托收收取的话费与运营商进行结算，并提供托收回单。托收回单载明每一个账户的应收额度、实际收到的费用、托收失败原因等重要信息。

（4）信用卡代扣

信用卡代扣的流程与银行托收流程比较接近，不同的是银行托收一般针对单位用户，信用卡代扣一般针对个人用户，银行托收账户是不可透支的，而信用卡用户通常具有一定的透支额度。另外，电信运营商只能委托一家银行承办托收业务，只有与承办托收业务交换协议的银行才能委托收费，而信用卡代扣只能通过发卡银行才能进行。

3．客户结算与销账流程

（1）预存话费扣款销账

出账结束后，账务系统形成以客户为单位的结算账单。结算账单统计汇总了客户每一种业务的应收话费，相当于客户对运营商的负债。对于采用话费监控的运营商，在客户使用通信业务前，需预存话费，预存话费相当于运营商对客户的负债。对这类用户通过从客户的预存话费扣款完成话费的结算。

扣款的过程为依次对每一个客户比对应收话费与预存话费余额，若预存话费余额大于应收话费，则在预存话费余额中减去应收话费，同时将应收话费清零（销账），增加公司的实收话费；如果应收话费大于预存话费余额，则应收话费减去预存话费余额（部分销账），同时将预存话费清零，增加公司实收话费。

（2）营业厅现金缴费

对于后付费用户，或部分欠费的用户，可到营业厅缴纳应缴话费。缴纳过程为：客户查询应收话费（即欠费），然后按应收额度缴纳话费，营业人员将客户缴纳的数据提交到营业系统，营业系统将用户缴纳的话费数额送账务系统，账务系统将客户的应收话费清零（销账），同时增加公司的实收话费。

（3）银行代收

对用户来说，银行代收与营业厅现金缴费类似，相当于营业窗口延伸到银行窗口。用户在银行缴费后，账务系统的相关银行接口就会收到一条银行缴费流水，账务系统将这一条缴费流水视同营业厅缴费进行处理。每天晚上，账务系统需与银行的营业系统进行全部缴费流水的核对，核对无误后进行正式的账务处理。

（4）银行托收与信用卡代扣

银行根据托收清单或信用卡代扣清单进行托收和扣款作业后，产生托收或信用卡扣款回单，经财务核对、确认到账情况后，根据回单实际收到的费用进行逐一处理，处理过程如同营业厅现金缴费，银行回单作为缴费凭证，抵冲营收金额。

问题

1. 出账环节关系着每一个客户及公司的利益，出账前需要做很多细致的准备工作，这些工作的主要目的是什么？

2. 销账环节的重要性并不低于出账，请问，如果不销账或销账不正确会出现什么问题？

小结

1. 客户在账务系统中以账户的方式存在。

2. 电信运营商与客户之间一般以月为单位进行结算，结算的依据是账单。

3. 出账的过程就是形成账单的过程，为了避免出现差错，出账前要做大量的准备工作，称为出账预处理，出账后，客户可以通过各种渠道进行缴费，系统收到这些信息后进行销账处理。

三、思考与练习

1. 账单与话单有什么关系吗？
2. 账户和客户是一一对应关系吗？
3. 客户之间有上下级关系，账户有上下级关系吗？
4. 哪些缴费方式适用后付费业务？哪些适用预付费业务？
5. 银行代扣与银行代收有什么区别？

第4单元

电话通信业务

第一讲 基本电信业务

一、目的与要求

本讲的教学目的是介绍电话通信网的基本电信业务——语音业务的相关知识，让学生了解语音通信业务的特点，理解本地电话业务、长途电话业务的使用方式、计费规则等。通过教学，学生需掌握：

1. 什么是语音通信业务
2. 语音通信业务的分类、特点
3. 什么是本地电话业务
4. 本地电话用户的计费规则及类别
5. 什么是长途电话业务及长途电话的付费方式

二、教学要点

本讲教学的重点是介绍语音通信业务的特点、使用方式与计费结算规则。从对语音通信业务的总体了解入手，逐渐深入到本地电话业务、长途电话业务，它们的计费规则是什么样的，有哪些类别。

三、教学目标

概念识记：

- 语音通信
- 本地电话
- 小交换机用户
- 虚拟小交换机用户
- 长途电话
- 漫游电话

- 被叫付费电话

知识技能要点：

- 语音业务与电话通信网的关系
- 语音业务的分类
- 本地电话业务、长途电话业务的使用方式
- 本地电话、长途电话的基本计费规则

一、电话通信网与语音通信业务

电话通信是电信业务的最重要部分，电话网是电通信的最基础网络。语音通信业务是电话通信网的基本电信业务，电话通信网除提供语音业务外，还能提供不少其他的增值应用。电话通信在一百多年的电信发展史上留下了最精彩的一页。

语音，是人类社会相互交往的最基本的方式，基于语音的电话通信无论在技术上，还是在业务上理所当然地得到了最迅速的发展，特别是计算机数字程控交换技术的发展，加快了电话通信业务进入寻常百姓家的速度。

移动通信的发展使电话终端摆脱接入线路的束缚，用户使用电话通信业务不再受到时间、地点的限制。

语音通信是现代通信最基本的通信方式，我国已拥有 4 亿多固定电话用户和 5 亿多的移动电话用户。随着电话通信的普及，我国电信行业已基本达到普遍服务的水平，村村通电话已不是遥远的理想。

二、语音通信业务分类

可从技术层面、用户层面、业务层面对语音通信业务进行区分。

固定电话通信业务和移动通信业务，是根据接入技术的不同对语音通信业务进行区分的。固定电话需要将电话终端通过一对电话线与通信网进行连接，移动通信通过无线方式接入通信网，没有固定的接入点，能在通信网络覆盖区域内自由漫游。移动通信与固定电话在系统和网络上的差别，我们已经在前面的课程中作了介绍。

业务方面，移动通信与固定电话的特点也很明显。与固定电话相比，移动电话的开通比较简单，只要到运营商的营业窗口注册，取得一张 SIM 卡，装在移动终端上就可以了。而固定电话的开通，则需要通过配线、跳线等工作将交换机用户电路端口与电话机终端通过一对有形的线路相连。施工完成后，经测量室测试，方能正式放号开通。

通信业务按客户区分是一种经营管理手段，运营商通过客户的区分，对不同的客户采用不同的资费政策和服务管理方式，达到经营利益最大化的目的。固定电话运营商根据通信终端安装和使用场所的不同，常将用户分为甲种电话、乙种电话。乙种电话是指安装在企事业单位、办公场所、经营场所的电话用户，这类用户相对而言使用频率较高。甲种电话是指安装在家庭住宅中的电话，这类用户相对而言使用频率较低。电信运营商在不同时期，对用户采用不同的区分方式，以便组织不同形式的服务和管理，例如，商业客户、公众客户，普通用户、大客户、公用电话等一度是固定电话运营商对客户的分类名称。移动电信运营商在客户细分方面做得更为深入，针对

中高端用户、大众用户、年轻用户的不同诉求，建立了相应的业务品牌，例如中国移动分别为“全球通”、“神州行”、“动感地带”。

通信业务按业务特点进行区分的目的，是根据不同业务的不同特点，采用不同的经营方式，达到经营利益的最大化。电话通信服务根据主被叫所在的区域不同可分为本地通信业务和长途通信业务。通信双方属于同一运营商的用户之间的通信业务叫网内通信业务，不属于同一运营商的用户之间的通信业务叫网间通信业务。在我国，有多家运营商在全国范围内提供通信服务，形成互相竞争的格局。各运营商通常以行政地市来划分通信服务区，在一个行政地市范围内的用户之间的通信服务叫本地通信业务，而在不同行政地市范围内的用户之间的通信服务称为长途通信业务。移动通信用户如果漫游离开了注册地市，期间发生的通信业务叫漫游业务。

电话通信业务区分本地业务、长途业务、漫游业务、网内业务、网间业务的原因是多方面的，有用户识别码（电话号码）的分配方面的原因，有运营商之间、服务区之间存在结算方面的原因，也有业务经营和管理方面的原因。

三、语音通信业务特点

语音通信的业务特点是操作使用简便，很容易被接受，易于普及推广。

语音通信技术特点是采用电路交换。语音通信需要通过一个话路将主被叫用户连接起来，才能进行通信。在通信期间，通信话路被独占。从用户发起一次通信（或一次呼叫），到通信结束，通信网络需进行电路建立、电路保持与监视、电路释放等过程并进行相应的信令交互。

语音业务在通信期间，通信用户独占了话路资源，即使没有传递有用信息也不例外；只有当电路释放后，被占用的话路才能分配给其他用户使用，所以语音通信线路利用率较低。

由于在通信期间，通信用户独占了话路资源，语音业务根据话路资源的占用时间支付通信服务费用是合理的。

四、本地电话业务

1．本地电话的概念

我国的四级汇接辐射制通信网中，C1 为大区汇接中心，汇接大区内各省级汇接中心（C2）的业务并与其他大区中心实现大区之间的转接；C2 为省中心，汇接省内各地市汇接中心（C3）的业务，并通过 C1 与其他大区的用户进行通信；C3 为地市级汇接中心，汇接本地区各县市汇接中心（C4）的业务。一个 C3 汇接区范围内的电话通信网被称为本地网，归属同一本地网范围内的用户之间的通信称为本地电话业务。

固定电话网在本地网范围内分 C4 汇接中心，同一 C4 网内的用户之间的通信称为区内电话，不同 C4 网范围之间的用户之间的通信称为区间电话。移动通信网没有 C4 汇接中心，所以，本地电话通信没有区间、区内之分。固定电话与移动用户之间的通信都按区间电话处理。

2. 本地电话的编号与拨打方式

固定电话的编号方式为，每一个本地网共用一个地区识别码，称长途区号，本地网内电话用户统一编号，互不重复。

移动电话号码（手机号码）为全国统一长度的 11 位电话号码。移动用户电话号码的前 3 位是网别或网络识别号，如 130、131、132 为中国联通的 GSM 网接入号，133 为中国联通的 CDMA 网接入号，134～139 为中国移动的 GSM 网接入号。移动用户电话号码的中间 4 位为号段码，由移动电信运营商总部统一分配到各省、各地市，并通告各电信运营商，号段代表移动用户的地址信息。移动用户电话号码的后 4 位为段内编码。

在我国，将“0”作为长途电话识别码，另外首位号码“1”和“9”作为特殊号码保留给特殊用户，如“119”、“110”、“120”、“122”、“10000”、“10010”、“10050”、“10086”、“179**”、“95***”、“96***”等，所以本地固定电话用户的所有首位电话号码不允许为“0”、“1”、“9”。

固定电话用户拨打本地固定电话用户的方式是直拨对方电话号码，固定电话用户拨打本地移动用户的方式是直拨对方手机号码。

移动用户拨打本地固定电话用户的方式是直拨对方电话号码，移动用户拨打本地移动用户的方式是直拨对方手机号码。

3. 本地电话的计费方式

本地电话采用复式计费，按一定的时长跳次，通话费用为通话次数与每次费率的乘积。

固定电话用户本地电话的计费方式分为区内电话和区间电话。区内电话是指同一 C4 覆盖区域范围内的固定用户之间的通信，不在同 C4 覆盖区域内的固定用户之间、固定用户与移动用户之间的通信称为区间电话。固定电话用户采用主叫付费、被叫免费的结算方式。

区内电话主叫用户的计费方式为：前三分钟计一次，不足三分钟按一次计，话费为 0.20 元；三分钟后，每分钟计一次，不足一分钟按一次计，每次话费为 0.10 元。

区间电话主叫用户的计费方式为：每分钟计一次，不足一分钟按一次计，每次话费为 0.45 元。

移动用户本地电话不分区内、区间，主叫、被叫实行双向收费，计费方式为每分钟计一次，不足一分钟按一次计，中国移动的 GSM 用户和中国电信的 CDMA 用户每次话费为 0.40 元，中国联通的 GSM 用户每次话费为 0.35 元。

本地呼叫转移呼转用户的计费方式为每分钟计一次，不足一分钟按一次计，每次话费为网内 0.10 元、网间 0.20 元。

4. 特种用户

特种用户是指社会团体、企事业单位向电信用户提供特别服务的话务台席，用于为电信用户提供咨询、投诉、公益服务、信息服务等。

公益与公众服务类：119、110、120、122 等。

运营商服务热线：10000、10010、10050、10060、10086 等。

政府、行业呼叫中心或客户热线：12345、96315、95558 等。

信息服务台：114、168、96126 等。

5. 小交换机用户

企事业单位内部自建交换机、线路设施，自行维护的内部通信网络用户，叫小交换机用户。小交换机用户组成了单位内部电话通信网，内部电话网络由企事业单位自行组网、自行管理。小交换机用户可通过中继电路与公众通信网相连的电话用户，实现内部网络与公众网互联。

小交换机与公众网互连，公众网给小交换机（总机）分配一个总机号码。小交换机分机号码由单位内部分配，分机用户之间用分机号码互拨，分机用户之间免费通话。

小交换机用户通过外线识别号外拨，实现分机用户与公众用户的通信，公众用户通过拨总机号，并通过话务员转接（或二次拨号）实现与分机用户的通信。

电信运营商按总机号码与企事业单位进行结算，与分机用户不进行单独结算。

小交换机的优点：（1）内部通话不需要向运营商支付通信费用、月租费，节约话费支出；（2）分机用户之间通过短号拨打，使用方便。

6. 虚拟小交换机用户

虚拟小交换机是指将同一企事业单位的公众网用户组成一个闭合群（Centax），闭合群内的每一个用户可以定义一个短号，通过拨短号实现群内通信，闭合群用户通过短号拨打，免通信费。闭合群内每一个用户都分配一个公众网号码，通过公众网号码与公众用户正常拨入拨出。运营商按正常用户计收每一个分机月租费、通话费。

五、长途电话业务

1. 长途电话的概念

不在同一行政地市区域的用户之间的通信称长途通信业务，长途通信业务分国内长途通信业务、港澳台长途通信业务、国际长途通信业务。

2. 长途电话的拨打方式

固定电话拨打国内长途电话，被叫为固定电话用户时，需在被叫号码前加拨被叫用户所在地的国内长途区号，被叫为移动电话时，不需要加拨被叫所在地的国内长途区号，只要在被叫号码前加拨“0”。

移动用户拨打国内长途电话，被叫为固定电话用户时，需在被叫号码前加拨被叫用户所在地的国内长途区号，被叫为移动电话时，直接拨打被叫号码，不需要加拨被叫所在地的国内长途区号，也不需要在被叫号码前加拨“0”。

固定电话用户、移动用户拨打国际长途、港澳台长途时，需在被叫号码前加拨国际区号及被叫所在国的国内长途区号。

3. 长途电话的计费方式

长途电话的主叫用户加收长途话费，被叫用户不加收长途话费。长途通信业务的通话费用包括本地话费、长途话费两部分，根据计费规则分别计费。

长途通信中本地话费部分的计费规则与本地电话相同，长途话费 = 通话次数 × 计费费率，其中，通话次数以通话时长每增加 6 秒跳一次，尾数不足 6 秒按一次计，国内长途计费费率为 0.07 元/次，港澳台长途计费费率为 0.20 元/次、国际长途计费费率为 0.80 元/次。

为了鼓励用户在线路闲时拨打，运营商推出长途优惠时段，用户在优惠时段拨打长途电话可享受一定的折扣优惠。

4．漫游电话的计费方式

移动用户漫游到非归属地，需收取漫游接入费，漫游接入费按每分钟一次计次，尾数不足一分钟计一次，漫游话费 = 通话次数 × 漫游计费费率。

漫游计费费率一般为本地接入费的基础上加 0.020 元。

漫游用户在漫游地发生的通信服务，如果占用长途电路，需加收长途话费。因此：

漫游用户拨打漫游地被叫：通话费=漫游费；

漫游用户拨打非漫游地被叫：通话费=漫游费+长途费；

漫游用户接听电话：通话费=漫游费+长途费。

注：由于漫游电话的理论费用（不考虑优惠）较昂贵，所以用户对漫游费率意见较大，现根据国家有关部门的要求，统一改为漫游地接听电话，拨打电话，后付费用户不超过 0.4 元/分钟，预付费用户不超过 0.6 元/分钟。

5．被叫付费电话

被叫付费电话是指通话费由被叫支付，主叫用户免通话费，或长途话费由被叫支付，主叫只付本地话费。

被叫付费电话多用于大型工业和商业服务企业的客户服务热线，付费企业需向电信运营商申请一个被叫付费接入号，用户拨打该接入号所产生的全部话费或长途话费由被叫承担。

中国电信开放的“800”业务是由被叫支付全部通话费的业务，由于不同运营商之间尚未确定“800”业务的结算，所以只有中国电信提供的固定电话和小灵通用户才能拨打“800”被叫付费电话。

“400”业务类似于“800”业务，但“400”业务被叫只支付长途话费，不支付本地话费，本地话费仍由主叫支付。“400”业务不限于固定用户，任何用户都可以拨打。

6．长途选网业务

用户可以通过选择不同运营商提供的不同长途业务网，实现长途通信，方法是加拨不同的长途网络接入号，这部分内容将在后续课程中详细讨论。

阅读材料一：国际直拨受话人付费电话

国际直拨话务员受付电话（即 INTERNATIONAL OPERATIOR DIRECT CONTACT，简称 IODC）是指通过特殊的拨号程序直接拨叫受话国话务员，由受话国话务员负责接通的受话人付费或信用卡电话。

1. 使用方法

用户要使用国际直拨话务员受付电话可在专用话机或普通话机上拨打：

（1）专用话机：用缩位拨号的方式直接呼叫受话国话务员，用户只需在专用话机上按通达国的国名按钮，该国话务员就会应答，然后根据用户需要接通受付或信用卡电话。

（2）普通话机：是市内程控电话机，通过特服号“108”直接拨叫受话国话务员，由受话国话务员负责接通受付或信用卡电话。只需拨打 108+受话国的代码即可，例如拨打美国中文台：“108+10”，美国 AT@T 公司的中文台话务员就会应答你，你只需通报受话号码即可。

2. 业务特点

（1）不用申请国际直拨功能，只需是程控电话机就可以拨打国际长途电话。

（2）可以解决语音障碍，发话用户可使用发话国语言接通受话国话务员与之对话。

（3）由受话人付费或用国际电话信用卡付费，发话人不需支付现金。

3. 目前开放的国家和地区：

（1）美国	AT@T	10810
（2）美国	AT@T	10811
（3）美国	MCI	10812
（4）美国	SPRINT	10813
（5）美国	SPRINT	10816
（6）美国	MIC	10817
（7）加拿大		108186
（8）日本		108811
（9）新加坡		108650
（10）意大利		108390
（11）韩国		108821
（12）泰国		10866
（13）荷兰		10831
（14）芬兰		1083580
（15）马来西亚		108600
（16）澳大利亚		108610
（17）印度尼西亚		108620
（18）澳大利亚		108610，108613（中文）
（19）菲律宾		108630
（20）西班牙		108340
（21）英国		108440
（22）巴西		108550
（23）夏威夷		108187
（24）以色列		1089720
（25）挪威		108470
（26）葡萄牙		1083510
（27）比利时		10832

小结

1. 电话通信网是语音业务的承载网，语音业务是电话通信网的基本电信业务，除了提供语音通信业务外，电话还提供其他的增值应用。

2. 语音业务采用有连接的电路交换方式 在通话期间独占话路，计费的基本方式是计时、计次，复式计费。

3. 应用语音通信业务分本地业务与长途业务，本地业务与长途业务在使用方式与计费方式上存在一定的差别。

六、思考与练习

1. 电话通信网与语音通信业务的关系是什么？
2. 固定电话与移动电话的计费方式有什么不同？
3. 小交换机用户与普通公网用户有什么区别？

第二讲 辅助电信业务

一、目的与要求

本讲的教学目的是通过辅助电信业务的介绍，让学生了解电话通信网基本电信业务以外的增值应用，并了解常见辅助电信业务的功能。通过教学，学生需掌握：

1. 辅助电信业务的概念
2. 常见的辅助电信业务
3. 什么是呼叫保持、呼叫等待、呼叫回叫
4. 什么是呼叫转移
5. 呼叫转移有哪些类型
6. 呼叫转移的计费规则
7. 什么是多方通信

二、教学要点

本讲教学的重点是分析各种辅助电信业务的业务要点，特别是呼叫转移的原理与计费特点。

三、教学目标

概念识记：

- 辅助电信业务
- 来电显示
- 呼叫保持
- 呼叫等待
- 呼叫回叫
- 呼叫转移
- 多方通信

知识技能要点：

- 辅助电信业务与电话网的关系

● 各种辅助电信业务的作用与使用方式
● 辅助电信业务的计费结算方式

一、辅助电信业务的概念

我们知道，电话通信网是用来承载语音业务的，但电话通信网在完成语音通信功能的同时，还能提供传送语音信号外的其他功能，这些功能大部分与通信服务相关，也能提供无关通信服务的应用。如果语音业务是电话通信网的主导产品——“基本电信业务”的话，那么这些语音业务以外的应用就是电话网的副产品——“增值业务”。电话通信网提供的增值业务中，与通信服务相关的部分应用称为辅助电信业务，而与通信服务无关部分就称为其他增值服务。

二、常见辅助电信业务简介

辅助电信业务是数字程控交换机提供呼叫处理能力外的其他辅助功能。程控交换机的数据存储和程序控制等功能，为通信用户提供更丰富的服务应用功能。我们选择几种最常用的辅助业务来分析电话通信网的辅助电信业务。

1．主叫识别码显示类

（1）来电显示功能：来电显示就是在被叫振铃时，被叫用户终端显示主叫用户号码的功能。来电显示可以让被叫接听电话之前知道呼叫来自何处，对是否接听电话作出选择。

用户使用来电显示功能需要满足三个条件：①用户终端支持来电显示，即电话机有显示屏，能接收并保存数字信号；②系统能为被叫用户提供主叫号码，一方面用户需提出这种业务请求，另一方面系统与用户之间的接入电路适合于传递数字信号；③主叫允许将识别号码传递给被叫用户。

来电显示并非运营商默认提供的服务，用户根据需要向运营商提出开通或取消来电显示功能的申请。用户开通来电显示功能，需按月支付功能使用费。

（2）主叫禁显功能：如果用户发起呼叫，不希望被叫用户显示主叫号码时，可以申请主叫禁显功能。主叫禁显功能开通需按月支付功能费

2．呼叫等待与呼叫保持

（1）呼叫等待：当用户正在通话时，有第三方呼入，希望交换机不要送示忙信号，而是提示第三方“不要挂机，请等待”，当用户通话完毕，一方挂机时，第三方的呼叫被自动接入，这样的功能称呼叫等待功能。

（2）呼叫保持：呼叫保持的功能是当用户正在通话时，第三方呼入，用户被提示有用户呼入，并显示新呼入的主叫号码，该用户可以按“接通键”接通新呼入用户，而通知原通话用户等待的功能。

呼叫等待和呼叫保持有利于提高网络的接通率，用户不需要支付功能费，但在保持期间按通话计通话时长。

3．呼叫转移

呼叫转移是指当用户被叫时，无法接听来话而将来话转接到预先约定的第三方，由第三方代

为接听的功能。被叫不接听而需转移的情况分以下几种。

（1）无条件转移：不管被叫处在什么状态，所有的呼叫都转至约定的第三方。

（2）不可及转移：不可及转移是指通信终端关机或无法正常联系的情况下，将来电转第三方的功能。这种情况主要使用在移动通信中已设置不可及转移功能的用户，在手机关机或手机在覆盖盲区时，系统会自动将来电转移至第三方。

（3）遇忙转移：当用户正在通话时，有第三方呼入，将来电转接至第三方的呼转称为遇忙转移。

（4）无应答转移：用户被呼叫振铃，振铃时间超过 1 分钟，用户仍不应答时，转移到第三方的呼转移称为无应答转移。

各种呼叫转移功能可单独开通、单独向系统登记，手机终端可通过终端的菜单功能登记，固定电话终端可采用命令方式登记。

当登记无条件转移时，其他有条件转移的各项登记无效，来电无条件地被转接到被登记在无条件转移约定的一方。

固定电话的呼转是登记在端局交换机上的，移动交换系统中的呼转是登记在 HLR 上的，当手机用户登录到某一 VLR 上，呼转登记记录就会复制到 VLR 上。移动用户的无条件转移和不可及转移的呼转处理是由归属地交换中心完成的，而遇忙转移、无应答转移的呼转处理由拜访地移动交换中心完成。

根据行业主管部门的规定，呼叫转移的计费按基本话单、呼转话单两部分进行计费，如果 A 呼叫 B，B 呼转到 C，那么 A→B 为基本话单，B→C 为呼转话单。基本话单按正常的 A 呼 B 计费规则计费：B 为固定电话时，固定电话接听免费；B 为移动电话时，B 在归属地，被叫计基本通话费；B 在漫游地，被叫收基本漫游费。呼转话单的的话费与落单地有关，也与呼转地有关，如果落单地和呼转地在同一服务区，则只收基本呼转费；如果落单地与呼转地不在同一服务区，则除基本呼转话费外，需加收长途费（按新规定，只收漫游费）。表 4-2-1 所示是被叫用户“B”可能的计费情况。

表 4-2-1　　各种呼转情况下被叫用户的计费情况分析

用户情况	呼转条件	呼转地	通话费
固定电话	各种情况	被叫用户归属地	A→B 话单：被叫免费 B→C 话单：基本呼转费
		其他地区	A→B 话单：被叫免费 B→C 话单：基本呼转费+长途费
移动用户非漫游	各种情况	被叫用户归属地	A→B 话单：基本通话费 B→C 话单：基本呼转费
		其他地区	A→B 话单：基本通话费 B→C 话单：基本呼转费+长途费
移动用户漫游	无条件转移/不可及转移	被叫用户归属地	A→B 话单：基本通话费 B→C 话单：基本呼转费+长途费
		其他地区	A→B 话单：基本通话费 B→C 话单：基本呼转费+长途费
	遇忙转移/无应答转移	被叫用户漫游地	A→B 话单：基本漫游费 B→C 话单：基本呼转费
		其他地区	A→B 话单：基本漫游费 B→C 话单：基本漫游费

例如张先生为中国移动的全球通用户，李先生为中国电信的 CDMA 用户，李先生在外地出差，手机设置了遇忙呼转到办公室的固定电话上。张先生因生意上的事，拨打李先生的手机，李先生正在与其他人通话，张先生的电话转移到了李先生的办公室，由李先生的秘书代接，通话时间为 11:58'48"—12:04'05"，请计算这次通话张先生应付多少话费，李先生应付多少话费？

已知全球通用户的基本通话费为 0.40 元/次/1 分钟，漫游费为 0.60 元/次/1 分钟，网间呼转费为 0.20 元/次/1 分钟（网内呼转费为 0.10 元/次/1 分钟），长途费为 0.07 元/次/6 秒；CDMA 用户的基本通话费为 0.40 元/次/1 分钟，漫游费为 0.60 元/次/1 分钟，网间呼转费为 0.20 元/次/1 分钟（网内呼转费为 0.10 元/次/1 分钟），长途费为 0.07 元/次/6 秒。

解：① 通话时长 = 12:04'05"-11:58'48" = 5'17"，合 6 次/1 分钟，合 53 次/6 秒

② 张先生的通话为本地通话，通话费 = 0.40 × 6 = 2.40 元

③ 李先生的基本话单话费 = 0.60 × 6 = 3.6 元

④ 李先生的呼转话单话费 = 0.60 × 6 = 3.6 元

答：这次通话，张先生的通话费为 2.4 元，李先生的通话费为 7.2 元。

问题

上例中，如果李先生设的无条件转移，则需多少话费？

4．其他

（1）多方通信：用户与另一个用户通话时，需其他用户加入，可在不中断与对方通话的情况下，拨叫另一方，实行多方共同通话，这如同小型电话会议。多方通话的主叫用户需开通多方通话功能，通话时会产生多条话单，话单的主叫方都是发起多方通话的用户，这些话单在时间上是重叠的。

（2）缩位拨号：所谓缩位拨号功能是用户用 1 到 2 位的数字代号或知号码来代替一个实际的拨号组合。缩位拨号可采用两种方式定义。

① 用户自助定义：用户通过终端命令方式将代码与代码所对应的拨打组合送交换机（拨打组合可以是本地电话号码，也可以是长途电话），以后在需拨打该用户时，可用缩位方式拨打。如某种交换机上按*51*AN*TN#登记缩位信息，其中*51*表示登记缩位拨号命令，AN 表示缩位代码，TN 表示就拨的号码。

例如，*51*01*01088886666#表示用“01”代替“01088886666”。

当用户需要与 010-88886666 通话时，只需拨**AN，即**01 即可。

② 交换机统一定义：电话终端除了 0～9 十个数字键外，还有两个特殊的键“*”、“#”，我们可以通过被叫号码的译码对“*”、“#”进行特别的定义（这种定义通常是对某一个闭合群用户），如在译码中定义“*”=86547，则我们拨“*123”，相当于拨 86547123，“*789”相当拨 86547789 等。

缩位拨号只是简化了用户的拨号方式，不影响用户的计费。

（3）免干扰服务：当用户由于某种原因，不希望电话干扰时，可通过命令方式登记免干扰业务，当登记了免干扰功能后，向呼叫用户示忙，直到取消免干扰功能。

免干扰服务不计费。

事实上，程控交换机上可以开发的功能很多，如“叫醒服务”、“遇忙回叫”、“热线电话”等，不胜枚举。这些功能只是合理地利用了程控交换的记忆功能和程序控制能力，只要理解程控交换机的基本工作流程，这些功能都很容易理解。

小结

1. 辅助电信业务是电话通信网提供的增值业务中，与通信服务相关的部分应用，电话通信网提供的增值业务是指电话通信网提供的除语音业务以外的应用。

2. 常见的辅助电信业务有主叫识别码显示、呼叫保持、呼叫等待与回叫、呼叫转移、多方通信、缩位拨号、免干扰服务等。

3. 呼叫转移是指当用户被叫时，无法接听来话而将来话转接到预先约定的第三方，由第三方代为接听的功能，呼叫转移的计费按基本话单、呼转话单两部分进行计费。

三、思考与练习

1. 如何来界定辅助电信业务？请考虑一下你家里开通了哪些辅助电信业务？
2. 请分析一下各种呼转情况下被叫用户如何计费。

第三讲 短消息业务

一、目的与要求

本讲的教学目的是通过课堂教学，让学生了解短消息的基本概念，短消息的通信过程，短消息的技术、业务特点以及短消息的业务处理、计费规则等。通过教学，学生需掌握：

1. 什么是短消息及其使用条件
2. 短消息收发的通信过程
3. 短消息的技术特点和业务特点
4. 如何处理短消息业务的开通与取消
5. 短消息的计费规则是什么样的
6. 如何进行短消息服务的定制与取消

二、教学要点

本讲教学的重点是分析短消息业务的相关概念，包括短消息是如何传递的，它有什么特点，如何进行短消息的业务处理，比如开通与取消、如何计费等。

三、教学目标

概念识记：

- 短消息
- SMS
- SM-MO
- SMS-SC
- SM-MT
- MSC/VLR/HLR

知识技能要点：

- 短消息业务的使用条件
- 短消息的通信过程
- 短消息业务的处理

一、短消息

1．短消息（Short Message Service，SMS）业务

SMS 是在通信系统中通过信令通道传递的非语音增值业务，短消息业务，也叫短信业务不是端到端实时传送的通信业务。由于消息是非语音的，所以需要数字通道来传送，并通过适当的形式呈现出来。一般说来，实用的消息传送方式是人们能阅读和理解的文字信息。

短消息一开始并非是为用户与用户之间传递信息而设计的功能，更多的考虑是系统自动向用户广播系统通知。

短消息是一种单向通信，能实现向系统发送一条信息，或接收一条系统发送的信息。短信发送功能、短信接收功能可以单独开通或关闭，互不影响。

在实际使用过程中，一个用户向另一个用户发送短消息，实际上是两次独立的通信，前一次是系统收到了一条用户上传的消息，后一次是系统向另一用户发了一个消息。这两个过程在通信系统中并非是完全的因果关系，对系统而言，前一次通信只是一次存储，后一次通信只是一次转发，在逻辑上是不关联的。我们将这种存储、转发的能力刻意地联系在一起，实现了两个用户之间的一次消息传递的完整过程。

2．短消息业务的使用条件

并不是所有的通信系统都具有短消息通信的能力，事实上短消息通信相关的协议并非是通信系统协议的必要部分。

用户需要使用短消息业务的条件如下：

（1）通信终端支持短消息业务，即通信终端具备发送和接收短消息的条件，能将消息通过终端设备输入转换成为数字式化信息，同时能将数字化的信息显示出来。

（2）系统支持短消息传送，即通信系统具备收发短消息的硬件、软件支持。

（3）通信终端约定一个能交换消息的短消息服务中心。

二、短消息通信过程分析

图 4-3-1 中，SM-MO 表示发送短消息的移动终端，MSC/VLR/HLR 表示交换系统，SMS-Geteway 是短消息服务网关，SMS-SC 是短消息服务中心，SM-MT 是接收短消息的移动终端。

通信用户需要使用短消息业务时，首先必须在终端中设置一个短信服务中心地址，用户的每一次发送都是将消息送给短信服务中心的，我们在发送短信时设置的目标地址，在这次通信中，仅仅是消息的格式内容，MSC/VLR/HLR 并不会对目标地址进行费时的译码、分析路由，而是简单地将短消息内容及用户所期望的目标地址交给了短信服务中心。

短信服务中心收到消息后，将消息保存在服务器中，并将目标地址解析出来，放入信息发送

队列中，等待发送。

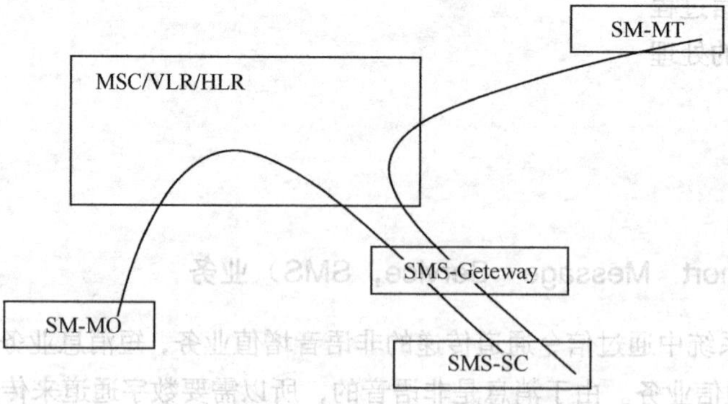

图 4-3-1 短消息发-收示意图

短信服务中心根据信息发送队列进行信息发送作业，将消息通过信令信道送达接收用户，接收终端收到消息，将消息存放到终端上的存储器中，反馈一个证实信息给短信服务中心。

如果短信服务中心没有收到接收终端的证实信号，则将在一定的时间内进行重复发送。

问题

王小姐给李小姐发了一条短消息，李小姐的手机不停地重复收到同一条短消息，试分析造成这种现象的可能原因是什么？

三、短消息的特点

1. 技术特点

（1）通过信令信道传送，消息容量有限，一般不允许超过 70 个字符，其中包括目标地址号码；

（2）信令信道是由系统根据系统流程管理的，用户无法干预，所以短信通信不需要用户参与，用户无法决定是否接收消息；

（3）短信通信是单向通信，实现点到点的消息传递实际上是分两步完成的，发送短信用户将短信内容及接收号码送短信服务中心，与短信服务中心将短信内容及发送短信用户号码送短信接收用户是两个独立的通信过程；

（4）短信是一个存储转发过程，在存储转发过程中会存在时延；

（5）短信通过信令信道传送，与业务信道并不冲突，在通话期间，也能收发短信。

2. 业务特点

（1）以文字方式传送消息，与语音通信实现通信方式的互补；

（2）由于采用存储转发的方式传送消息，用户无法接收时，系统可以重发，所以可以保证消息不被丢失，但由于系统存储能力是有限的，一般只保证保存 48 小时，如果 48 小时后用户仍然没有上网，将不再重发；

（3）消息是通过终端保存后，并在终端上显示出来的，消息的意义明确，不会失真；

（4）短信无法被拒绝接收；

（5）短信内容通过短信服务中心的存储，在短信服务中心可以查询短信的内容，支持人工重发；

（6）支持多点发送，可以在短信服务中心或通过短信服务中心的网络接口，将同一内容发送给很多用户；

（7）支持定时、定内容、定对象发送；

（8）支持与 Internet 通信。

四、短消息业务

短消息的独特特点，使短消息业务得到了意想不到的发展，成为仅次于语音业务的通信应用。短信业务的应用主要有两种方式，即电话用户对电话用户的短消息通信和网络与电话用户的短消息通信。

电话用户对电话用户的短消息通信是语音通信方式的一种替代和补充，电话用户之间以文字对话替代语言对话，交流方式从嘴巴讲耳朵听演变成为手指讲眼睛看，达到与语音通信不一样的效果。

网络与电话用户的短消息通信主要用于信息服务，使信息服务机构可以通过为电信用户提供有偿信息传播获取利益。自从短信业务得到推广以来，从事信息服务提供的 SP、CP 大量涌现，形成了一个信息服务的产业，使通信平台上传播的内容变得丰富多彩。

五、短消息业务处理

1．业务开通与取消

短消息业务功能可以通过营业途径开通和取消，用户根据需要开通或取消短信发送功能，开通和取消短信接收功能。短信发送与接收是两种独立的功能，互不影响。

2．业务计费与结算

短信业务的计费分电话用户对电话用户和电话用户对网络。短信业务在信令信道中传送，所以不能通过正常的计费系统收集通信记录，而是通过短信服务中心收集通信记录。

短信业务按条计费，电话用户之间发送的短信一般采用发送计费、接收不计费。

信息服务类短信的费用包括通信费，信息费，通信费归运营商所有，信息费由运营商向用户收取，运营商与信息提供商（SP、CP）进行结算。

由于不同的 SP、CP 定义的信息费差异较大，运营商的计费系统无法进行计费，所以信息费的计费单通常通过外部导入方法导入营账系统。

信息费的计费方式分两种，一种为按条计费方式，另一种为包月方式。

3．信息服务的定制与取消

信息服务是电话用户与信息服务商（SP、CP）之间的业务往来，并不一定需要电信运营商的参与就可以开通或取消。SP、CP 并没有能力提供遍及各地的营业服务网，所以一般通过短信或

Internet 方式开通或取消业务。在 Internet 上，用户的真实身份很难确认，所以即使是通过 Internet 进行业务开通，也常常通过短信方式进行业务确认。

所有从事信息服务的 SP、CP 都需要申请一个业务接入号，用户可以发送业务指令到业务接入号开通或取消信息服务业务。

信息服务方式分两种，一种是点播方式，另一种为定制方式。

点播方式是每发一个点播命令，SP、CP 给用户发送一条或一组信息。定制方式是用户发送一个定制命令后，SP、CP 按约定每天定时给用户信息，直到取消定制为止。

中国移动、中国联通都建立了短信信息服务的门户网站，作为信息服务的统一接入平台。例如中国移动的门户网站是“移动梦网”。

小结

1. 短消息（SMS）是在通信系统中通过信令通道传递的非语音增值业务，不是端到端实时传送的通信业务，短信发送功能、短信接收功能可以单独开通或关闭，互不影响。

2. 当我们发送端消息时，我们只是简单地将短消息内容及目标地址交给了短信服务中心；短信服务中心收到消息后，将消息保存在服务器中，并将目标地址解析出来，放入信息发送队列中，等待发送；然后短信服务中心根据信息发送队列进行信息发送作业，将消息通过信令信道送达接收用户。

3. 短消息业务的应用主要有电话用户对电话用户的短消息通信和网络与电话用户的短消息通信这两种方式。

六、思考与练习

1. 一个用户向另一个用户发送了一条短消息，另一个用户收到了这条短消息，这一过程实际上包含了哪几个步骤？

2. 短消息是如何计费的？包含了哪些费用？

第四讲 其他增值业务

一、目的与要求

本讲的教学目的是通过课堂教学，让学生了解语音增值业务与非语音增值业务的基本概念，语音增值业务包括哪些内容，非语音增值业务包括哪些内容。通过教学，学生需掌握：

1. 什么是语音增值业务
2. 什么是非语音增值业务
3. 语音增值业务包括哪些内容
4. 非语音增值业务包括哪些内容

二、教学要点

本讲教学的重点是分析语音增值业务与非语音增值业务的相关概念与内容。重点介绍语音信箱、秘书台服务、语音信息服务等语音增值业务，以及上网业务、手机业务等非语音增值业务。

三、教学目标

概念识记：

- 语音增值业务
- 非语音增值业务
- 语音信箱
- 秘书台服务
- 语音信息服务
- 上网业务
- 手机账户小额支付
- 手机交易
- 手机娱乐

知识技能要点：

- 语音增值业务与非语音增值业务的区别
- 语音增值业务中包括哪些主要服务内容
- 非语音增值业务中包括哪些主要服务内容

一、语音增值业务与非语音增值业务

电话通信的基本业务是点对点的语音通信，即两个用户进行远距离的对话交流。除了这种点对点的语音通信之外，电话通信系统还提供了丰富的程控交换机辅助功能、短信收发功能，为电信用户提供辅助电信服务。这些辅助电信服务有些是基于语音的，如呼叫转移，有些是非语音的，我们将基于语音的增值应用称为语音增值业务，将非语音业务的增值应用称为非语音增值业务。

电话用户的非语音增值业务主要包括电话通信网的辅助应用和基于短信、Internet 无线接入的信息服务等业务。辅助电信业务和短信信息服务在前面的两讲中已作了专题分析，本讲重点分析除辅助电信业务、短信业务以外的其他增值业务。

二、语音增值业务

电话通信的语音增值业务的信息形式仍然是语音，但通常不是以点对点的通信为目的的，例如，语音信箱是通过语音留言与留言的收听来实现语音信息非实时传递；秘书台是通过语音通信平台，借助于运营商的话务服务，为客户提供秘书服务；而语音信息服务是以语音的方式提供客户所关心的资讯。

1．语音信箱

语音信箱是用户申请的在交换系统中开设的语音存储空间，用户可以将来电呼转到语音信箱，当有电话呼入时，语音信箱服务系统提示呼入用户留言。当有留言时，用户开机就会收到语音信箱的留言通知，用户只要拨入语音信箱，就能依次收听客户留言。

语音信箱的功能类似于录音电话，不同的是，录音电话是电话终端的功能，而语音信箱是交换系统的功能。无论是录音系统的设备维护还是存储系统的性能，语音信箱与录音电话都是不可比拟的。

2．秘书台服务

秘书台是电信运营商为用户提供的话务服务功能，由于话务服务能支持部分秘书的职能，所以称为秘书台服务。

电信运营商提供一个专用服务热线号码，作为秘书台的接入号，如中国移动秘书台的接入号为12580，中国联通秘书台的接入号为10198。客户可以拨打秘书台接入号定制秘书服务项目。当客户不方便与别人通信时，可以将电话呼入转秘书台，由秘书台话务员根据客户的要求代客户处理。

各电信运营商提供的秘书台服务项目不尽相同，每项服务单独计费结算。常见的秘书台服务分几类：秘书服务、资讯定制、信息查询与服务。

秘书台提供的主要秘书服务有以及下几项。

（1）电话号码簿：客户通过秘书台预先编辑一个电话号码簿，当客户需要时，可以由话务员秘书帮助处理一些通信服务，如发短信、发语音通知等。

（2）留言服务：当客户不方便接听来电时，可以在秘书台留言，并将来电呼转到秘书台，由秘书台话务员代为向来电者转告，反之亦可。秘书台用户可以为不同用户提供不同留言。

（3）情景模式：当秘书台客户关机或不方便接听来电时，秘书台根据不同的情景设置，自动播放特定的语音信息，如分别为在"单位"、"家庭"、"飞机"、"会议"以及"驾车"等情景，设置相应的语音提示。

（4）日程安排与提醒：秘书台客户可以按自己的日程安排向秘书台预约提醒时间、提醒周期以及需提醒的内容，当到达预约时间时，秘书台及时准确地提醒客户，如果客户没有接听到提醒电话，秘书台可重复呼叫。用户也可根据实际需求设置各种个性化的提醒，如会议安排、会客计划、重要对象的生日纪念日和节假日提醒等。

（5）代操作服务：由于各种原因客户不能或不方便设置呼叫转移、短信发送等操作时，由秘书台话务员代客户设置呼叫转移，或代客户发送短信等。

（6）短信查询：由于短信服务中心能保存48小时之内的短信内容，所以客户可以通过秘书台查询48小时之内发送或接收过的信息。

（7）漏话提醒：客户由于关机或其他原因，没有接听来电，系统通过一定方式进行提醒的服务叫漏话提醒。

秘书台提供的主要资讯服务有以下几种。

（1）新闻资讯：客户通过秘书台点播自己关心的国内、国际、社会、体育、娱乐等方面的实时新闻信息。

（2）手机杂志：客户通过秘书台话务员订阅生活、健康、笑话等杂志信息后，系统定时以语音或短信方式将新闻资讯发送给用户。

（3）气象预报：客户通过秘书台点播当地或指定城市的气象信息与天气预报，也可以定制服务，让秘书台每天定时发送气象消息。

（4）股票信息：客户通过秘书台点播股票实时信息以及信息服务机构发布的股市分析资料。

信息查询与服务的主要内容如下。

（1）订房服务：商旅客户通过秘书台预定住宿旅馆、酒店的服务，电信运营商通过合作伙伴将全国各地的酒店组成会员联盟，为通信客户提供优惠的客房预定服务。

（2）订票服务：商旅客户通过秘书台预定火车票、机票的服务，电信运营商通过合作伙伴将全国各地的酒店组成会员联盟，为通信客户提供优惠的订票服务。用户可以通过秘书台查询各类航班、火车站次信息，并预定航班和火车票，订票服务机构负责将票直接送交客户。

（3）订座消费折扣服务：客户通过秘书台预订各类消费与服务，提供消费与服务的商家（如饭店、休闲服务等）为客户预留座位，并通知客户。

3．语音信息服务

语音信息服务是以语音的方式提供各种资讯或信息的服务，例如故事点点播、音乐点播、考试成绩查询、电话调查等。

秘书台服务包括了部分语音信息服务内容，随着呼叫中心的不断完善，语音信息服务内容越来越丰富，应用越来越广泛，并与社会公共服务结合，成为社会服务机构与民众联系的纽带，例如政府热线电话（12345）、工商热线电话（96315）等。

在语音信息服务领域，SP 和电信运营商进行了大量的探索与创新，建成了形式多样的服务系统和内容丰富的信息资源库，所以语音信息服务已无法列举。

“号码百事通”是语音信息服务的一个典范，综合了呼叫中心、信息服务、语音搜索与排队等技术与业务的特点，形成了功能完善的语音信息服务平台和价值服务链。

“号码百事通”的信息服务内容包罗万象，面向电信客户的主要服务有日常信息的查询、信息点播与定制、订房订票订座服务、查询社会与商业服务机构的联系电话等。另外，将社会与商业服务机构也作为服务对象，延长电信服务的价值链，提升服务网络的价值。

三、非语音增值业务

1．上网业务

上网业务是利用电话通信的信道资源，提供 Internet 的接入服务。固定电话终端以模拟方式传输为主，不直接支持数字方式传输，所以需通过调制器的调制才能接入 Internet。移动通信系统的通话终端是数字式的，但移动通信的语音在无线信道上是通过压缩传输的，例如 GSM 系统将 64kbit/s 压缩成 13kbit/s，所以移动通信系统的流量是有限的。

固定电话用户拨号上网是指用户通过电话线路接入 Internet，固定电话用户拨号上网分窄带拨号上网与宽带上网。窄带拨号上网将 Internet 看作是一个特殊的电话用户，通过接入号选择接入网络，例如 163、165 等，这种方式将 PC 作为电话终端接入，可通过内置调制器方便接入，但传输速率受到话路带宽的限制，速度较慢，现在已很少有用户使用。宽带接入实际上与电话通信系统没有关系，而仅是通过高速调制设备，利用电话线路资源将 PC 不通过交换机直接接入 Internet。

移动用户上网也分窄带与宽带。由于移动通信的无线信道速率的限制，无法传送大量的信息，另一方面，手机终端的显示屏也不支持大量信息的显示，所以内容提供商将资讯以 WAP 的格式进行简化，以便于移动用户能在手机上浏览。移动宽带上网是指通过移动宽带技术，提高传输带宽，以便提高传输流量。GMS 系统通过 GPRS 技术实现无线宽带传输，CDMA 系统本身就是共享带宽的，可以以分享高达 153.6kbit/s 的带宽。

WAP 是专为无线接入方式制定的浏览协议，相当于 Internet 的 IE 浏览器。GPRS、CDMA 是提供无线宽带的技术，为无线方式传递信息提供传输通路。

无线宽带技术提高了传输容量，因而拓展了无线接入的应用领域，使移动状态下的网络应用更为广泛。

2. 手机账户小额支付

手机账户小额支付是指移动业务运营商与银行合作的商务服务，由于手机具有比较严格的鉴权功能，手机用户与信用账户绑定，通过电信运营商与银行的双重鉴权，能确保账户的安全，因而可以简化信用卡支付的手续，直接以手机短信、语音提示或上网方式进行小额费用（例如彩票投注、话费充值、游戏卡、购买小商品等）的支付，不同运营商、不同银行支持的支付范围不完全相同。

3. 手机交易

手机交易是指通过手机终端进行网上实时交易，股票交易是目前使用最广的手机交易实例。

手机交易的方式有几种：语音提示方式、短信方式、上网方式。

语音方式是用户拨打一个接入号，接通交易系统服务器，在语音提示的指示下进行交易。在这种交易方式中，电信运营商只提供接入的电路，交易过程与电信运商没有关系。

短信方式是指用户通过短信方式，向交易服务器发送交易命令，交易服务器通过短信方式反馈交易结果。

上网方式是指用户通过手机方式上网，登录到交易系统的服务器，直接输入交易命令，进行交易。

4. 手机娱乐

随着手机的存储容量的增大、处理能力的提高及无线宽带技术的应用，手机除了通话之外应用功能越来越多，如摄像照相、播放 MP3、上网浏览等，其中不乏娱乐功能。

手机游戏：一些中高档手机上嵌入语言解释器后，支持从 Internet 上下载游戏的客户端软件，手机就可以像电脑一样上网进行互动游戏。

图铃下载：手机用户通过无线宽带技术，拨号上网，可以在特定的网站上下载音乐，既能随时欣赏，又可设置成为个性铃声。同样，手机用户可以上网下载图片作为手机显示屏个性化背景图案。

小结

1. 语音增值业务是指电话通信业务的辅助电信业务中基于语音的增值应用，而非语音增值业务则是辅助电信业务中与语音无关的政治应用。

2. 电话通信的语音增值业务的信息形式仍然是语音，但通常不是以点对点的通信为目的，主要有语音信箱、秘书台服务、语音信息服务等。

3. 秘书台是电信运营商为用户提供的话务服务功能，由于话务服务能支持部分秘书的职能，所以称为秘书台服务，电信运营商通常会提供一个专用服务热线号码，作为秘书台的接入号，常见的秘书台服务分几类：秘书服务、资讯定制、信息查询与服务。

4. 语音信息服务是以语音的方式提供各种资讯或信息的服务，号码百事通是语音信息服务的一个典范。

5. 上网业务是非语音增值业务中的一种，是指利用电话通信的信道资源，提供 Internet 的接入服务，有固定电话上网、移动用户上网等。

四、思考与练习

1. 思考一下，在你的生活中使用了哪些语音增值业务和非语音增值业务？
2. 你如何理解中国电信的“号码百事通”业务？

第五讲　智能电话通信网

一、目的与要求

本讲的教学目的是通过课堂教学，让学生了解智能网的基本概念，智能网有哪些特点和优势，智能网的基本结构是什么样的，有哪些部分组成，智能网的业务是如何触发的，智能网的计费规则怎么样。通过教学，学生需掌握：

1. 智能网的概念
2. 智能网的特点与优势
3. 智能网的基本结构
4. 智能网的业务触发方式
5. 智能业务的计费方式

二、教学要点

本讲教学的重点是分析智能网的相关概念，介绍智能网的特点、智能网的结构、智能网的业务触发方式以及智能网的计费。

三、教学目标

概念识记：

- 智能网
- SSP、SCP、SMS、SCE
- 智能外设
- 智能业务触发
- 智能业务计费

知识技能要点：

- 智能网的特点与优势
- 智能网的基本结构
- 智能业务的处罚方式
- 智能业务的计费方式

一、智能网的概念

智能网（Intelligent Network，IN）是指为了在原有电信网络的基础上，增加智能模块，使业务更灵活、业务定义更方便，即智能网是使电信网络更“聪明”的、业务控制能力更强的通信网。

二、智能网的特点与优势

IN 之所以能使电信网络更“聪明”，是因为通信系统在 No.7 信令系统的强大信令能力支撑下，结合数据库技术，在侧重交换的通信网络基础上，增加了侧重控制的模块，使交换功能与控制功能分开，使交换系统的接续功能与控制功能相对独立，各司其职。在这种情况下，端局以接续为主，称为业务交换点（Service Switching Point，SSP），新增的控制部分称为业务控制点（Service control Point，SCP）。

将分散于各端局交换机中的网络智能集中在新增的智能部件上的好处是：一方面，业务交换功能与业务控制功能分开使交换部分的功能更简单、处理更快捷；另一方面，集中的业务逻辑控制方式，有利于业务逻辑的统一管理，提高业务的规范性。特别是在业务控制点增加大型数据库的功能，使业务控制过程中能参考更多的业务数据与参数，形成丰富的业务逻辑，支持形式多样的业务。

智能网的优势正是凭借集中业务控制点和数据库系统的支持，通过智能系统的业务逻辑定义方便地变更业务功能或定义新的业务逻辑，使业务定义智能化、便捷化，适应业务的多样化，降低业务开发的成本。

三、智能网的基本结构分析

图 4-5-1 所示是智能网结构示意图。

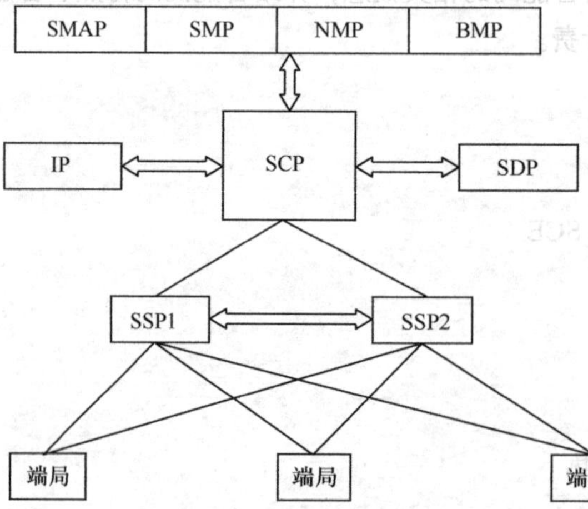

图 4-5-1　智能网结构示意图

1．业务交换点（Service Switching Point，SSP）

业务交换点与普通的数字程控交换机没有很大的差别，只是在普通数字程式控交换机上加上了有关的 IN 软硬件模块以及相应的信令接口。业务交换点的基本功能是呼叫处理和业务交换。呼叫处理是指呼叫建立、呼叫处理、呼叫保持、呼叫释放等基本接续功能。业务交换指的是识别智能业务，并将智能业务呼叫索引或转接到业务控制点，由业务控制点对业务与有关用户信息进行分析，决定处理策略，并将业务控制中心作出的处理指令传达到相关交换点，由交换机执行。

2．业务控制点（Service control Point，SCP）

业务控制点是智能网的核心部件，主要保存了相关用户的有关数据（如预付费用户的账户数据等）和业务逻辑。智能化处理实际上是系统调用用户的数据，并对用户数据进行分析判断，并最后作出处理方法的选择。所谓业务逻辑就是对应某一种智能业务的处理程序。

业务交换点收到一个呼叫处理请求后，对主被叫进行分析，当分析的结果要求触发某种智能业务时，将呼叫处理要求上报给业务控制点，业务控制点根据业务逻辑的要求，查询数据库，启动业务处理程序，并通过信令批示相关通信节点完成通信服务功能。

3．业务管理系统（Service　Managerment　System，SMS）

业务管理系统相当于智能网的网管系统，支持智能网业务的前后台作业与网络的监管。业务管理系统的主要功能包括业务数据、用户数据的管理与维护、业务逻辑的定义与维护、业务的监控与管理、网络的监控与管理等。当需开发一种新的智能业务时，需根据业务需求，编制业务处理程序，并对业务处理程序进行调试与检测，调试完成后加载到业务控制点，此外需定义业务所需的数据库，并编制相关的数据库处理程序，需加载各种用户数据、业务数据和计费数据等，需对系统的工作状态进行分析与统计。

（1）SMAP：业务管理接入点，主要用作前台业务受理接口，营业系统将用户开通的智能业务录入智能网系统，并在系统中为用户建立相应的业务数据、计费结算数据，营业人员可以通过SMAP查询用户的状态。

（2）SMP：业务管理点，主要用于业务后台管理，如管理系统登录权限、通过业务定义的界面对业务进行定义、测试，开放或关闭业务的受理功能、调整业务参数等。

（3）NMP：网络管理点，主要用于对智能网的网元进行管理、监控和调试、测量与监视系统的工作状态，调整系统的参数。与SMP不同的是，SMP主要是针对业务逻辑与数据库资源的管理，而NMP主要针对的是智能网设备系统的管理。

（4）BMP：计费管理点，主要用于管理费率管理、账户管理等功能。

4．业务生成环境（Service　Creation　Environment，SCE）

智能业务上线开放之前，需根据业务需求，完成对新业务的逻辑定义、业务数据编辑、数据库表的定义与编辑、业务的装配、业务的仿真测试、压力测试等大量的检测，以确保业务的正确、安全、可靠。这些开发测试过程不能在生产系统上进行，所以需建设一个接近生产系统的模拟系统，用于业务的开发和测试，这个模拟系统就是业务生成环境。

5．智能外设

智能外设是指智能系统中，为完成特殊智能业务所需的智能化终端与部件，如自动录音播放器、自动应答设备、DTMF（双音多频）拨号接收器等。智能外设的作用是代替某些人工功能，实现自动处理。如电话投票（Televoting）业务可以通过一段电话录音流程指导引导用户进行调查。

四、智能业务触发方式分析

智能业务与普通业务用户在接入方式上没有太大的区别，都是通过端局接入通信网，那么系统如何知道哪些呼叫要让智能网来处理，哪些业务不用智能网来处理呢？这涉及智能业务的触发方式。目前智能业务的触发方式主要有三类：号段触发、被叫号码触发、智能业务标志触发。

1．号段触发方式

号段触发方式是交换机根据主或被叫号码来区别业务是否需提交到SCP，触发智能业务处理流程。号段触发方式通常将一段号码定义为智能业务的专用号段，这段号码的用户的每次呼叫或接听的电话都是智能业务，都需提交SCP的分析判断后才能进行呼叫处理。

采用号段触发智能业务时，端局在收到用户呼叫请求后，首先必须做主叫、被叫号码分析，当发现号码在规定的智能业务业务号段内，交换机就将呼叫处理上交给SCP，SCP收到SSP上交的呼叫处理任务后，对主叫或被叫号码进行鉴权，分析主叫或被叫用户的业务状态，判定是否继续进行通信接续。若SCP经分析处理后，认为本次呼叫附合接续条件，则通知SSP及端局完成接续，用户挂机后，SCP对本次呼叫进行计费和账务处理。

号段触发方式的优点是业务触发方式比较简单，在端局只要在译码过程中增加主被叫分析的一种路由选择就可以了。

2．被叫号码触发方式

被叫号码触发方式是交换机根据被叫号码来区别业务是否需提交到SCP，触发智能业务处理流程。被叫触发方式比较灵活，规范的方法是通过业务识别码的方式。

业务识别码是指用户拨打被叫用户时的头几位代表某一种业务，例如“60”、“800”、“300”、“17908”等。

采用被叫号码触发的智能业务，端局号码分析的方式与号段触发方式类似，不同的是，号段触发时，交换机需增加主及被叫分析，而采用被叫号码触发时，交换机不需要对主叫进行分析，分析的对象是被叫号码，并且经常需对被叫号码进行变换，才能通过正常的呼叫处理流程进行呼叫的建立、保持、释放等操作。

被叫号码的变换一般由SCP完成，SCP接到SSP上交的呼叫后，经鉴权、分析、判断后，将被叫转换成真实号码，指示端局完成呼叫接续工作。

3．智能业务标志触发方式

除了主被叫号码触发方式外，还可以采用智能业务标志位方式触发。采用标志位触发时，需在用户开通智能业务时，在交换系统中增加一个智能业务标志。当具有智能业务标志的用户作主叫或被叫时，相关交换机根据业务标志分析，若有智能业务标志，则将呼叫处理提交SCP，由SCP鉴权、分析、判断、号码变换后，完成呼叫接续工作。

相比于号段触发、被叫号码触发，智能业务标志触发的实现方式要复杂得多，对整个通信网的局数据规范和计费结算流程都提出了更高的要求，目前国内采用这种方式触发的智能业务只有原中国联通的经营的CDMA虚拟网业务。

五、智能业务的计费分析

有些智能业务与用户关联，即这类用户只能使用智能业务，有些智能业务与用户不直接相关，是否是智能业务与拨打方式或主被叫的关系有关，这些用户在使用通信服务时，部分是智能业务，部分是非智能业务。

在形形色色的智能业务中，有些业务会涉及计费方式或结算费率的改变，这使用户的计费结算变得更为复杂。

一般来说，计费记录在通信系统的端局落单，用户的每一次通话都会在端局产生通话记录，计费系统会对端局的每一条话单进行计费。如果需智能业务调整计费方式或结算费率，将会在智能交换机（SCP）上产生一条按智能业务要求相关的计费话单，这样一来，实际上智能业务的每一次通话可能分别会在端局和智能交换局上各产生一条话单，如果不对这两条话单进行处理而直接归并的话，就会出现重复话单，导致计费错误。

重复话单的处理是智能业务的重要环节。重复话单常用的处理方式是过滤端局话单。过滤重复话单的方法与智能业务触发方式有直接的关系。对于采用主叫号码触发的用户，所有触发到智能交换机上完成的业务都是智能业务，所以只要将这些用户在端局上的话单全部作废单（批价为“0”）即可。被叫号码触发的智能业务，被叫有识别号，只要将端局话单中带智能业务识别号的所有话单作废单（批价为“0”）处理即可。同样，采用智能业务标志的触发方式时，交换机落单时，需同时记录智能业务标志，端局话单中带智能标志的话单作废单（批价为“0”）处理。

如果移动用户在漫游状态下允许触发智能业务通信，则漫游地交换机、漫游地计费系统需支持相应的重单处理约定。

问题

1. 什么是智能网？有哪些特点？
2. 智能网有哪些部分构成？这些部分各自起什么样的作用？
3. 智能网是如何来处理业务的？
4. 使用智能网业务如何进行计费？

小结

1. 智能网是指为了在原有电信网络的基础上，增加智能模块，使业务更灵活、业务定义更方便的网络。

2. 智能网的优势是在No.7信令系统的强大信令能力支撑下，结合数据库技术，在侧重交换的通信网络基础上，增加了侧重控制的模块，使交换功能与控制功能分开，使交换系统的接续功能与控制功能相对独立，各司其职。

3. 智能业务的触发方式主要有号段触发、被叫号码触发、智能业务标志触发这三类。

4. 智能业务使用户的计费结算变得更为复杂，智能业务的每一次通话可能分别会在端局和智能交换局上各产生一条话单，因此重复话单的处理是智能业务的重要环节。

六、思考与练习

1. 智能网是如何工作的？
2. 智能业务的三种触发方式有什么不同？

第六讲 智能电话网—预付费

一、目的与要求

本讲介绍预付费业务、预付费业务的特点和注意事项，通过对预付费业务的详细介绍，使学生了解这类业务的处理流程和工作原理，并进一步加深对智能业务的理解。通过教学，学生需掌握：

1. 预付费业务的概念
2. 常见的预付费业务类型
3. 预付费业务的特点
4. 预付费业务的使用流程
5. 卡类预付费业务的使用流程
6. 预付费业务的有效期、冻结期、沉默用户、余额处理

二、教学要点

本讲教学的重点是分析介绍预付费业务的基本处理流程，分析预付费业务的特点和应注意的事项，加深对预付费业务的理解。

三、教学目标

概念识记：

- 预付费业务
- 预付费用户
- 预付费账户
- 有效期
- 冻结期
- 沉默用户

知识技能要点：

- 理解预付费业务的概念
- 理解预付费业务的基本业务逻辑
- 了解预付费业务的特点、使用方式及注意事项

一、什么是预付费业务

所谓预付费业务就是先缴费，后消费的通信业务。预付费业务是一种智能业务，在业务控制点建立一个大型数据库系统，作为智能用户账务系统。在业务开通时，账务系统为用户分配一个账户，记录用户的账号、密码、预缴话费、用户状态、账户有效期信息。

当用户通话时，系统首先对用户进行鉴权，检查用户的账户余额，如果用户是合法用户，账户余额足够支持一分钟通话费，则进行接续，为用户提供通信服务，否则提示不能使用该项业务或告诉用户余额不足。用户通信完毕，对本次通话进行计费，并实时扣除话费。

常见的预付费业务有两类，即预付费用户和预付费账户（或称卡类业务）。

预付费用户是指该用户只能使用预付费业务，不能使用预付费业务以外的任何业务，如中国

移动的“神州行”和中国联通的“如意通”。这类用户通常用主被叫号码触发智能网业务，这些用户发起呼叫或接收呼叫时，通信系统根据号码，将这类呼叫上交给相关的 SCP 进行进行处理。

预付费账户是指通过普通电信终端使用预付费业务。用户通过申请一个智能业务账号，当需要以预付方式进行通信时，通过专用接入号拨通相关的智能网服务器，以拨账号、密码方式进行鉴权，鉴权成功后，查询业务状态和账户余额，判断呼叫处理方式，如中国电信的“200”、“300”业务。这类业务采用被叫号码触发，通过专用识别号将呼叫处理递交给相关的智能网服务器。预付费账户经常通过卡的方式给用户提供账号、密码、账户初始面值，所以也称为预付费卡用户，为了满足各类用户的不同需要，电信运营商提供多种类型的卡，如是否支持一卡多用户，是否支持再充值等。

预付费业务对运营商来说，不存在欠费风险，常作为一次性消费品进行销售，所以不需要与用户签订入网合同，不需要用户提供身份证件，因此适合各种渠道销售，销售方式简单，业务推广方便，很容易达到快速起量的销售效果。

卡类预付费业务还分地方卡、全国卡等。地方卡是指只能在指定区域内使用的预付费卡，全国卡是指在全国范围内都能使用的预付费卡。除了使用范围的不同，地方卡与全国卡最根本的差别是业务控制点（SCP）及业务结算关系的不同，本地预付费卡的账户数据存放在当地的智能网服务器中，通信业务只发生在当地，不存在售卡业务与提供通信服务不在同一服务区的问题，因而不需要进行售卡服务区与通信服务区之间的业务结算。全国卡的账户数据存放在全国统一的智能网服务器中，由该服务器统一进行用户的鉴权、呼叫控制和实时扣款，但由于售卡与实际提供通信服务可以不在一个服务区，营业收入与业务收入发生地不同，所以需进行内部结算，防止出现不正常的销售行为。比如，某地经济比较落后，电话通信业务收入不高，但如果以低廉的价格销售全国预付费卡，将获得售卡的现金收入，而这些卡很可能流到经济相对发达的地区进行实际的消费，通话业务发生在经济发达地区，如果不能进行合理的内部结算，将会出现损害运营商利益的内部竞争。

每一个预付费用户都在 SCP 的数据库中分配一个账户，这些账户的存储空间是重复使用的。如果某一个账户长期不消费，那么这个账户就不能给运营商带来实际的收益，使运营商的投资无法产生效益。为了避免这类事情的发生，预付费业务都设定一定的有效期，以促使用户在一定时间内消费完账户的费用，防止用户长期沉默而浪费宝贵的通信资源。

二、预付费业务的特点

“先缴费、后消费”是预付费业务的最主要特点。这相当于用户通过先付费的方式预约了一定额度的电信服务，成为用户对电信运行商事实上“债权”。原则上用户可以随时通过实际通信消费，享受通信服务，收回“债权”。运营商为预付费用户提供通信服务，既是用户的权利，又是运营商的义务。

预付费业务产品是一次性产品，因此一般不登记用户资料，用户消费完预付额度，运营商与用户之间的权利与义务关系终止，账户自动失效。作为一次性产品，一经激活使用，就不能退还给运营商，就好像在商店买一支牙膏，一旦打开就不能退货一样。

预付费业务采用实时扣款的方式与用户进行话费结算。用户每完成一次通话，系统就在用户的账户中直接扣除应付的话费，用户账户余额减少，直到扣完为止，所以预付费用户不用出账，也不提供账单。

由于预会费业务采用实时扣费方式结算，没有出账过程，所以没有月费类收费项目（如月租费、包月费），只能按次计算的通信费用，也没有出账优惠（如月消费多少话费优惠多少话费之类）。预付费业务的计费过程是嵌在业务逻辑中的，一般不支持对各种增值业务进行计费，因而不支持增值业务的使用。

预付费业务按确定的费率进行实时扣款，即使计费费率发生了变化，也不能对已经发生的通话进行重新计费。运营商在营销过程中，如果需要进行优惠促销，常用的方式是按卡面打折销售，这种优惠方式是用户以折扣价格购买一定面值的预付话费，而系统并没有因为销售折扣而改变话费额度，仍按正常的费率进行计费扣款、计算业务收入。这样，售卡所得的实际现金流收入与系统出账计收的业务收入会产生一定的差额，财务与计费部门需制定计账规则，将差额按计账原则反映在财务账期中。

预付费业务都设有有效期，在有效期内用户可以自由地消费，如果超过了有效期，则账户自动进入冻结状态。此时，即使账户尚有余额，用户也无法继续使用通信业务。用户可以通过运营商规定的方式重新激活账户，在约定的时间内继续消费。预付费账户的冻结期是有时间限制的，如果在冻结期内，用户没有缴活账户，则账户将会被系统清除，账户余额成为运营商的收益计入业务收入。

预付费业务比较适合于流动人员使用，运营商与用户的关系比较简单，相互之间的约束很少。

三、预付费业务使用方式

1．预付费用户的常用流程

（1）业务开通：预付费用户开通前，需进行预付业务的配卡配号，即将某一个号码段的用户全部设置成为预付费用户，一方面在交换机上做相应的局数据，将这部分用户的呼叫处理指向智能网服务器，另一方面在智能网服务器中为每一个用户建立一个账户，在账户中预设一定的话费额度（预付费面额）。当这些预期付费用户准备投放市场销售时，统一缴活这些用户。用户购买用户识别卡（含用户号码、括卡式用户密码），即插即用。

（2）通信：预付费用户一经开通，就可以直接拨号进行通信，不需要加拨接入号。用户每次通话，系统都需进行鉴权、查询余额进行接续判断，通信完毕，实时扣款。

（3）查询与更改密码：预付费用户可以通过专用服务接入号查询账户信息、修改密码，查询时，需拨密码确认身份。服务接入号分人工服务接入号与自助服务接入号，用户拨打人工服务接入号，可向话务员咨询业务并取得协助。用户拨打自助服务接入号，可根据语音提示自己进行查询与操作。

（4）充值：预付费用户的账户一般可以用专用充值卡进行充值，充值的目的有两种，一种是账户余额不足，进行预付话费的补充，一种是账户被冻结，通过充值，增加有效期，激活账户。充值方式为，拨打服务接入号，按语音提示输入充值卡号码、充值卡密码，系统验证通过后，将充值卡余额转移到预付用户的账户上。

（5）账户激活：账户激活一般是通过充值、增加预付费额度实现的，充值的同时增加了有效期。用户的有效期是根据预存话费决定的，如果按每元话费 2 天计，则充值 100 元，就可以增加

200天有效期。冻结账户必须在冻结期内充值才能激活账户，如果超过冻结期，账户被自动销户，就无法激活了。

（6）销户：用户的账户余额消费完或超过有效期，账户进入冻结状态。用户没有在冻结期内激话账户，超过冻结期，系统自动将用户销户。已销户的用户的账户资料将在数据库中删除，所以无法通过普通的方式进行查询和操作。

2、卡类用户的常用流程

（1）业务开通：卡类业务的开通过程与预费用户基本相同，不同的是卡类用户没有与某一个用户号码关联，而与一张卡的卡号关联。卡类业务的配卡过程为生成一组包括卡号（账号）、密码、卡面值等数据，将这组数据交制卡商制卡，制卡完成后将数据导入智能网服务器，在智能网服务器激活后，交付销售。用户购买预付费卡后，即可使用。

（2）通信：使用卡类业务进行通信时，需拨打专用接入号，接通智能网服务器，在语音提示下拨卡号、密码，智能网根据卡号、密码进行鉴权和查询，并根据查询结果进行接续处理。用户通话完毕，进行实时扣款。

（3）余额查询/密码修改：卡用户可以通过专用接入号进行余额查询与密码修改等操作。

（4）账户缴活：卡类业务分可充值卡与不可充值卡，可充值卡能通过充值增加有效期，激活账户。

（5）账户绑定/去绑定：卡用户通过拨接入号、拨卡号密码，进行通信，用这种方式可以在任何通信终端上进行通信，但每次都要拨打卡号密码比较麻烦，如果用户只在一台终端上使用这种业务，可以通过绑定方式，将某一个终端用户与一个卡号进行捆绑，捆绑后，用户使用这个业务时，只需拨接入号，不再需要拨卡号密码，使用更方便。用户在需要时可以取消绑定关系。

（6）销户：用户账户进入冻结状态后，在冻结期内没有及时激活将被销户。

四、预付费业务注意事项

（1）有效期：预付费业务根据预付费额度提供一定的有效期。在有效期内，用户可以进行正常的消费，如果超过有效期，则账户将被冻结。有效期的设置是为了提高智能网资源的使用率，避免资源的无谓占用。有效期时间是运营商根据智能网资源及业务特点集中设置的，可以通过后台系统进行调整，用户可以根据实际情况，在销户前提出修改要求。

（2）冻结期：如果账户余额不足或账户超过有效期，账户将进入冻结期，冻结期的设置是为用户提供一个激活的机会。电信系统是一个庞大的系统，牵涉的用户很多，对每一个用户采用统一的自动化处理，既要考虑系统的使用效益，又要照顾用户的切实利益，冻结期可以起到缓冲作用。

（3）沉默用户：长期不使用业务的用户叫沉默用户，形成用户沉默的原因很多，沉默用户超过有效期将会被冻结，甚至被销户。

（4）余额处理：需处理的余额往往是不能使用账户余额继续通信了，造成这类账户余额的原因有两种，一是当账户余额不足以支付一次通话的费用时，账户所存余额就无法继续使用，另一种情况是用户长期不使用，超过有效期。对前一种情况，一般直接作销户处理，对于后一种情况处理比较困难，一个长期不使用的用户很可能是已经不记得卡号、密码，再也不会使用，系统不处理的话会长期占用系统资源，如果直接销户就会给用户造成损失。预付费业务的账户余额是不能退费的，一方面是一次性卡使用后无法进行二次销售，另一方面，前台在销售过程中，常常采用折扣优惠，运营商无法判定用户购买时的折扣率。

小结

1. 预付费业务是先缴费，后消费的业务，按一次性消费品方式销售，销售方式简单、渠道宽，促销方法简单，很适应在大众市场批量销售。

2. 预付费业务是智能业务，通过智能服务器的实时计费和扣款进行结算。

3. 预付费业务的账户是重复使用的，账户有有效期的限制。

五、思考与练习

1. 我们所熟悉的套餐中，哪些是预付费？哪些是后付费？
2. 预付费业务是如何计费的？

第七讲 智能电话网—虚拟专网业务

一、目的与要求

本讲的教学目的是通过课堂教学，让学生了解虚拟专网的基本概念，虚拟专网的发展历程，并进一步了解虚拟专网的特点和优势，虚拟专网的拨打和译码方式。通过教学，学生需掌握：

1. 虚拟专网的概念
2. 用户小交换机的优点和不足
3. 虚拟小交换机的优点和不足
4. 虚拟专网的优点
5. 虚拟专网的特点
6. 虚拟专网业务的相关概念
7. 虚拟专网的拨打和译码方式

二、教学要点

本讲教学的重点是分析虚拟专网的相关概念，并进一步了解虚拟专网的业务特点和优势，虚拟专网的拨打和译码方式。

三、教学目标

概念识记：

- 虚拟专网
- 用户小交换机
- 虚拟小交换机
- 用户网内编码
- 网络编码
- 子网
- 子网编码

知识技能要点：

- 用户小交换机、虚拟小交换机与虚拟专网之间的联系与区别
- 虚拟专网的特点和业务优势
- 虚拟专网的编码
- 虚拟专网的计费和结算方式
- 虚拟专网的拨打和译码方式

一、什么是虚拟专网

1．虚拟专网的概念

虚拟专网（Virtual Private Network，VPN）是电信运营商利用公众网络资源，模拟专用通信网的便利功能的一种业务。虚拟专网具有专网的各种便利，但没有专网的建设、维护等工作所需的成本，深受企业、团体用户的欢迎。

专网业务的发展已经历了用户小交换机、虚拟小交换机（Centrex）、虚拟专网（VPN）三个阶段。

早期，公众电话通信网建设成本较大，电信服务收费较高，一些单位团体为了在不支付高昂的电信服务资费的情况下，充分享受电话通信带来的便利，纷纷自购通信设备、自建通信设施，在单位内部自办电话通信专网，实现内部通信服务。

用户小交换机的优点如下。

① 节省资费：分机用户不占电信运营商的号码和端口资源，不用向电信运营企业支付月租费；另外，分机用户之间通话不占用公众网的话路资源，不用向电信运营商支付通信费用；

② 使用方便：分机号码等网络配置数据不受公网运营商的限制，由单位内部统一调配，调配灵活，号码长度短，相互之间拨打方便；

③ 互连互通：小交换机通过向电信运营商租用中继电路，与公众通信网互连。互连的电信运营商给小交换机中继电路分配一个总机号码。运营商按月向小交换机用户收取中继电路月租费及总机号码租费。分机用户可以通过拨外网识别码（如拨“0”）外拨，公网用户可以通过小交换机的总机号码与分机用户相连，实现与公网用户的通信。

用户小交换机的不足如下。

① 需自建网络，通信系统需组织专门的队伍维护；

② 公网用户拨入需通过话务员转接，或用户通过二次拨号（拨分机号码）；

③ 系统不能从公众网的技术和业务升级中受益。

随着公众电信网络建设成本的下降和电信行业竞争的出现，电信运营商为了防止用户流失，在公众业务中推出了虚拟小交换机业务。虚拟小交换机业务是利用数字程控交换机的闭合群功能模块，实现用户小交换机的主要功能：群内用户之间可采用短号拨打，群内用户用短号拨打免收通信费。

每个虚拟小交换机用户占用公网的一个号码、用户电路端口以及电话线路，所以运营商需向每一个用户收取月租费。由于虚拟小交换机本质上是一个公网用户，除群内用户之间采用短号拨打并免收通信费外，用户继承了公网用户的其他优点。

虚拟小交换机业务的不足是增加分机用户，必须到电信运营商办理新增业务，并由电信运营商组织施工，每月支付月租费。分机用户必须是同一交换局内的用户，不同交换局的用户不能加入虚拟小交换机。分机用户因办公位置变更等原因需移机都需要得到运营商的配合。

虚拟专网是通过智能网技术实现专网功能的业务。由于采用了智能网技术，使业务逻辑的定义更灵活方便，能适应用户的各种合理需求。

虚拟专网业务既保留了用户小交换机的优点，又克服了用户小交换机的不足。

2．虚拟专网的特点

虚拟专网是采用智能网技术来实现专网的各种功能的，所以可以理解为用软件的方式来实现专网业务逻辑，因此业务功能的定义和修正都显得十分方便和灵活，新增和变更业务功能成本很低，能随时根据业务需要进行业务调整。

虚拟专网与小交换机用户、闭合群用户的比较如下。

小交换机用户的数量受到小交换机容量的限制。小交换机用户必须分布在小交换机能覆盖的范围内。小交换机用户的电话号码没有纳入公众电话网统一的编码范围内，网内拨打与网外拨打需要识别码加以区分。外网用户拨打小交换机分机需要通过话务员转接或二次拨号。

闭合群用户只能是同一交换机的用户，群内用户通过短号拨打，享受免费通信，否则按正常资费计费。闭合群的便利功能是由交换机完成的，交换机的主要功能是及时的呼叫处理、呼叫接续，不可能花太大的代价支持其他辅助功能。

虚拟专网用户通过智能网交换机的数据库软件来定义，用户数量、用户分布范围没有限制。虚拟专网用户的号码是公众网统一编码，用正常的拨打方式与公网用户通话，专网用户之间可用短号方式拨打实现网内通话。

虚拟专网用户的通信费用可以通过智能网进行灵活的定义，无论是专网用户之间，专网用户与公众网用户之间进行通话，都可以定义灵活的计费费率和计费方式。

二、虚拟专网业务相关概念

（1）专网的用户覆盖范围：即什么范围内的用户可以加入虚拟专网。

专网用户覆盖范围有本地用户、省内用户两种（目前没有全国用户都可以加入的虚拟网，因为无论是虚拟网智能交换机、集中计费支持等都配置在省一级）。本地虚拟网是指只有本地网范围内的用户才能加入虚拟网的虚拟专网，省内虚拟网是指省内用户都可以加入虚拟网的虚拟专网。

（2）虚拟专网的漫游范围：所谓漫游范围是指用户能得到虚拟网服务的漫游区域，在指定区域内漫游，用户仍能得到虚拟网提供的服务和便利，超过这一区域，则不能得到虚拟网提供的服务和便利。

虚拟专网的漫游范围主要有本地、省内、全国三种。选择本地虚拟网，则用户只能在归属地使用虚拟网进行拨打并享受虚拟网的优惠，但不影响在非归属地接听；选择省内虚拟网，则在省内漫游时可以使用虚拟网服务；选择全国虚拟网，则用户在全国范围内漫游，都可以使用虚拟网的服务。

（3）用户网内编码：即虚拟网用户在虚拟网内部统一编制的号码，也称为短号。由于虚拟网不同于小交换机，而是公网用户，所以端局需通过编码来识别用户所拨的号码是虚拟网编码或是普通用户号码，如果是虚拟网编码，则需将呼叫提交给虚拟网智能交换机处理。规范的网内编码通常需要使用专门的接入标识，如“6000+短号”。虚拟网用户短号编码可根据用户数量等因素决定短号的位数，虚拟专网内统一分配，不重复。智能交换机为每一个专网建立一张公网号码与短号之间一一对应的表。

（4）网络编码：不同的单位用户可以建立各自的虚拟专网，不同虚拟专网网内用户编码是可以重复的，比如甲虚拟专网内有一个用户短号为“0001”，乙虚拟专网中也一个用户短号为“0001”，交换系统通过网络编码来区分。在虚拟网系统中，系统给每一个虚拟专网分配一个网络号，这样每个用户实际上包含了一个网络号、一个网内编码。

（5）子网与子网编码：所谓子网是一种网中网，即将一个虚拟网分成若干个子网，每一个子网需的一个子网编码，子网编码与网络编码相似。在虚拟网的基础上进一步分子网的原因是大型的虚拟网用户多，用户类别多，不同用户的业务需求差异大，可以用子网的方式将虚拟网用户进行分类，并设计不同的漫游等级与计费策略。

（6）计费方式：虚拟专网最大的特点是提供灵活的计费支持，常见的计费方式有网内用户通话免费、网内用户之间通话包月、网内用户之间通话包免费时长，网内用户之间通话费率优惠等。有子网的虚拟网可以为每一个子网设计计费策略，子网的计费策略包括子网内用户的计费方式、子网内用户与其他子网用户的计费方式等。

（7）结算方式：虚拟网用户的结算方式分两类，一类是用户单独结算，即每个用户自行付费，另一类是集中付费，即若干个用户通过一个账户集中结算。同一虚拟网内的用户，支持部分用户采用单独结算，部分用户采用集中结算，互不影响。

三、虚拟专网的拨打和译码方式

目前虚拟网分目标网与非目标网。目标网方式下，虚拟网用户在归属寄存器（HLR）有虚拟网用户标识，凡由这类用户发起的呼叫全部被触发到智能交换机（SCP）处理，智能交换机（SCP）完成呼叫处理与计费的全部工作，如果被叫用户是同一虚拟网用户，则按约定计费策略进行计费，否则，按正常计费策略计费。非目标网方式通常采用号码触发，端局（SSP）收到被叫号码后，经分析，用户所拨号码是虚拟网短号，则触发智能业务，将呼叫提交给智能交换机（SCP）处理并进行虚拟网计费。

非目标网方式的虚拟网业务只有采用短号拨打，才能触发 SCP。当 SSP 接到用户拨打的号码后，SSP 对被叫号码进行分析，如果被叫号码符合“6000+短号”或“短号”的规则，则判断为虚拟网用户拨打，将呼叫处理提交给 SCP。SCP 根据主叫号码，进行虚拟网用户的鉴权，分析虚拟网网络编码，然后在具有相同网络编码的用户中寻找主叫所拨的“短号”所对应的真实号码，如果找到了对应的号码，则将真实号码送 SSP 进行呼叫接续，通话结束，SCP 按虚拟网计费规则进行计费，否则向主叫用户放拨打错误的提示音。

采用目标网方式时，SSP 收到被叫号码后，首先对主叫用户进行分析，根据业务标志判断是否是虚拟网用户，如果是虚拟网用户（不管被叫是否是虚拟网用户），则将呼叫提交给 SCP，SCP 根据主叫号码，进行虚拟网用户的鉴权，分析虚拟网网络编码，同时分析被叫号码，判断被叫号码是否是合格的短号。是合格短号，则在具有相同网络编码的用户中“短号”所对应的真实号码送 SSP 进行呼叫接续。如果被叫号码不是短号，则分析被叫用户与主叫是否是同一虚拟网用户，并将被叫号码交 SSP 进行呼叫接续。呼叫结束，不管被叫与主叫是否在同一虚拟网，不管主叫是否采用虚拟网方式拨打，都由 SCP 完成计费。

四、虚拟专网的业务优势

虚拟专网业务在业务经营与发展的过程中得到了大力的推广和应用，具有显著的业务优势。从用户的角度来分析，每个用户都有自己的圈子，需经常保持通信联系的人并不多，使用虚拟专网业务后，对网内的用户只需用短号拨打，既便于记忆，又方便拨号，比正常的拨号立式方便得多；虚拟网内用户采用优惠的资费，给用户带来了实惠，从某种意义上说也改变了用户的常用的沟通方式。从运营商的角度来分析，虚拟专网是绑定用户、稳定业务的有力工具。一个单位，一个团体，如果大部分人都加入了同一个虚拟专网，那么，为了使相互的联络更方便、更轻松，将会吸引更多的相关用户加入虚拟专网，一个维护优良的虚拟网会成为扩大业务的吸盘。在竞争的环境中，单位用户是运营商竞争的重点，将单位员工组成虚拟网后，其他运营商要策反用户的困难变得非常大。

问题

1. 用户小交换机、虚拟小交换机与虚拟专网这三者各有什么样的优势与不足？
2. 虚拟专网有几种编码方式？各有什么特点？
3. 虚拟专网有哪些拨打和译码方式？

小结

1. 虚拟专网是电信运营商利用公众网络资源，模拟专用通信网的便利功能的一种业务，虚拟专网业务的发展已经历了用户小交换机、虚拟小交换机（Centrex）、虚拟专网（VPN）三个阶段。

2. 虚拟专网是采用智能网技术来实现专网的各种功能，业务功能的定义和修正都十分方便和灵活，新增和变更业务功能成本很低，能随时根据业务需要进行业务调整。

3. 虚拟专网常见的计费方式有网内用户通话免费、网内用户之间通话包月、网内用户之间通话包免费时长，网内用户之间通话费率优惠等，虚拟网用户的结算方式有用户单独结算和集中付费两类。

4. 虚拟网分目标网与非目标网。

五、思考与练习

1. 虚拟专网与用户小交换机和虚拟小交换机相比有哪些优势？
2. 在我们生活中有哪些应用虚拟专网的实例？有什么好处？

第八讲 智能电话网—长途选网业务

一、目的与要求

本讲的教学目的是通过课堂教学，让学生了解选网业务的基本概念、特点，并进一步了解选网的实现过程，选网业务的鉴权方式，选网业务的计费结算规则。通过教学，学生需掌握：

1. 什么是选网业务
2. 选网业务的连接过程
3. 选网业务的两种鉴权方式各自的优势与不足
4. 选网业务的特点
5. 选网业务的计费结算

二、教学要点

本讲教学的重点是分析选网业务的相关概念，掌握选网业务的两种鉴权方式以及计费结算。

三、教学目标

概念识记：

- 选网业务
- 注册方式
- 预付费卡方式

知识技能要点：

- 选网业务的连接过程
- 注册方式与预付费卡方式的区别
- 选网业务的计费结算方式

一、选网业务的说明

1. 什么是选网业务

所谓选网业务，是指用户在拨打长途电话时，根据自己的意愿选择长途通信网，实现通信目标。不管电话用户在哪一个运商接入，用户都有选择长途通信网的权利。根据电信管理部门的统一规定，各运营商都必须允许用户选网拨打长途电话。

用户选择长途电话网是通过加拨网络接入号实现的，电信管理部门为各运营商的长途电话网统一分配了接入号。

各电信运营商一般开放两类长途电话网，即长途通信网和 IP 长途通信网。表 4-8-1 所示是各电信运营商的长途通信网接入号。

表 4-8-1　长途接入号列表

运　营　商	长途通信网接入号	IP 通信接入号
中国电信	190	17900～17909
中国移动	12593	17950～17959
中国联通	193	17910～17919
中国网通（原）	196	17960～17969
中国铁通		17990～17999

用户在拨打电话时没有选择长途网络接入号，默认为用户不自主选择长途通信网，由电信运营商代为确定通信路由，比如，中国电信的用户没有拨打任何长途通信网接入号，中国电信根据

网络的实际情况选择通信路由，默认路由为中国电信的长途通信网，如果中国电信的长途通信网太忙或发生意外故障，中国电信可以决定选择其他网络疏通，保证用户通信正常。图 4-8-1 所示为中国电信的用户可能选择的长途局向示意图，如中国联通、中国移动等运营商也提供了长途通信网和 IP 通信网供用户选择。

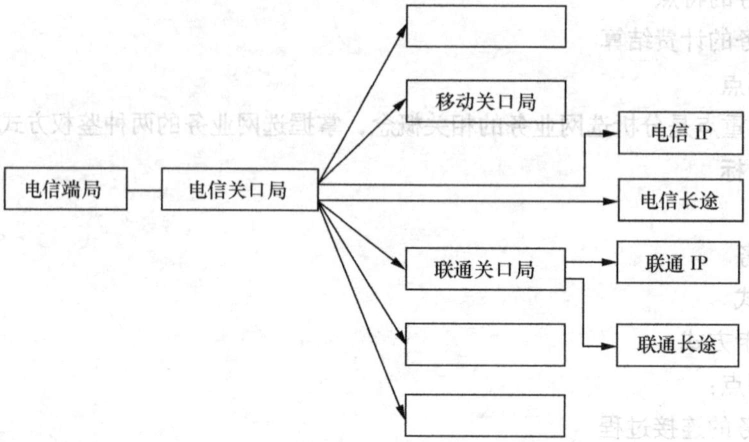

图 4-8-1　选网业务接续示意图

用户在拨打长途电话时，加拨了长途网络接入号，则电信运营商必须尊重用户的选择。例如，中国电信的终端用户在拨打长途电话之前加拨其他接入号，则中国电信需根据用户意愿，通过关口局将呼叫转至用户选择的网络，由相应的网络对呼叫进行鉴权和接续处理。比如中国电信用户拨打长途电话前加拨“193”，表示用户选择了中国联通的长途通信网，中国电信需根据用户的选择将呼叫通过关口局转当地中国联通的关口局，由中国联通对用户的呼叫进行处理。中国联通首先对主叫用户进行鉴权，如果为合法用户则进行接续，为用户提供长途通信服务。

选网业务的鉴权方式有两种，一种为注册方式，另一种为预付费卡方式。

所谓注册方式是用户在使用某一跨运营商（如中国电信用户使用中国联通长途通信网）的长途通信业务时，须首先在提供被选网络的运营商的服务窗口提出申请，该运营商为用户建立结算账户，并在相关的 SCP 数据库中建立白名单，当该用户选网呼叫时，SCP 检查白名单，确认为合法用户后进行呼叫处理。

预付费卡方式不用到提供被选网络的运营商注册开通选网业务，因为预付费卡已在作为一个合法用户在智能网服务器上登记，用户购买预付费卡后，只要通过接入号拨通相关智能服务器，根据服务器的语音提示，依次拨卡号、密码，服务器根据卡号密码进行鉴权和查询，如果余额足够一次通话的费用，则完成接续。通话完毕，在卡所对应的账户上扣款结算。

2．选网业务的特点

选网业务大多数情况下是跨运营商业务，一次通话最多可能涉及三个运营商的互连，例如，中国联通的电话用户（主叫用户）选择中国移动的 IP 电话通信网（接入号为 17950）拨打中国电信的固定电话用户（被叫用户），在这次通话中，中国联通为呼叫接入运营商，中国移动为长途通信服务提供商，中国电信为呼叫落地用户接入运营商，呼叫处理过程中，需由三个电信运营企业的网络设备和资源协作完成。

跨运营商业务占用了多个运营商的通信资源，根据利益共享原则，各运营商之间需按一定规则进行结算。

3．选网业务的计费结算

当用户采用选网方式拨打长途电话时，主叫用户、被叫用户及用户所选择的长途通信网所涉及电信运营商都提供了通信服务，因而这次通信服务所产生的业务收入也应当由三个相关运营商分享。各运营商的利益通过计费和结算来实现分享。

目前流行的计费结算方式是，长途通信费由提供长途网络的运营商自行向用户收取，接入呼叫的运营商不负责长途话费的计费与收费服务，提供长途通信服务的运营商根据运营商之间的互连结算协议进行网间结算。

如果用户选择 IP 长途通信网通信，接入运营商自行向用户收取市话费，长途网络提供运营商向用户收取 IP 长途费，并在落地端与呼叫落地运商进行网间结算；如果用户选择跨运营商非 IP 长途通信网时（如 193 等），接入运营商不收取用户的任何费用，长途网络提供运营商向用户收取长途费，并在发起端结算与呼叫接入运营商进行网间结算，在落地端与呼叫落地运营商进行网间结算。

4．选网业务举例分析

下面以 VoIP 为例对选网业务的接续过程和计费结算方式进行分析，假设主叫用户利用中国电信的固定电话，用预付费卡方式选择中国联通的 IP 长途通信网与中国移动的被叫用户通话，图 4-8-2 所示为网络示意图，其中“呼叫接入 G”表示呼叫发起端中国电信的关口局，“网络接入 G”表示呼叫发起端中国联通关口局，“网络落地 G”表示落地端联通关口局（图中省略了发起端与落地端的 IP 网前置交换机），“呼叫落地 G”表示呼叫落地端中国移动关口局。拨打接续过程如下。

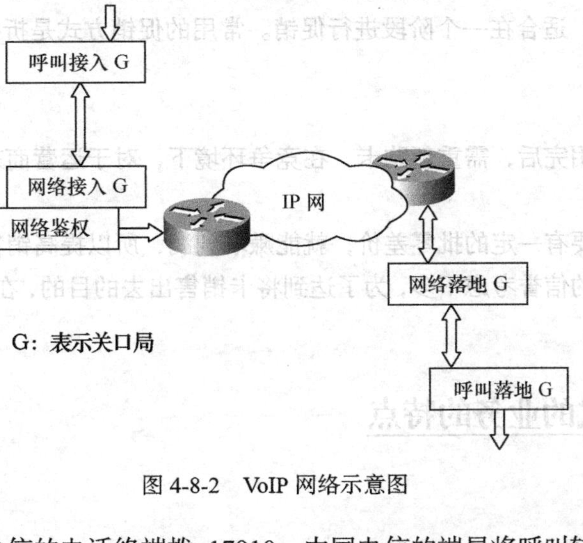

图 4-8-2　VoIP 网络示意图

（1）用户通过中国电信的电话终端拨 17910，中国电信的端局将呼叫转关口局（图中的呼叫接入 G），关口局根据识别号 17910，判断用户选择了中国联通的 IP 长途网，将呼叫转中国联通关口局（图中网络接入 G），关口局根据接入号“19710”将呼叫转智能网服务器，智能网服务器放语音通知，提示用户拨 IP 卡号、密码。

（2）用户根据智能网服务器的语音通知提示拨 IP 卡号、密码，中国联通的智能网服务器接收卡号、密码并进行鉴权，如果是合法账号且有足够的余额，则放拨号音提示用户拨打被叫号码。

（3）用户拨被叫号码，中国联通的智能网服务器接收被叫号码，通过前置交换机、路由器将呼叫接入 IP 网。

（4）中国联通落地端路由器接收到呼叫落地请求，并通过前置交换机、关口局（图中网络落地 G），与中国移动关口局（图中呼叫落地 G）建立一条落地话路。

（5）双方通话，语音信号通过 IP 分组在 IP 网上传递。

（6）挂机拆线，中国电信端局记录通话信息，中国联通智能网服务器计算长途话费，并在 IP 卡所对应的账户中扣款，中国联通落地端关口局、中国网通关口局记录结算话单。

以上通话过程中，中国电信的端局记录通话记录，向主叫用户计收市话费，中国联通的 IP 网智能服务器按 IP 资费（每分钟 0.30 元），在用户的 IP 卡上扣长途通话费，在落地端，中国联通、中国移动的关口局都需记录话单，作为双方结算依据（协议规定，中国联通按每分钟 0.06 元结算给中国移动）。

二、预付费卡方式的业务的特点

1．业务优势

卡业务结算方式简单，容易被用户接受。而且采用一手交钱，一手交货的交易方式，在使用过程中实时扣款、实时结算，用户使用比较放心。

销售过程中不需要用户身份资料，因此销售方式简单，适合在各种渠道销售，很容易激发销售量。

业务代理在代理卡业务时，一般采用批零差价作为销售佣金，销售结算简单明确，代理成本可大可小，适应性强，适合在一个阶段进行促销。常用的促销方式是折扣价，促销手段简单。

2．业务不足

用户卡内费用使用完后，需重新购卡，在竞争环境下，对于运营商来说业务不够稳定，很容易被同类业务取代。

业务代理人员只要有一定的批零差价，就能赚取利润，所以提高销售量是其唯一的目标，对售后服务及运营企业的信誉考虑不多，为了达到将卡销售出去的目的，在业务宣传时会有意误导，导致用户投诉。

三、注册方式的业务的特点

1．业务优势

采用注册方式的业务，用户一旦使用，就比较稳定。由于采用后付费缴费方式，用户与运营商了结业务关系，必须与运营商进行清算，手续比较麻烦，不容易被同类业务取代。

业务代理人发展业务后，需保持对客户的服务，运营商通常是根据代理人员服务的用户的业务量结算服务佣金的，代理人员随着服务对象的增加，业务量的增加，收入提高，当达到一定的量后，则会成为专事服务的准员工，长期为客户服务，进而在专心服务客户，同时扩大业务范围。

2．业务不足

因采用后付费方式，需登记用户资料并进行用户身份核对，所以销售渠道受限，业务推广相对困难。

业务代理人员对过所发展用户的出账业务量进行佣金结算，所以代理业务之初，会因为只有开支，没有收入而无法维持，所以业务代理渠道的门槛变高，不利于快速拓宽业务渠道扩大销售。

问题

1. 什么是选网业务？选网是如何实现的？
2. 请比较选网业务两种方式。
3. 如何进行选网业务的计费结算？请举例说明。

小结

1. 选网业务是用户在拨打长途电话时，根据自己的意愿选择长途通信网，实现通信目标，用户有选择长途通信网的权利，各运营商都必须允许用户选网拨打长途电话，用户选择长途电话网是通过加拨网络接入号实现的，各运营商有各自的长途电话网接入号。

2. 选网业务的鉴权方式有两种，一种为注册方式，另一种为预付费卡方式。

3. 选网业务大多数情况下是跨运营商业务，一次通话最多可能涉及三个运营商的互连，因此根据利益共享原则，各运营商之间需按一定规则进行结算。

4. 目前流行的计费结算方式是，长途通信费由提供长途网络的运营商自行向用户收取，接入呼叫的运营商不负责长途话费的计费与收费服务，提供长途通信服务的运营商根据运营商之间的互连结算协议进行网间结算。

四、思考与练习

1. 用户在选网业务中产生的费用是如何分配给各相关运营商的？举例说明。
2. 请举例说明用户在各种不同的选网方式下是如何连接和计费的？

第5单元

数据通信与Internet通信业务

第一讲　数据通信业务概要

一、目的与要求

通过本讲的学习，学生需了解数据通信的概念及特点，了解数字通信与数据通信之间的联系与区别，并熟悉数据通信业务的分类。

二、教学要点

本讲教学的重点是熟悉各种业务业务，并了解数据业务的特点。数字传输方式是一种先进的通信方式，数字化是通信业务发展的方向，熟悉数据业务的特点有利于理解数据传输的原理，以便更好地认识通信业务的数字化演变过程。

三、教学目标

概念识记：

- 数字通信
- 数据通信
- 窄带数据业务
- 宽带数据业务

知识技能要点：

- 数字通信与数据通信的关系
- 数据通信与语音通信的差异
- 数据通信业务处理的特点

一、数据通信的概念

数据通信通常被认为是计算机、计算机网络之间的通信。事实上，我们可以将数据通信的范围定义得更宽泛些，凡是可以通过编码实现信息传递的通信方式都可以认为是数据通信，这里所说的数据（data）指的是信息的形式。

我们知道，通信系统承载信息的信号方式有两种：一种是以连续不断的、信号幅度动态地随时间的变化而变化的信号，另一种是静态的、不连续的离散信号。前者可通过专门的传感器将原始信息转化为模拟的电信号（例如通过送话器将声音转化为电信号、通过摄像机将图像转化为电信号、通过录音磁头将音乐转化为电信号）在特定的通信系统中传递，适合于这样的信号传递的通信系统叫模拟通信系统，人们最熟悉的电话通信、广播电视通信是典型的模拟通信系统；后者是通过编码方式将信息转化为代码信号在通信系统中存储、转发、接收实现信息传递，例如文字、色彩、各种度量、各种状态信息和命令等可以编制成一定的编码，通过通信系统传递到远方，这种传递代码信息的通信系统叫数据通信系统，电报通信是典型的数据通信系统。

表 5-1-1 是美国国家标准委员会批准的、被国际标准化组织推广的一种信息交换代码，简称 ASCII（American Standard Card for Information Interchange）码。

表 5-1-1　　　　ASCII 代码表

$D_6D_5D_4$ / $D_3D_2D_1D_0$	000	001	010	011	100	101	110	111
0000	NUL	DLE	SP	0	@	P	、	p
0001	SOH	DC1	!	1	A	Q	a	q
0010	STX	DC2	“	2	B	R	b	r
0011	ETX	DC3	#	3	C	S	c	s
0100	EOT	DC4	$	4	D	T	d	t
0101	ENQ	NAK	%	5	E	U	e	u
0110	ACK	SYN	&	6	F	V	f	v
0111	BEL	ETB	’	7	G	W	g	w
1000	BS	CAN	(	8	H	X	h	x
1001	HT	EM	)	9	I	Y	i	y
1010	LF	SUB	*	:	J	Z	j	z
1011	VT	ESC	+	;	K	[	k	{
1100	FF	FS	,	<	L	\	l	|
1101	CR	GS	-	=	M	]	m	}
1110	SO	RS	.	>	N	^	n	～
1111	SI	US	/	?	O	-	o	DEL

ASCII 码用 7 位二进制数，定义了 128 个代码，其中从“0000000”～“0011111”的 32 个代码与最后一个代码是控制代码“1111111”，用作于通信过程的控制命令，如“0001101”即“CR”表示回车，控制对方的打印设备将打印头移到一行的起始位置，其他 95 个代码是可以打印或显示的字符，包括大小写字母、数字和常用符号，如“A”的编码是“1000001”，“a”的编码是“1100001”。

我们可以用同样的方式将汉字等信息编制成代码，当然，汉字的数量比较多，编码要复杂些。只要通信网络中的各种网元都遵守同一种编码方案，那么通过这种编码方式转换的代码就能被接收端复原，达到信息传递的目的。

事实上很多事物都是可以信息化编码的，只是采用什么样的编码更好些而已。

数据通信可以广义地认为是用于传递代码信息的通信方式。我们把这种需要通过编码来实现信息传递的通信业务叫做数据通信业务，数据信息传递的过程叫数据通信。数据通信具有与语音通信不同的传输特点。

二、数据通信与数字通信

数据（data）通信与数字（digital）通信是既相互关联又互相区别的概念，在日常应用中常常被混淆。数字通信是一种通信传输的技术，是一个传输层的概念，数字通信所关注的是如何实现信号的调制、变换、传输，如何保证传输质量，如何提高传输效率。说通俗些，数字通信技术关注的是如何更快、更好地将各种信息转化为“0”或“1”组成的二进制代码并传送到目的地。在传递过程中，数字通信系统并不关心二进制代码代表的什么信息，通信系统只起到运输的作用。数据通信是一种业务形式，是业务与应用层的概念，主要关注如何通过通信网络将信息从信源完整准确地传送到信宿。在数据通信层面，信息是很多个分组，每个信息组合代表一个完整的意义。

由于现代电子技术很适合二进制信号的调制、变换、传递，并在传递的过程中通过纠错、加密等方式提高传输质量，所以二进制数字传输技术得到了迅速的发展，并广泛地应用于现代通信系统，人们特别地将二进制数字传送技术叫数字通信技术。用于传送二进制数字信号的通信网叫做数字通信网。

图 5-1-1 所示为通信业务网与数字传输网的关系图，图中数字传输网是基础网络平台，承载二进制数字信号的接入与交换。数字传输网接入数据业务终端提供的信息，形成数据业务通信网。模拟信息经过数字化也能接入数字传输网进行信息交换。整个通信业务网既包括模拟通信业务，也包括接入数据通信业务。

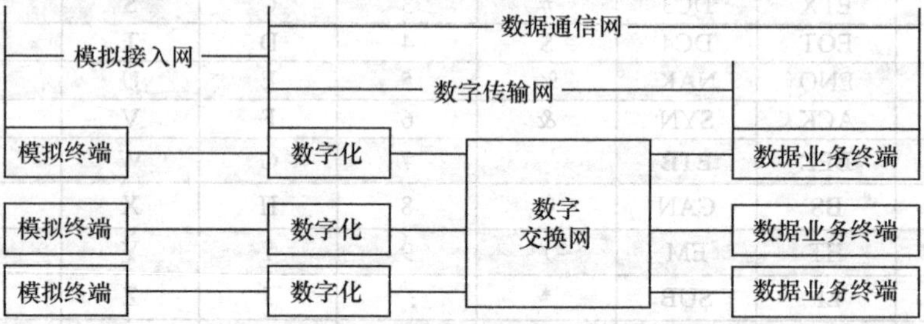

图 5-1-1　通信业务网与数字传输网关系图

所谓数字化，就是将各种信号转化为只有“0”和“1”的组成代码，比如用 4 位二进制数来表示，“0001”代表 1，“0010”代表 2，“0111”代表 7。当然，我们可以用同样的方式来代表语音信号的大小、灯光的亮度、光线的强弱、某一种色彩的强度等。将形形色色的信息用各种各样的手段转化为只有“0”和“1”组成的代码，就是信息的数字化。

数据业务终端是能将各种类型的信息转化为数字代码的智能设备，每一种数据业务终端能将一种以上的信息转化为数字代码。例如，数码照相机能将每一个扫描点的颜色、亮度等转化为数字信号，并保存在存储卡上，当将这些信息按扫描的次序打印在相纸上，就再现了照片。

提示

无论是模拟信息，还是数据信息，在现代通信系统中都可以通过信号的数字化处理转化为二进制代码，在数字通信系统中传送。模拟信息通信与数据信息通信的不同是采用不同的通信终端，将信源信息转化为适合于通信系统传递的信号。模拟通信终端可以将信息调制成为模拟信号在模拟通信系统中传递，也可以将模拟信息通过数字化，在数字通信系统中传递。数据通信终端更适合于将数据信息转换成数字信号在数字通信系统中传递。

三、数据通信的特点

数据通信系统与模拟通信系统比较，有很多不同的特点，主要有以下几条。

（1）通信在终端之间进行。我们比较熟悉的电话通信网，是典型的模拟通信系统，通信是在通话用户的双方进行的，通信系统传递的语音信号所代表的信息被通话用户发送和接收，通信节凑也由通话双方控制。数据通信通常是在通信终端之间进行，用户将需要传送的信息保存在数据通信终端上，与将通信终端中的信息传送出去是两个过程：用户必须将需要传送的信息预先输入到通信终端中，然后由通信终端根据通信系统的情况，在适当的时间，通过适当的方式从信源传送到信宿。通信终端之间需要根据预先的约定（通信协议），互相传送状态及控制信息（通信信令），建立通信链路，然后将信息在链路上传递。通信终端需要具备解释并自动执行通信协议与信令的能力。

（2）数据传输可靠性要求高。语音通信系统允许语音信息传递的过程中存在一定的失真及噪声干扰，但数据通信传送的是精确的数据信息，例如银行业务数据、军用自动控制系统的数据、航空航天控制信息、股票实时交易信息等，都必须保证数据的准确性，数据传送可靠性要求高，需要采用数据的验证与纠错技术。

（3）传输资源共享，按需分配，利用率高。数据的传输是通过数据报或分组交换的方式进行收发，多个数据业务可以在同一物理电路中传送数据报或分组（通过报头中的地址信息来分别），线路资源利用率比电路交换高。电路交换需要将信息的收发方用一条独占的电路连接起来，在通信期间，这条电路只能传送连接双方的信息传递，这如同一条输送管道，虽然管道可以用来传送水、传送油、传送其他的流体，但在一定时间内只能传送一种物体，管道的利用率取决于信息传送过程中间隙的多少。我们打电话时，每一句话讲完了之后会有停顿，通信系统并不能在停顿期间将电路分配给其他通信用户使用，这种停顿越多，线路利用率越低。数据通信采用打包的方式将数据信息包装成很多"包裹"，每一个"包裹"都有一个收发地址的"标签"，通信系统根据"标签"将信息分发到指定的数据终端，实现通信，这就好比将各种货物打包后通过火车运输，火车承载的货物包裹可大可小，一列火车可以传递多个目标地址不同的"包裹"，同样一宗货物可以装成多个"包裹"在不同的火车上传送，这种方式可以最大限度地提高传输资源利用率。

（4）存储转发，路由灵活。数据业务采用的是存储转发的传输方式，也就是说，数据业务终端或中继设备在收到数据报后，先保存在存储设备中，等待电路有空闲时分配传输电路，当收发双方没有直达电路时，可以通过分段转发，实现信息传送，因此传输路由十分灵活。

（5）非实时传送，允许存在时延。由于数据业务传输并不是采用收发双方直接分配直达电路方式，没有分配专用电路，而是采用分段存储转发实现信息传送，所以在等待电路并转发的过程中，常常允许时延，如果某种业务要求实时传输，但传输电路比较紧张时，无法在允许的时延内传递到目标地址，可能产生"丢包"，使传输质量下降。

问题

数据通信存储传发的传输资源分配方式，有利于提高传输资源的利用率，试分析当传输系统具备怎样的条件时，能保证数据信息传输既准确，又迅速，实现实时传送？

四、数据通信的分类

数据通信是一种很好的通信方式，一方面能根据业务的需要分配宝贵的传输资源，提高传输资源的利用率，另一方面在传输过程中通过验证、纠错、加密，保证传输信息的准确性和安全性。此外，数据传输采用分组交换，将数据信息分解成为很小的分组，既能传输信息量大的业务，又能传输信息量小的业务，通信适应性很强，所以数据通信作为一种安全可靠、灵活有效的通信方式，得到推崇。但是现代通信技术的发展过程中，首先解决的是基于话路交换的语音通信的问题，电路交换通信系统首先成为现代通信系统的基础平台。虽然，数据通信在理论上更先进，但数字交换技术的发展落后于基于电路交换的模拟语音通信的发展。

随着数字电子芯片技术的快速发展，芯片的集成度及芯片处理与运算能力不断提高，使骨干传输网络的传输质量、传输能力、数字交换能力及数据终端的数据采集与变换能力、接入能力有了很大的提高，解决了应用表达层面和传输交换层面曾经影响数据通信发展的困难，数字分组交换将逐渐替代电路交换，成为综合业务传输平台。

数据通信的业务分类无法回避通信业务发展过程中留下的历史痕迹。

1. 按传输带宽分类

按传输带宽分类，数据通信可分窄带数据业务和宽带数据业务。

站在今天的位置来看，按传输带宽来分类数据业务似乎是不可理解的，数据业务适应各种带宽。但由于电话通信系统先于数据通信系统得到了可以用汹涌之势来形容的快速发展，以话路为基本单位进行通信资源的安排是理所当然的。根据话路的基本带宽为参照点，将数据通信分为窄带与宽带也就顺理成章了。凡是所需传输带宽小于基本话路的传输带宽（基带）的数据业务，可以在以话路交换为基础的电话通信网中直接传输的业务叫窄带数据业务，高于基带速率的数据业务叫宽带数据业务。

在窄带的条件下，传输电路单位时间内传送的信息量受到话路带宽的限制，这种数据通信系统能提供低速数据信息的实时传送，而信息量大的数据业务只能通过拉长传输时间，进行延时传输。

为了能通过电路交换系统实时传送高速数据，对电路交换系统进行改进，将多个话路分配给同一个（或一组）数据通信用户，曾是实现宽带数据传输的一种解决方式。

随着光通信传输能力、传输质量的提高，传输机制发生了较大的变化，SDH、ATM 系统都能支持高速数据的传送需要，为宽带数据通信提供传输基础。

2. 按接入介质分类

按接入介质分类，业务通信可分为有线接入和无线接入。

有线接入是指数据通信终端通过有线电路与数据传输网相连。有线接入网可以是铜缆，如电话线，现在最常见的是 ADSL、VDSL 等。

无线接入是指数据终端通过无线电路与数据传输网相连，无线接入方式常见的有 WLAN 和手机终端接入。WLAN 主要用于无线局域网，无线终端利用IEEE 802.11 协议通过无线接入点（Access Point，AP）与局域网相连；手机终端接入方式是通过移动通信信道接入 Internet，实现手机终端与 Internet 的信息交换。手机终端接入曾采用 WAP、GPRS、cdma2000 1x 等方式，目前 3G 方式成了各运营商主推的无线宽带接入方式。根据行业主管部门的规划，中国移动采用 TD-SCDMA 制式的 3G 网络，中国电信采用 CDMA 2000 制式的 3G 网络，中国联通采用 WCDMA 制式的 3G 网络。

3. 按信息形式分类

（1）电报通信：电报通信用来传送文字信息的通信系统。电报通信终端没有能力将文字直接转化为适用于通信系统传送的形式，电报通信需要报务员将文字转化为适合通信系统传送的编码，即电报码，然后输入通信终端，并进行电报码的发送、接收或转发，在收报局将电报码复原成文字信息，进行封缮投递。

（2）图像通信：图像通信用来传递图像、图表及文件的扫描件等信息，传真电报是应用最多的图像通信。传真电报是将静止图文进行打描，将每一个扫描点进行编码，并将扫描点的信息连续发送、转发和接收，在收报局，将电报码复原成文字信息，进行封缮投递。传真电报与普通电报不同的是，普通电报所传送的文字是数量有限的文字集合，可以用一定数量的代码——编码区别，而传真的对象是一张图片，只能将图片切割成很小一点，然后将每一个点进行编码。图片上的点的编码可以简单些也可以复杂些，采用简单编码方式传递图片时所需要的编码也简单些，比如真迹传真用“0”和“1”分别代表是黑点或白点，而采用复杂的编码方式传真图片时，编码信息较丰富，编码位数较多，例如现在广泛使用的传真机能将图片上的点用多位二进制数区别点的颜色、颜色的深度等信息。

（3）可视图文通信：可视图文通信是用来传递运动图像的通信形式。在可视图文通信的发送端，摄像机将图文对象按一定的间隔对摄影对象进行扫描，并按次序发送到接收端，接收端将收到的扫描信号按发送端的次序，重新在显示设备（如电视机）上呈现出来，就能形成动作的图像。

（4）多媒体通信：多媒体通信是通信系统将图像、声音、文字、数据等信息同时传送到接收端，接收按发送端采集的次序重新展示出来的通信系统。在多媒体通信中，图像、声音、文字、数据是通过不同的采集编码设备采集的，在接收端需要采用不同的展现设备重现，例如，用多媒体通信系统传送一段视频信号，至少需要摄像机采集运动的图像和用麦克风采集声音信息，在接收端需要用显示器显示运动图像并用喇叭再现声音。

4. 按服务方式分类

（1）承载业务：利用通信系统的基础网络为数据通信用户提供通信资源，为用户的数据终端提供传输通道。这种通道分有连接的通道和无连接的通道。所谓有连接，是指通信终端之间有物理的或逻辑的数据链路相连，每次通信需通过信令建立链路，通信结束释放链路。无连接方式没有固定的链路连接数据终端，而是与所有接入终端共享数据通道，系统通过封装在数据包中的地址信息寻址数据终端并收发信息。承载业务只向用户提供了传输相关的功能，用户必须根据应用本身的需要制定交互协议，开发数据业务终端的软件和硬件系统。

（2）数据接入业务：数据接入业务是指用户接入已有的数据业务网，使用向公众开放的数据业务。接入业务已具有比较标准统一的业务规范和终端设备，用户只要购买终端设备，在数据业务网络开通相应的业务就能使用现存的数据业务。现有通信网络能提供的业务有数据电话、传真、可视图文、会议电视等。

（3）数据业务应用：数据业务应用是利用数据业务平台开发的解决特定应用的业务产品，数据业务应用系统不仅规范了数据业务终端之间的协议，同时还为通信用户提供内容，比如电子邮箱、信息查询系统等，这些应用都使用计算机网络系统，并用电脑作为通信终端。电子邮箱是专门为邮件服务提供的应用系统，定义了邮件处理的各种操作规范。信息检索通过专用的网络查询与阅读工具在网络上搜索需要的信息。

承载业务提供的是数据通信传输层的通信功能，数据接入业务提供的是业务层的通信功能，而数据业务应用是提供应用层的通信业务。

五、数据通信业务处理流程分析

与电话通信业务相比，数据通信业务处理相对复杂。

电话在通信系统提供的是单一的接入方式，接口标准化程度非常高，当电话用户线入户后，用户只要接上电话机就能使用通信功能，而数据通信则不一样，不同层面的数据通信业务的标准化程度不同，通信接口与应用操作定义也不一样，特别是承载业务只提供一些低层接口，终端设置和调试需要专业技术人员的支持。

不同于电话通信业务，数据业务处理还需要特别注意以下几个问题。

（1）传输速率与计费。用户可以根据应用系统的需要，分配不同速率的传输资源，不同速率的电路资源的通信费率不同。

（2）通信费与资源占用费。由于数据通信业务最早是在电话通信系统中开放的，在电话通信系统中开放数据业务常常需要增加不同于普通电话的接入端口，甚至需要提供相应的数据业务处理模块，因此数据业务主收费包括两个部分。

① 通信费：用户占用传输资源所需承担的费用。如果用户租用传输电路，则电路将被用户完全占用，相关电路资源不能为其他用户提供传输，所以一般采用月租金的方式计费。

② 端口使用费：在电话通信网中提供数据业务，需额外增加数据端口，所以用户需要租用端口，端口使用费一般采用月租金方式计费。

（3）安装与调试。数据通信业务终端安装相对于电话终端的安排要复杂些，需要专职人员进行安装、系统配置与终端调试，所以在装机开通时可以一次性收取安装调试的工料费及联网调试费。

小结

数据通信传输方式是一种先进的通信方式，具有可靠性高、资源利用率高、路由分配方式灵活等特点。

随着高速数字传输网的完善，以分组交换为特色的数据通信将逐渐替代电路和交换网，向三网合一的方向发展。

由于电信业务发展过程中，数据通信业务由于技术的原因，没有形成完全独立的网络，而是附着在电话通信网上的，所以在整个业务处理系统中，数据业务处理方式与语音业务处理有一定差别。

六、思考与练习

1. 请阐述数据通信与数字通信的关系。
2. 请上网搜索“ISDN”，指出 ISDN 的含义。

第二讲 数据通信业务举例

一、目的与要求

本讲通过对电报通信、传真通信、可视业务及移动数据业务的分析，使学生进一步加深对数据业务的理解，一方面了解数据通信业务涉及的范围，另一方面了解数据通信对通信业务发展可能带来的影响。

二、教学要点

本讲教学的重点是通过具体数据业务的介绍，熟悉数据通信存储转发的交换方式，了解数据报或数据分组在存储转发时涉及的地址、路由、时延等相关的概念，探讨处理的流程。

三、教学目标

概念识记：

- WAP
- WLAN

知识技能要点：

- 从电报通信处理过程了解数据通信的特点
- 了解无线业务业务的优势

数据通信业务是一个古老的业务，电报通信是数据通信的原型，所以尽管电报通信已逐渐被更快捷、更方便的其他通信方式所代替，但作为数据通信的原型，电报通信的基本技术在现代数据通信体统中得以保留。

一、电报通信业务分析

1. 电报业务分类

由于电报业务曾经在人们的生产生活中发挥过很重要的作用，曾经是邮电通信的重要业务，所以具有完整的分类体系。

（1）按电报用户分，电报通信业务可分为公众电报、用户电报。所谓公众电报，就是单位或个人将所需传送的电报纸质文稿交电信运营商，由电信运营商的专业人员（报务员）将纸质文稿进行处理，转变成能在电报通信系统中传送的形式，并通过电报通信系统进行发报、收报、投递等通信作业。用户电报是指特定的单位用户自备报务员及电报通信终端，用户单位自行将报文转变成为适合电报通信系统传送的形式，并通过专用电报线路接入公众电报通信系统，由电信部门将之转发并投递到收报人手中或另一用户电报用户的终端上。

（2）按业务性质分，电报通信业务可分为普通电报、天气电报、水情电报、公益电报、政务电报、新闻电报、汇款电报、公电电报等。

普通电报是指一般的公众电报用户要求发送的电报，按基本的通信规程进行处理。

天气电报是指气象部门、气象站之间用来传送气象消息的电报。由于气象消息对及时准确地发布气象预报具有重要的意义，必须以最快的速度及时送到相关部门，电信部门必须保障气象电报的及时性。

水情电报是指防汛机构、水文站等用来传送有关雨水情况、水情、水文预报等信息的电报。

公益电报是电信部门为交通部门、工矿、森林、气象、防汛、地震监测、卫生防疫部门等机构，在紧急情况下提供的通信保障的电报业务。

政务电报是指各级党政机关因公务需要发送的国内电报及与驻外机构改革之间的国际电报。

新闻电报是指新闻机构、各级宣传部门、记者为报道新闻事件所需传送的新闻稿件。

汇款电报是指银行、金融机构交发的汇兑信息。

公电电报是指电信部门内部因内部公务需要交发的电报。

（3）按收发双方所在的地区分，可将电报分为国内电报、港澳台电报及国际电报。港澳台电

报及国际电报由于涉及跨运营商业务，需进行业务转接与结算，

（4）在移动通信系统得到广泛应用之前，与移动体上用户的通信十分不便，船舶电报是通过无线方式，与船舶上的用户进行无线通信的电报业务。

2．电报的基本组成

一份电报通常由报头、收报人名址、正文和发报人署名四部分组成。

（1）报头，顾名思义就是一封电报的开头部分，主要包括机上流水、报类、发报局、原来号数、字数、日期、时间、备注 8 项内容。在电报通信系统中，电报是一封接着一封地发送的，那么接收端如何判断上一封电报的电文在那儿结束，下一封电报的电文从那儿开始呢？格式化的报头通常作为电报通信系统收发双方约定的一封新电报的起始标志。

（2）收报人名址主要包括特别业务标识、收报人地址和姓名、收报局名等信息。

（3）正文是电报所需要传送的信息。

（4）署名是发报人将地址、姓名等信息写在电报的最后。

从电报的组成中我们可以看出，电报的组成实际上包括两类信息，一部分是需要电报通信系统传输的信息（正文），另一部分是将电报准确及时送达的控制信息（如收报人名址控制送达目标，字数控制电文长短，特别业务标识控制电报是否需要比如加急之类的特别处理，发报人地址的作用是如果通信失败，可以将失败信息及电报原文通知发报人）

小贴士

数据通信沿用了电报通信的基本结构，每一个数据报都由报头、正文、报尾组成。报头部分包括收发终端的识别信息及报文的长度，报尾部分包括对报文的校验信息。一个数据报是一个完整的结构，通信系统可以利用随正文发送的控制信息的分析判断，对报文进行正确的处理。

3．电报通信的处理流程

（1）电报受理。要求发报的用户根据规定的格式，填写电报稿，营业人员检查电报稿是否填写完整，并根据正文字数，收取通信费用。

（2）报务员将电报稿进行译码，将汉字翻译成为电报码。

（3）将电报码输入，等待发报。在计算机普及应用之前，电报信息是利用凿孔纸条保存的，报务员通过电传机将译好的电码通过电传输入，电传将输入的电码按一定的规则自动在纸条上凿孔（孔的不同个数与位置代表不同的数字、字母或控制命令），将信息以凿孔的方式保存在纸条上。由于报务员的输入速度慢于发报传输速度，为了提高电报通信线路的利用率，电报发送采用流水作业的方式。

（4）发报。发报是当电报接收局或中转局接收机能接收电报时，发送局发报机将已保存在凿孔纸带上的电报信息发送出去。发报机能正确读取凿孔纸带上的电报码，并转换成电信号通过电报电路进行传递。

（5）转报。转报就是电报转发。为了提高电报电路传输效率，电报的收发双方并不是通过直达电报电路传送的，通常需要在转报中心进行分拣转发，比如绍兴局可能接收到发往上海、北京、广州、成都甚至美国等地的电报，而绍兴不可能与每一个接收局都有直达的电报电路，一般的做法是绍兴局将发往各地的电报全部发到杭州，而杭州分别将来自浙江省各地发往上海、北京、广州、成都以及其他方向的电报进行分拣，将发作往同一方向的电报集中（比如北京），通过特定电报电路发送出去。

因而，杭州局将来自各地的电报保存起来，并按不同的方向进行分拣，当某一方向的电报达到一定数量时连续发送出去，这个过程叫转报。值得注意的是，转报并不一定是即收即发的，允许在转发局保存，在电路允许的情况下发送，所以电报通信的转发并没有要求实时完成。另外，电报通信的传送路径也可以是不固定的，绍兴发往北京的电报可以通过杭州到北京的直达报路，也可以通过上海转发。

（6）收报。收报是指电报接收局将发报或转报局发过来的电码通过收报设备接收下来，并保存在凿孔纸带上并打印出来，报务员将电码译成对应的文字，并进行封缮，准备交付投递。

（7）投递。将电报交付投递员，送到收报人手里。

随着通信资源的不断丰富，电报通信已基本退出通信舞台，已被更方便、更快捷的其他通信方式所替代。电报通信的复杂流程也被更方便的智能通信设备替代。然而，当人们对曾经在商务往来、政令发布、信息发布中发挥重要作用的电报通信渐渐淡忘时，电报通信系统建立起来的通信规范与方式却并没有消失，基于数据报、数据分组交换的数据通信实际上是电报通信系统的提高与完善。将电报通信输入方式多元化（比如汉字可以用多种编码方式录入）、译码与转发过程的自动化、报文呈现方式多样化，就是事实上的数据通信。

二、传真业务

传真是电报业务的一种，俗称传真电报。所谓传真，是将需要通过通信系统传送的图文稿通过扫描方式将文稿分割成为很多点（点阵），将每一个点的色泽明暗等信息转化为电信号并传送到接收端，由接收端按相同的次序显示、打印出来。

1. 真迹传真

真迹传真主要是将用户交发的文字、文件、合同、图表搞件等资料按原样发送到收报地，并由收报局封缮后，投送到收报人的通信方式。真迹传真是传真的早期形式，由于受通信传输资源紧张、传输速度较慢的因素的影响，真迹传真系统的传送信息量较小，每个扫描点的信息只占一位二进制数，表示黑点与白点而不能区分颜色的浓淡深浅。

2. 图文传真

图文传真也是将用户交发的文字、文件、合同、图表稿件等资料按原样发送到收报地，与真迹传真不同的是，图文传真用多位二进制数来反映一个扫描点的信息，由于采用多位二进制方式，在传输信息中可以反映每一个扫描点不同的色彩、不同色度，使接收端复原的图文信息十分逼真。

图文传真业务的发展主要得益于传真机技术的发展。目前广泛使用的传真机终端采用电话线接入，能通过拨号方式自动收发传真，使用方便，传真质量高。

传真业务的资费是以所传的图文页面计费的，但由于传真用户一般采用自备传真机，所以传真业务的通信费按固定电话费率计收。

由于 Internet 应用的快速发展，大量图文传真业务被电子邮件替代，传真业务已出现萎缩。

三、可视业务

传真业务只能传送静止图像，而可视业务则可以传送运动的图像，可视电话是为了实现远距离的用户进行面对面交流。

1．可视电话

可视电话是一种利用现有通信网实时传送双向语音和图像进行会话的通信业务，通话双方在通话时，利用摄像头实拍图像，并将图像信息加入通信信号之中。由于图像信息的加入，一方面使通信双方在通话过程中具有身临其境的感觉，另一方面使通信业务所需传送的信息量大大增加。

可视电话分静态图像可视电话和活动图像可视电话。静态图像可视电话传送到对方的图像是静止的，而活动图像可视电话传送的是活动的图像，但由于传送能力所限，每秒钟传送的图像帧数较少，活动图像的“活动”不流畅。

可视电话业务需求是迫切的，但由于电话通信网的话路带宽与高质量的图像传输要求存在难以克服的矛盾，所以可视电话的发展并不理想。现有电话通信网是基于话路交换的，传输资源分配机制是以话路为基础的，在这样的网络背景下可视电话的发展目标是确保低速率下有较好的图像传输质量、低成本的用户终端和传输代价。H.263 建议作为低比特率多媒体可视电话终端的国际标准被业界采纳。宽带通信网络的快速发展，为高质量活动图像可视电话的应用创造了有利条件，将成为可视电话原发展方向。

2．会议电视

会议电视业务是用通信线路将多个地点的会议室连接起来，以电视方式将会场信息，如语音、图像、图表等会议资料传送到各分会场。

会议电视系统是将会议电视终端、多点控制器（MCU）等设备用传输线路进行连接成网。会议电视终端包括摄像器、视频显示器（如电视机）、会议控制终端组成，多点控制器负责会场视频、音频信号的管理、分发与会场切换。会议电视可以方便灵活地显示各分会场的信息，或切换会场。

会议电视系统分专用会议电视网和公众会议电视网。专用会议电视网是某单位或行业用户自购自建的会议电视系统，比如公安部门、银行等企事业为了内部联络的需要，建设自有会议电视系统，将各分支机构连网，并利用会议电视网组织会议、业务培训。公众会议电视网是电信运营商为了开展会议电视业务，建设规范庞大的会议电视网，会议电视用户可以通过接入公众会议电视网，与网上用户通过拨号方式接续，组织会议。专用会议电视系统的优点是采用专用的设备线路，系统不受任何外部限制，不足是投资大、设备利用率低、维护成本高，并且只能局限于连网用户之间组织会议。公众会议电视系统的优点是，网络能提供庞大的会议控制和传输资源，用户只需将会议终端接入到公众会议电视系统，投资小、维护工作量小、设备利用率高，用户可以通过拨号与任何接入用户进行视频联系。

四、移动数据业务

1．WAP

WAP（Wireless Application Protocol）是一种移动通信终端访问 Internet 内容开放式协议标准，是简化的无线 Internet 协议。WAP 将 Internet 和移动电话技术结合起来，通过手机浏览器浏览 WAP 站点的服务，手机用户可随时随地访问互联网络资源，享受新闻浏览、股票查询、邮件收发、在线游戏、聊天等多种应用服务。

WAP 支持窄带数据传送，由于移动通信信道传输速率较低、手机显示屏较小，所以只能传送少量的信息。

2. WLAN

WLAN 是 Wireless Local Area Network 即无线局域网的缩写，其本质是使用无线通信技术将计算机接入局域网。无线的连接方式，使网络的构建和终端的移动更加方便灵活。WLAN 可以简单地理解为用无线信道替代“网线”将计算机与网络进行连接。

在同一建筑物内，移动终端（如笔记本电脑、PDA）只要安装了无线适配器，就能在办公场所自由移动而保持与网络的连接。即使是台式电脑，使用无线接入也能带来很多便利，办公桌位置的变动不会受到网络接口或网线的牵连和限制，办公人员增加也用不着为网络端口不够而发愁。

无线局域网从某意义上改变了局域网的定义，由于通信范围受环境条件的限制少，网络的传输范围大幅度拓宽，有线局域网的传输距离一般不超过 500m，而无线局域网的覆盖距离可达几公里，使相离几公里的大楼内的通信终端可以集成在同一个局域网内。

无线局域的最大优势在于接入的便利，终端与网络之间不需要布线，可以避免很多布线工作中可能遇到的困难。比如森林火灾监控、污水排放监控、交通道路监控，这些监控点地点分散，接入距离长，如果采用有线接入，施工维护困难、接入成本很大。城市道路发行后，各种线路都必须下地，不允许布放明线，因此并不能保证每座楼宇都能实现有线接入。

对于临时活动现场，或流动工作人员，无线接入所带来的便利更是不言而喻的。

目前，无线局域网应用最广泛的技术是 Wi-Fi 和移动通信系统，相比而言 Wi-Fi 系统传输速率高，需在人员集中的地方设置“热点”，而移动通信系统已具备覆盖良好的无线网络，能提供从城镇到乡村的广度覆盖。移动通信系统提供的接入方式有 GPRS、cdma2000 1x 以及各运营商正在全力推广的 3G 网络。

小贴士

GPRS、cdma 2000 1x、3G

GPRS（General Packet Radio Service，通用无线分组业务）是一种基于 GSM 系统的无线分组交换技术，提供端到端的、广域的无线 IP 连接。每个 GSM 系统的无线信道数据传输速度为 9600B/S，GPRS 将多个无线信道进行捆绑，提供高速数据传送。

cdma 2000 1x 是 cdma2000 的第一阶段，单载波最高上下行速率可以达到 153.6kbit/s，并且支持语音业务和分组业务的并发。由于采用码分多址方式，可以平滑地过渡到 3G 标准的 cdma2000。

3G（3rd Generation），即第三代数字通信，与前两代的主要区别是在传输语音和数据信道的带宽提高了，它能够传送图像、音乐、视频流等多种媒体形式，提供包括网页浏览、电话会议、电子商务等多种信息服务。国际电联制定了“IMT-2000”（国际移动电话 2000）标准，该标准规定，移动终端以车速移动时，其传转数据速率为 144kbit/s，室外静止或步行时速率为 384kbit/s，而室内为 2Mbit/s。国际电信联盟（ITU）认定 3G 通信的三大主流无线接口标准分别是 WCDMA（宽频码分多重存取）、cdma2000（多载波分复用扩频调制）和 TD-SCDMA（时分同步码分多址接入）。

小结

电报是数据通信的数据报交换、分组交换的基本数据结构，电报通信中存储转发的交换方式是数据交换的基础，所以了解电报通信的报文处理及通信过程能对学习数据通信提供帮助。

当数字通信网的传输质量、传输带宽等影响数据处理能力的困难得到解决后，数据通信方式已经具有实时传送包括可视图文在内的信息，综合数据业务网将摆脱传输的瓶颈在宽带的平台上成为新的现实。

五、思考与练习

1. 请根据电报通信的处理和通信过程，分析数据通信终端、数据交换系统可能需要做哪些工作。
2. 请上网搜索“MPLS”，了解 MPLS 的意义及相关知识。

第三讲 Internet 通信业务

一、目的与要求

通过本讲学习，使学生了解 Internet 的基础知识，熟悉局域网、广域网的概念及相互关系，对 OSI 七层模型与相关的协议有一定的认识，了解客户端常见的网络元素，了解电信运营商现阶段经营的主要 Internet 相关业务。

二、教学要点

本讲教学的重点是通过 Internet 相关知识的学习，建立起 Internet 的基本网络模型，了解组成网络的基本要素。

三、教学目标

概念识记：

- 局域网
- 广域网
- IP 地址
- 域名
- 子网掩码

知识技能要点：

- 了解 OSI 七层模型
- 了解 Internet 的常用接入方式

一、Internet 通信简介

1. Internet 的概念

Internet 通信也叫因特网通信，是利用通信设备和通信线路将世界各地功能相对独立的数以千万计的计算机及网络系统互相连接起来，通过功能完善的网络软件（网络通信协议、网络操作系统等）实现网络资源共享和信息交换的数据通信网。

Internet 是一个重要的数据传输平台，也是一个业务网络，能利用 IP 技术，将各种类型的网络或主机产生的 IP 数据包传送到目标网络或主机。

具有 Internet 数据传送业务经营权的网络运营商通过建立覆盖良好的国内骨干网络，并通过国际出口实现国际网络互连，并为 Internet 用户提供接入平台。我国各大电信运营商都具有 Internet 数据传输业务经营权，可以为 Internet 用户提供终端接入服务，也可以直接向终端用户提供 Internet 接入服务。Internet 数据传送业务可以在同一个运营者的网络内完成，也可以利用不同运营者的网络共同完成。

各主流电信运营商作为 Internet 数据传送业务经营者，所建设的骨干网络是国内信息高速公路的基础设施，为所有需接入 Internet 的单位和个人提供免费的数据传输服务，同时，建设用户驻地网、有线接入网、城域网等基础接入网设施，为公众及单位团体的网络和终端提供付费接入服务。

为了提高网络的应用价值，丰富网络内涵，电信运营商开发了大量的基于 Internet 的应用平台，如电子邮箱、网络存储等。这些平台通常需要投入大量的资金，用户如果自行建设并维护这些应用，则投资效益较低，而采用专业化服务的公众平台既能节约用户的成本，又能提高设备的利用率，如基于 Internet 的国际会议电视和图像传输系统等。

2. Internet 基础知识

（1）网络结构

网络是将计算机或计算机系统用电缆线路连接起来，组成一个网络的计算机可能是三五台，也可以是成千上万台。

如果要连网的计算机集中在位置相对集中的一个物理场所，如一个办公室、一座大楼，可以组成一个局域网，如图 5-3-1 所示；如果要连网的计算机分布在几个城市，需要采用广域网方式连网。

目前用得最多的局域网是以太网，利用双绞线将计算机与网络总线相连。局域网的特点是传输线路短、传输速度快。

不同城市、不同类型的网络相连，需采用广域网方式。广域网的通信距离长、传输速率相对于局域网慢。广域网的连接线路一般采用帧中继或 ATM 分组交换。

广域网是一个非常庞杂的系统，需利用开放性协议进行互连。如果在北京、天津、上海的某一大楼内的局域网用户之间要相互访问，如图 5-3-2 所示，就必须通过 Internet 传递访问请求与响应信息。

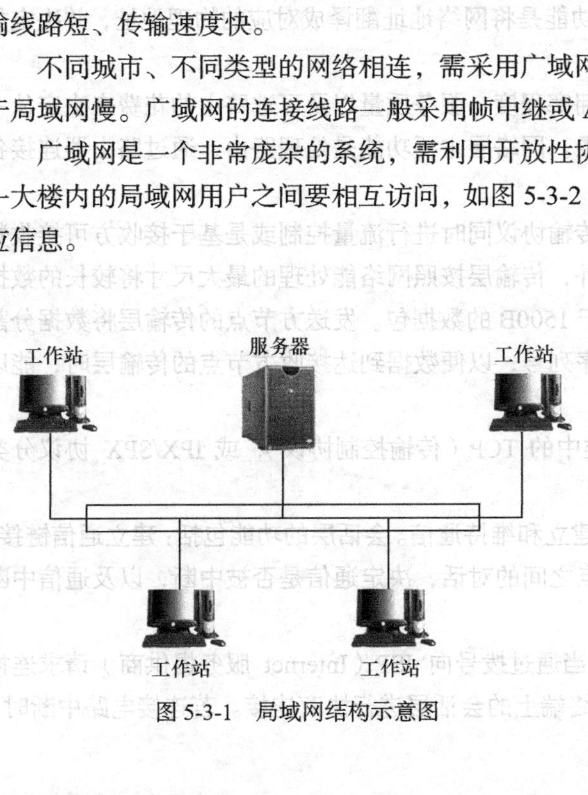

图 5-3-1　局域网结构示意图

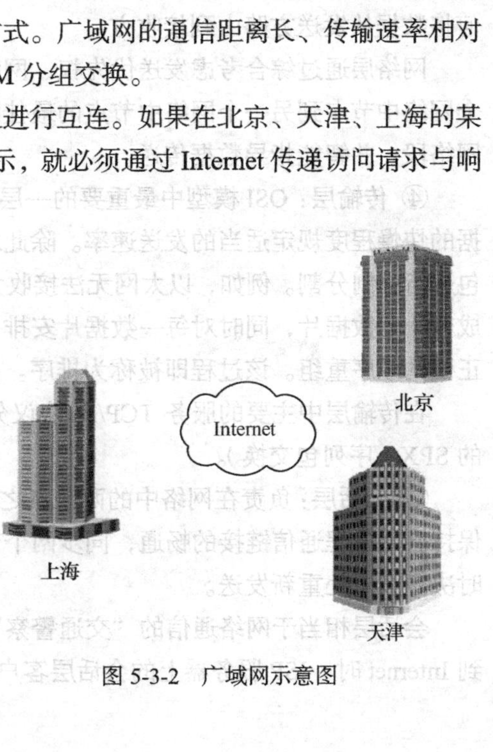

图 5-3-2　广域网示意图

广域网能提供各种网络之间的信息交换，条件是接入广域网的计算机或局域网都具有处理与Internet技术有关协议的能力。

（2）OSI七层模型与网络协议

图5-3-3所示是OSI七层模型示意图。

OSI七层模型称为开放式系统互联参考模型，是一种框架性的设计方法。

OSI七层模型通过7个层次化的结构模型使不同系统不同网络之间实现可靠的通信，因此其最主要的功能使就是帮助不同类型的主机实现数据传输。

① 物理层：OSI模型的最低层或第一层，该层包括物理连网介质，如电缆连线连接器。物理层的协议产生并检测电压以便发送和接收携带数据的信号。在电脑上插入网络接口卡，就建立了计算机连网的基础。物理层不提供纠错服务，但它能够设定数据传输速率并监测数据出错率。

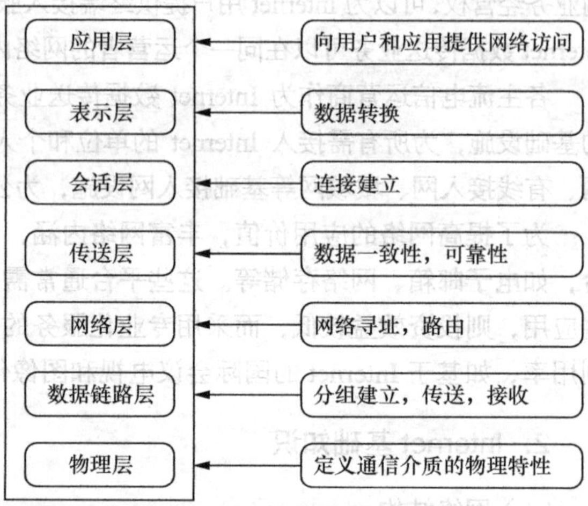

图5-3-3　OSI七层模型的功能

② 数据链路层：OSI模型的第2层，它控制网络层与物理层之间的通信。它的主要功能是如何在不可靠的物理线路上进行数据的可靠传递。为了保证传输，从网络层接收到的数据被分割成特定的可被物理层传输的帧。帧是用来移动数据的结构包，它不仅包括原始数据，还包括发送方和接收方的网络地址以及纠错和控制信息。其中的地址确定了帧将发送到何处，而纠错和控制信息则确保帧无差错到达。

③ 网络层：OSI模型的第3层，其主要功能是将网络地址翻译成对应的物理地址，并决定如何将数据从发送方路由到接收方。

网络层通过综合考虑发送优先权、网络拥塞程度、服务质量以及可选路由的花费来决定从一个网络中节点到另一个网络中节点的最佳路径。网络层主要功能是处理路由，通过路由器连接各网络段，并智能指导数据传送。

④ 传输层：OSI模型中最重要的一层。传输协议同时进行流量控制或是基于接收方可接收数据的快慢程度规定适当的发送速率。除此之外，传输层按照网络能处理的最大尺寸将较长的数据包进行强制分割。例如，以太网无法接收大于1500B的数据包。发送方节点的传输层将数据分割成较小的数据片，同时对每一数据片安排一序列号，以便数据到达接收方节点的传输层时，能以正确的顺序重组。该过程即被称为排序。

在传输层中主要的服务TCP/IP协议分类中的TCP（传输控制协议），或IPX/SPX协议分类的SPX（序列包交换）。

⑤ 会话层：负责在网络中的两节点之间建立和维持通信。会话层的功能包括：建立通信链接，保持会话过程通信链接的畅通，同步两个节点之间的对话，决定通信是否被中断，以及通信中断时决定从何处重新发送。

会话层相当于网络通信的“交通警察”。当通过拨号向ISP（Internet服务提供商）请求连接到Internet时，ISP服务器上的会话层客户机终端上的会话层进行协商连接。若连接电路中断时，

终端上的会话层将检测到连接中断并重新发起连接。会话层通过决定节点通信的优先级和通信时间的长短来设置通信期限

⑥ 表示层：应用程序和网络之间的翻译官，在表示层，数据将按照网络能理解的方案进行格式化，这种格式化也因所使用网络的类型不同而不同。

表示层管理数据的解密与加密，如系统口令的处理。例如，在 Internet 上查询银行账户，使用的即是一种安全连接，账户数据在发送前被加密，在网络的另一端，表示层将对接收到的数据解密。此外，表示层协议还对图片和文件格式信息进行解码和编码。

⑦ 应用层：负责对软件提供接口以使程序能使用网络服务，应用层提供的服务包括文件传输、文件管理以及电子邮件的信息处理。

图 5-3-4 所示是目前常见的网络协议与 OSI 七层模型的对应关系。从图中可以看到，传输层以下的协议与 OSI 模型的对应关系比较一致，而上层协议的层次关系并不清晰。低层协议一般由设备提供商根据各自的设备情况进行包装，提供一致的接口协议，实现互联。高层协议一般由应用提供商根据应用类型进行开发。

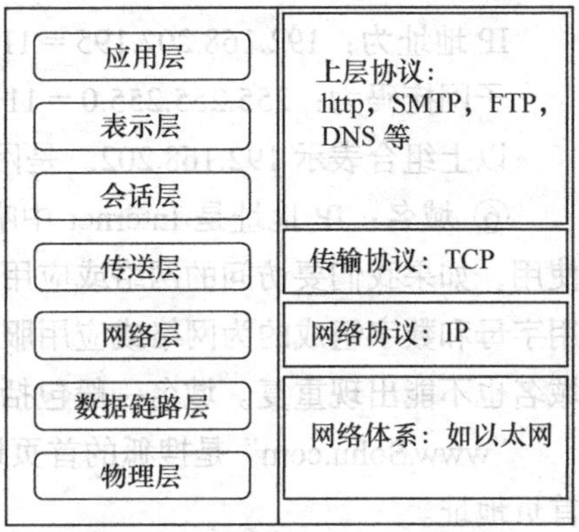

图 5-3-4　OSI 七层模型与协议

（3）常用网络元素分析

① Internet 终端：Internet 终端是能接入 Internet 的通信终端。接入 Internet 的条件是能识别并理解 Internet 的协议，以 Internet 要求的格式发送信息。常用的 Internet 终端是计算机，计算机能提供强大资源，提供通用的服务功能，当计算机中运行某种应用软件时，相当于是一个应用终端，比如我们在计算机中安装并运行游戏软件，计算机就是一个游戏终端，我们在计算机中安装并运行 CAD 设计软件，计算机就是一个 CAD 设计终端。

除了通用网络终端，也可以是只能提供专用功能的专用终端，这些终端只提供应用相关的功能。

② 交换器：交换机是一种终端之间存储转发设备，能根据地址信息，完成信息的互传。

③ 路由器：路由器是具有路由选择能力，能在不同网络之间进行存储转发和信息互传的设备。如果北京有一台终端要访问上海的一台服务器，可以通过很多种途径到达，路由器的作用就是选择一条合理的传送路径。

④ 服务器：服务器可以看到是一台功能强大的电脑，在这台电脑中运行着应用系统程序，网络终端可以访问服务器，由服务器提供协调的服务。比如游戏服务器需要提供游戏的规则、各种游戏素材、游戏用户状态及在线发出的各种操作与操作结果等。

⑤ IP 地址：Internet 地址是分配给连网用户的一个网元识别标识，在 Internet 中，每一台网络设备都必须有一个唯一的标识，用户可以利用地址方便地寻找到网络上的任何一台设备。

IP 地址由 4 个八位二进制数据组成的，数据之间用“.”分开，每一个二进制数据能代表 0 到 255 共 256 个代码。从“00000000. 00000000. 00000000. 00000000”（十进制 0、0、0、0）到“11111111.11111111.11111111.11111111”（十进制 255.255.255.255）可为 42 亿多终端分配不同的地址，即

$$256 \times 256 \times 256 \times 256 = 4\,294\,967\,296$$

在实际应用中，并不是所有的编码都作为网元地址分配组网络设备的，部分代码被定义为子网掩码，用来区分代码中那些位是用来区分网络的，那些位是用来区分网内网元设备的。也就是说，IP 地址实际上包括两个部分：网络号+网内地址，同一网段的网元具有相同的网络号。

子网掩码相当于一把逻辑尺，前面由若干个连续的“1”组成，后面用“0”补足32位。任何一个 IP 地址与子网掩码去测量，与子网掩码的“1”对应的二进制代码表示是网络号，其余部分为网内地址。例如：

IP 地址为：192.168.202.195 = 11000000.10101000.11001010.11000011

子网掩码为：255.255.255.0 = 11111111.11111111.11111111.00000000

以上组合表示 192.168.202. 是网络号，195 是网内地址。

⑥ 域名：IP 地址是 Internet 中唯一能识别网元的标志，但 IP 地址不便记忆，不便在访问时使用，如果我们要访问的网络或应用服务有一个直观易懂的名字，访问就比较容易了。域名就是用字母和数字组成的为网络或应用服务登记的识别码。为了能及时准确的找到需访问的唯一目标，域名也不能出现重复。域名一般包括三个部分，中部用“.”分开，例如：

“www.Sohu.com”是搜狐的首页地址，“www.gov.cn”是中华人民共和国中央人民政府的网站首页地址。

域名是分层表示的，层与层之间用“.”分开. 一般域名分为顶层（TOP-LEVEL）、第二层（SECOND-LEVEL）、子域（SUB-DOMAIN）等。

域名的顶层由 InterNIC 来管理，具有严格的规范，以下几个顶层域分别分配给指定类型的网络机构：

- .COM 用于商业性的机构或公司；
- .ORG 用于非盈利的组织、团体；
- .NET 用于从事 Internet 相关的网络服务的机构或公司；
- .GOV 用于政府部门；
- .MIL 用于军事部门；
- .biz 取意为 business，用于商业网站；
- .info 用于一般的信息服务使用。

另外还有 240 多个由 2 个字母组成的顶层域名作为国家代码分别分配相应的国家，例如中国为“.CN”，日本为“.JP”，英国为“.UK”等。

“.TV”作为国际顶级域名，分配给太平洋岛国图瓦卢。经与图瓦卢协商，DOTTV 公司成为了以“.TV”为后缀域名的独家注册商和注册管理机构。

“.CC”是位于澳大利亚西北部印度洋中 cocos 和 keeling 岛的官方授权的域名，现已成为美国继“.COM”和“.NET”之后第三大顶级域名。

问题 *有人将域名注册的重要性与商标注册相比拟，请讨论域名注册的重要意义表现在哪里？*

⑦ 域名解析服务器：由于域名是使用方便的网络识别标识，所以得到广泛的应用，但网络系统只能根据 IP 地址对网络或服务器进行寻址。为了能通过域名能访问网络与服务器，必

须将域名翻译成为对应的 IP 地址。域名服务器就是用来将域名转化为 IP 地址的应用系统。用户终端需要用域名访问时，网络终端或接入系统需要指定一台域名服务器的地址，以便将域名地址提交给域名服务解释，域名服务器保存并及时更新世界各地已命名的域名与对应的 IP 地址的关系。

二、Internet 通信业务分析

就可经营的业务而言，Internet 是一个开放的基础设施，不具备可运营条件，但这并不意味 Internet 应用与服务提供商不能利用 Internet 平台从事一些经营项目。

电信运营商是 Internet 平台的建设维护部门，在提供 Internet 平台时，也提供了一些计费业务。电信运营商提供的 Internet 业务主要包括 Internet 接入服务、域名服务、Internet 信息服务。

1．Internet 接入服务

所谓 Internet 接入服务，是指电信运营商利用线路资源，为用户提供将用户终端、内部网络、应用服务系统挂接到 Internet 平台上，一方面可以上网访问各种网络信息，另一方面可以发布信息，供网上用户查询。

电信运营商提供接入服务的主要方式有有线宽带接入、无线接入等。

有线宽带接入包括铜缆接入、光缆接入。无线接入包括无线局域网、移动通信系统宽带带接入。

铜缆接入使用最多的是 ADSL（非对称用户数据环）技术，它是利用电话线的空余带宽资源作为 Internet 接入电路的传输方案。用户电话线用于电话通信，尚有多余的带宽资源，为了提供线路的利用率，电信部门采用 ADSL 技术，将 Internet 接入所需的信息调制到“多余”的频带上进行传输。电话通信系统的用户电路是为模拟接入网提供的，为了传输高速的宽带信息，在用户端必须加装 ADSL 调制器收发数据信号，同样在局端必须将 ADSL 传输的数据信号分离出来接入到 Internet。

铜缆接入的另一种方式是 HFC（hybrid Fiber Coaxial Cable，光纤同轴混合系统），这种方式是利用有线电视网以光缆为主干、同轴电缆入户的传输资源，提供宽带数据传送的系统，HFC 与 ADSL 的不同是利用的传输介质不同，而调制的方式是一样的，在用户端也需要使用 modem 将数据信号调制混合到电视传输网上。

光缆接入主要是用于高速数据传输系统，利用光缆带宽大、损耗低、传送距离远的特点，提供 10Mbit/s、100Mbit/s、1000Mbit/s 传输速率，采用 FTTB、FTTC、FTTH 的方式，将高速接入网延伸到大楼、路边或或家庭，实现 Intenret 1000Mbit/s 到小区、100Mbit/s 到楼道、10Mbit/s 入户。

无线接入方式主要采用 WLAN 和移动宽带系统。

2．域名服务

域名服务是指电信运营商为用户代办域名申请，代收域名维护费的业务。为了保证用户的域名不重复，并能被世界各地的用户访问到，用户域名必须向域名管理机构申请，域名管理机构对用户申请的域名进行审核（检查是否有重复域名），并将审核通过的域名进行发布。域名注册与商

标注册具有类似的作用。用户注册了域名后，必须定期向域名管理机构缴纳少量的域名使用费，以维持域名管理机构的日常运作。

3．信息服务

Internet信息服务是Internet业务的主要部分，服务提供商（SP）或内容提供商（CP）利用Internet平台向公众有偿提供信息或服务。电信运营商对信息服务参与不多，但随着电信业务的转型，信息服务将得到重视。

信息服务的业务种类很多，主要有信息共享、网上检索、即时通信、资料传送、远程服务、在线娱乐等，将在下一讲进行更详细的介绍。

小结

不同类型的网络互连是Internet要解决的问题，为了实现互连必须具有统一的协议，OSI将互连接口分成七个层次，以方便设备在多个层面上提供兼容接口。

局域网是指在同一大楼或位置接近的楼群内的计算机网络，这样的网络通常使用相同类型的软硬件，使用相同的应用软件，连网比较简单，以太网是常用的组网方式。广域网是将分布于世界各地的不同类型的局域网、计算机进行连网。

组成Internet必须具备必要的软件系统和硬件设备，进行数据的封装和收发、协议的解析、路由的选择。

Internet是提供大众共享的信息平台，在这个共享的平台上，用户、网络提供商、服务提供商、网络信息管理机构扮演了各种角色，从不同层面、不同角度丰富网络的资源与内容，并经营Internet相关业务。

三、思考与练习

1．请写出你下次上机使用的电脑的IP地址、子网掩码、DNS服务器地址。

2．请上网搜索“ADSL”、“VDSL”、“HDSL”等相关信息，了解这些字串的意义及在关特征。

第四讲 Internet通信应用

一、目的与要求

本讲的教学目的是通过对Internet通信应用的分析，使学生了解Internet通信系统和Internet通信应用的几个常见类型。

二、教学要点

本讲教学的重点是正确理解Internet通信应用，并能区分Internet与Internet应用之间的关系。通过几类Internet应用的分类分析，熟悉Internet应用的表现形式，了解常见的Internet应用的特点。

三、教学目标

概念识记：

- Internet应用

- 网络媒体
- 网络通信
- 搜索引擎
- 电子邮件
- 电子商务

知识技能要点：

- 能区分 Internet 与 Internet 通信应用之间的关系
- 了解 Internet 通信的几种表现形式
- 体会各类 Internet 通信应用的特点

一、Internet 通信应用的含义

Internet 是一个信息传输和共享平台，为世界各地的计算机的互连提供优良的传输通道和方便的服务方式，从而实现信息的传输与共享。Internet 被认为是信息高速公路，各种各样的信息都可以通过 Internet 的方式进行快速传递。

我们知道，高速公路是一种基础设施，为运输提供了必要的条件，但是只有高速公路是不够的，我们还必须有客运公司、物流（货运）公司来提供运输工具、开发运输线路、制订运输规则，然后通过客户熟悉的渠道受理运输业务，开展运输业务经营活动。作为信息高速公路的 Internet 也一样，为了给使用者提供信息服务，必须在互连网络的基础上，开发各种标准化的服务，为客户使用 Internet 提供便利。

不同的客户使用 Internet 的目的不同，需要传输的信息及信息传输的方法也各不相同，所以需要开发各种不同的应用适应不同的需求。比如，有些用户想通过邮件的方式传送信息，E-mail 就能使用户很简单地完成电子邮件的编辑、发送、收读和保存。有些用户喜欢直接“对话”，QQ 等即时通信为用户提供了强大的直接交互功能。应用系统开发商们为各种各样的“网民”开发了大量的 Internet 应用系统，供 Internet 用户利用 Internet 平台进行信息搜索与查询、游戏与社交、资料传送、信息发布。

Internet 应用系统对应 OSI 模型中的高层协议，主要解决会话层、表达层、应用层的规范，比如我们要利用邮件系统收发邮件，首先必须了解邮件收发过程中要做那些事（操作），邮箱系统都能进行邮件编辑、保存、发送、收读、删除等操作，这些操作是应用层统一的规范，不同的邮箱系统都必须建立相同的命令格式及操作结果，才能使邮件互通。其次当我们在编辑一封邮件时，采用什么样的编码方式、要不要加密等是表示层要规范的标准，在同一应用系统中有统一的约定。再则，邮件收发服务器之间如何建立连接、如何将信息按双方协调的节凑传递、如何检验传递的数据是否准确，这是会话层需要解决的问题。

不同的应用系统如果各个层面都有相同的接口标准（兼容），则可以在每一层进行通信，但我们所看到的大多数应用系统都没有开放会话层、表达层的接口，因而多数应用系统都是集应用层、表达层、会话层于一身。

应用系统是否受使用者的欢迎，取决于系统的功能是否完备、操作是否简单方便。由于系统处理能力不断提高，系统资源不断丰富，应用系统越来越完善，操作界面越来越友好，所见即所得的图形界面将复杂的操作简化成为“傻瓜式”系统。

二、Internet 通信应用的分类分析

Internet 应用可分为网络媒体与网络信息检索、网络通信与网络社区、在线娱乐、电子商务等。

1. 信息共享类：网络媒体与网络信息检索

网络媒体，是指通过 Internet 传播信息的综合信息发布平台。在 Internet 平台上，信息经过一定编辑制作系统加工，通过人机界面的表现形式，可以通过不同的通信终端呈现出来。Internet 信息不仅发布平面新闻，其中有相当一部分的内容是专门为满足公众的特殊需求的资讯或为公众提供各种信息的服务。因而，网络媒体显然不仅仅包括新闻单位网站，还包括各种利用 Internet 平台的商务应用，如新浪、搜狐、网易、TOM、雅虎、美国在线等都是综合性的网站，已成为 Internet 信息服务的门户。

信息的发布与共享是 Internet 应用系统服务端的最主要功能，大多数信息服务网站都是利用网站的推送功能将各种新闻资讯和服务信息推送到网站上与公众共享。随着网络规模的膨胀式扩大，网上的信息越来越丰富，如何利用简单实用的方式，将各自需要的信息拉到面前，是 Internet 网络媒体应用的另一个问题。Internet 信息检索是信息服务客户端用于信息搜索的重要应用。信息发布与信息搜索是实现信息共享的两个方面，信息服务提供商在服务端的信息推送，与信息需求方在客户端的信息搜索达到了信息共享过程中有效率的和谐。

信息搜索是最近几年得到快速发展的 Internet 应用，主要代表系统有“Google”、“百度”等搜索系统，其作用是将在世界各地 Internet 上发布的各种信息进行分类整理，使 Internet 用户能尽快找到。

问题

1. 除了一些公共事业单位，多数网站是需要收益来维持网的运作的，网络经营者必须寻找卖点，来获取收益，试讨论这些网站获取收益的途径有哪些？

2. 我们经常听到，网站经营者采用多种方式增加点击率，积聚人气，试问人气对网站经营者具有怎样的意义？

信息检索工具有 4 种类型，即搜索引擎、元搜索引擎、网络资源目录和“看不见的网页”。

搜索引擎和元搜索引擎都是使用关键词检索，搜索引擎将关键词与网页中出现的词精确匹配，可对网页进行全文检索，在数据库中由蜘蛛程序自动搜索数据库的内容。搜索过程人工干预很少，没有主题目录和分级浏览，检索范围广，无论是狭小的专门领域还是资源丰富的 Web 文档都能被搜索引擎检索到。

元搜索引擎采用快速而简单地将检索提问提交给多个不同的搜索引擎实现搜索，然后将返回统一的格式结果，交在客户端展现。

网络资源目录通过人工挑选的一个网站集合，并对网站内容进行评估，以等级式的主题目录组织内容。挑选编辑网站的工作可以由某一领域的专家负责。这种搜索工具比较适合于主题比较宽泛的检索，一般没有全文检索，检索的仅仅是网站的目录和注解。

看不见的网页（专门数据库）的搜索是指不能被普通搜索引擎搜到的搜索方式，它包含许多动态信息，通过某个网页中的检索框来检索某个特定数据库的内容。搜索内容可以是任何主题，首先通过主题目录或者通用搜索引擎找到可供检索的某领域的特定数据库，然后可进入这些数据

库，利用其站内检索工具进行进一步的查询。

2. 网络通信：电子邮件与即时通信

Internet 是一个免费共享的传输平台，在 Internet 平台上发布或搜索信息，传送的上行信息和下行信息都不必支付通信费用。所以 Internet 实际上是一个免费使用的信息传输平台。

利用 Internet 传输平台来进行有目的的信息交互，就是实际意义的通信，但 Internet 平台只提供了 Internet 接入的若干协议，对于大多数用户来说，利用 Internet 平台直接进行通信是有困难的，需要由应用系统开发商开发服务与客户端程序，将复杂的通信过程转化为人性化的图形界面和简单的操作。

电子邮件，即 E-mail，是 Internet 应用中最具体的一种，能为用户提供存取和传输电子文档、信函、传真、图像、语音等多种形式的信息的通信业务。电子邮件的特点是采用存储转发方式收发邮件，邮件并不是直接发送到接收用户的终端上，而是保存在邮件服务器专门分配给用户的存储空间中，所以收发邮件不受时间、地点的限制，也不会因为收件人关机而收不到邮件。而且邮件发送方与接收方可以采用不同规程、不同速率、不同码型的终端。

电子邮件系统为客户提供友好的操作界面，而且功能越来越丰富，一般具有以下功能：

（1）收发信功能：发送邮件可以确定邮件的不同类型，确定定时发送时间，可以同时发给多个用户。邮件接收时可以自动回复，可以自动转发，可以拒收黑名单用户发送的邮件。

（2）邮件处理功能：可以进行邮件的编辑、邮件的搜索、邮件的删除、邮件的转存。

（3）安全保密功能：邮件系统通常由专业公司进行维护，并且具有良好的运行环境，具有周全的病毒防治措施和系统备份制度。用户通过登录密码进行访问，确保私密性。

（4）存储功能：可以利用邮件系统的存储空间保存个人文档。

（5）通信录：可以在收发邮件的过程中，维护一个通信录，为以后发送邮件提供方便。

即时通信是指通过网络进行直接“对话”的通信应用，我们熟悉的例子有 QQ 等。即时通信可以与“好友”进行私密的点对点对话，也可以组成一个群，在群内讨论。即时通信的功能已经超出了一般通信的范围，已经形成一种文化氛围，正向虚拟社区发展。

3. 网络社区

按照世界卫生组织的定义，社区是指某一固定的地理区域范围内的社会团体，其成员有着共同的兴趣，彼此认识且互相来往，行使社会功能，创造社会规范，形成特有的价值体系和社会福利事业，每个成员均经由家庭、近邻、社区而融入更大的社区。网络社区（Online Community）是现实社区的网络模拟，用于信息的共享、情感交流和内心的倾诉。网络社区包括 BBS/论坛、讨论组、聊天室、博客等形式的网上交流空间，同一主题的网络社区集中了具有共同兴趣的访问者，由于有众多用户的参与，不仅具备交流沟通的功能，实际上也逐步成为一种营销场所，社区的管理者也能借助于社区的人气对社区进行经营，以维持社区的运行成本。

“博客”（BLOG）是自从 2002 年开始迅速发展并获得了广泛关注的一种新的网络交流形式。“博客”已经成为最热门的 Internet 词汇之一，也可以被认为是网络社区的一种具有文化氛围的表现形式。

以下是国内 Internet 上比较著名的网络社区网站。

（1）天涯社区（www.tianya.cn）

天涯社区创办于 1999 年 3 月，自创立以来，以其开放、包容、充满人文关怀的特色受到了全球华人网民的推崇，经过8年多的发展，已经成为以人文情感为核心的综合性虚拟社区和大型网络社交平台，拥有注册用户近2000万。天涯社区自主研发的“Adtopic社区分众互动关系广告平台”是Internet商业模式的重大突破，为企业面对定向人群的互动营销带来了全新体验。目前，天涯社区正在努力向“最具影响力的全球华人网上家园”这一目标迈进。

（2）搜狐ChinaRen社区（club.chinaren.com）

ChinaRen社区是ChinaRen校友录的兄弟产品，2005年1月正式上线，基于ChinaRen校友录的庞大用户群和超高人气，ChinaRen社区迅速成长为一个专门面向年轻人的交流、娱乐、互动平台。ChinaRen社区囊括了当下最热门版块和时尚话题，受到新锐一族的喜爱。作为国内崛起最早、人气也最高的校友录网站，ChinaRen被搜狐收购后，其校友录和社区内容在国内同类的站点中都居于领先地位，目前注册用户已达7000万。

ChinaRen社区分为通版、校友论坛、服务版和活动版4大版区。其中，校友论坛又划分为华东、东北、华北、华南、西南、华中和西北7大块，共计300余所大学，并处于不断更新之中。

4．网上娱乐

生活、工作、娱乐是人生的三大主题目，借助于Internet的通信与信息共享功能，基于Internet的娱乐内容深深地吸引了大批网上一族，以至于有些人达到痴迷的地步。过度的娱乐固然不对，但这说明了网上娱乐正好迎合了很多人的需求。

（1）网络游戏

网络游戏英文为Online Game，又称“在线游戏”，是依托于Internet通信将不同地区的多个人同时邀集到同一个虚拟的游戏平台，参加实时的交流、娱乐。网络游戏经过几年的发展，已成长为一个相当成熟而庞大的产业。

（2）网络音乐

网络音乐是指以数字化方式通过Internet、移动通信网、固定通信网等信息网络，以在线播放和网络下载等形式进行传播的音乐产品。

网络音乐包括歌曲、乐曲以及有画面作为音乐产品辅助手段的MV等。经营单位经营的网络音乐产品，须报文化部进行内容审查或备案。

（3）网络视频

网络视频是指通过Real Player、Windows Media Player、Flash、Quick Time及DivX等播放器播放在线播放或下载各种格式的视频文件。流媒体视频文件支持在线播放、现场直播等。由于视频文件的体积往往比较大，网络带宽限制限制了视频数据的实时传输和实时播放，于是一种新型的流式视频（Streaming Video）格式应运而生了。这种方式是先从服务器上下载一部分视频文件，形成视频流缓冲区后实时播放，同时继续下载，为接下来的播放做好准备。这种“边传边播”的方法避免了用户必须等待整个文件从Internet上全部下载完毕才能观看的缺点。

5．电子商务

电子商务（Electronic Commerce）是利用Internet通信技术，使商务（买卖）活动的电子化、数字化和网络化。在电子商务环境中，人们不再是面对面的看着商品的实物样品、利用纸质单据进行现场交易，而是利用网络完成部分或整个商务过程。供求双方将各自的供求意愿按照一定的格式输入电子商务系统，该系统根据用户的要求，寻找相关信息，提供多种供求匹配关系供双方选择。一旦交易确认，电子商务系统就会协助完成合同的签订、分类、传递和款项收付等整个交易流程。

电子商务涵盖的范围很广，从商务形式上可分为企业对企业（Business-to-Business），企业对消费者（Business-to-Consumer）和消费者对消费者（Consumer-to-Consumer）模式，阿里巴巴是典型的 B -to-B 模式，淘宝则更像是 C-to-C 模式。

电子商务的应用有助于交易双方降低成本，改善服务，提高竞争力。但由于电子商务并不是面对面的交易，需要制定严格的企业资信认证标准、产品认证标准、标准电子合同、电子签名标准等。只有形成了一整套电子商务交易的标准体系，才能有效地保证电子商务安全、可靠。

电子商务具有以下特点：

（1）更广阔的环境：人们不受时间的限制，不受空间的限制，不受传统购物的诸多限制，可以随时随地在网上交易。

（2）更广阔的市场：在网上这个世界将会变得很小，一个商家可以面对全球的消费者，而一个消费者可以在全球的任何一家商家购物。

（3）更快速的流通和低廉的价格：电子商务减少了商品流通的中间环节，节省了大量的开支，从而也大大降低了商品流通和交易的成本。

小结

Internet 是一个公共传输平台，这个公共传输平台主要的作用是实现信息的传输和共享。借助于这个共享平台，形成了很多 Internet 平台上开发的具有明显特色的应用系统，并且每一种应用系统都能发展成为一种庞大的产业。

Internet 应用是丰富多彩的，信息发布与搜索是最基本应用形式，随着网络应用越来越普及，借助于网络通信的各种网上交往越来越频繁，Internet 上的虚拟社区以及各种娱乐形式非常红火，而且由于虚拟社区的人气带动了网络的商业应用。

三、思考与练习

1. 使用搜索工具，在网络上找到“淘宝网”的网址。
2. 谈谈你对 QQ 的认识。

第6单元 其他业务

第一讲 通信资源与应用系统出租服务

一、目的与要求

本讲介绍通信资源出租业务的相关知识，通过学习使学生了解电信运营商在信息化建设过程中的突出优势，熟悉线路资源出租、Internet 数据中心（IDC）租赁及应用系统出租业务的特点。

二、教学要点

本讲教学的重点是分析传输线路资源、Internet 数据中心、应用系统出租业务的特点，在学习中领会电信运营商在社会信息化过程中扮演的重要角色。

三、教学目标

概念识记：

- 传输线路资源
- DDN
- SDH
- ATM
- FR
- IDC

知识技能要点：

- 理解电信运营商在社会信息化进程中的角色地位及行业优势
- 熟悉通信线路资源、Internet 数据中心出租业务

通信行业是一种特许经营行业，从事通信服务经营活动必须得到行业管理部门的批准。另外，通信基础建设投入大，系统复杂，需要具有专业的经营组织来进行规划和建设，所以行业主管部门将通信资源分配给特许的经营组织进行经营管理并提供社

会服务。

随着信息化社会的来临，国家机关、企事业单位、社会团体在信息化系统建设过程中，需使用部分通信资源组建内部通信与信息传输网络，电信运营商出租通信资源或应用系统给企事业单位，已成为其提供社会服务的重要方式之一。

一、政府部门、企事业单位信息化对通信资源的需求

随着社会信息化水平的提高，政府机关、企事业单位和社会团体内部沟通、外部沟通需求增大，内部信息、公众信息传输需求剧增，信息流转速度加快。为了便于管理和维护，提高信息的流转效率，保障信息安全，很多政府机关、企事业单位和社会团体都建设并拥有自己的信息化网络。

信息化能大幅度地提高政府机关、企事业单位和社会团体的办公效率，例如，办公自动化系统能通过网上办公，网上公文流转、网上审批、网上信息发布等信息化手段节约了大量的纸张消耗，并为文档的保管与查询提供方便，更重要的是通过透明化、并行化的流转与审批，极大地提高了办公效率。

工商经营企业的经营信息系统能正确及时地汇总各经营网点的各种经营信息，为经营分析和决策提供了及时、准确的信息资料。例如，大型连锁零售企业，通过信息化系统将各连锁店联网，一方面能及时了解各门店的销售情况，对各门店的销售业绩进行考核与控制，另一方面能及时了解各门店各类商品的日销售、商品库存情况，以便及时进行商品调拨、配送，在保证销售的情况下，控制库存、节省库存成本、降低存货风险。工商企业的客户信息管理系统，能帮助管理服务人员更好地了解客户的各种信息，一方面为客户提供更受欢迎的产品与服务，另一方面为客户提供更为贴心的售后服务，提高客户的满意度、忠诚度。

一些行业团体纷纷通过集中管理与联网服务来提高运营和服务效率，如银行等金融机构，通过区域联网、集中经营、集中管理，为客户异地服务提供方便的同时，提高了内部结算速度、简化了内部结算流程。此外，电力、通信、水务、燃气、财税、保险、证券等企事业单位或政府部门通过委托银行代收费，使遍布城乡的银行网点成为各行各业的缴费、收费渠道，为用户就近缴费提供了方便。为了将用户的缴费资料提供给各银行网点，并与这些代收费单位进行实时对账与结算，需将这些收费部门的信息系统与银行营业系统通过接口进行互连。

信息化的手段在很多行业能显示出独特的优势，例如，通过视频对道路路况、公共场所的治安状态、林地森林火警、排污企业的污水排放等进行监控，通过远程、集中式的管控，既能保证 24 小时不间断监控，节约监管所需的人力，又能提高监管覆盖面及监测频度。

随着政府机关、企事业单位和社会团体的信息化系统的快速发展，社会对通信传输资源的需求越来越大，通信运营企业为社会提供通信资源的服务面越来越广。

二、电信运营商的资源与技术优势

电信运营商在社会信息化建设中扮演了特殊的角色，也具有独特的优势。

首先，电信运营商对通信资源具有专营权，非电信运营企业不能从事通信线路的建设与经营活动。

其次，电信运营商相比其他企事业单位具有无法比拟的网络优势。电信运营商不仅具有覆盖全国的传输大动脉以及与之适应的分支服务机构，还具有积累的管线资源，能支持政府机关、企事业单位和社会团体的便利接入与网络互连。

再次，电信运营商具有通信传输、通信应用系统建设与维护的技术优势、专业优势。电信运营商通过长期经营，既积累了通信资源，也积累了建设与维护的技术力量，并在通信系统的建设、维护等方面积累了专门化技能与经验。

问题

电信运营商在社会信息化进程中扮演什么角色？

三、通信资源与应用系统出租业务分析

电信运营商提供通信资源与应用系统出租服务，目前主要集中在传输资源出租、Internet 数据中心服务与应用系统出租业务。

通信传输资源出租业务，主要是指运营商为政府机关、企事业单位和社会团体提供通信传输所需的线缆、管道等专用通信资源，运营商将相关的资源出租给使用单位，并保证业务使用期间资源的稳定与安全，为使用单位提供信息的透明传输，而信息的具体规范和用途由租用单位的信息和应用系统定义。

Internet 数据中心服务业务是指电信运营商为 Internet 用户提供机房环境、网络资源等服务。Internet 用户为了提供网络信息服务，必须具有稳定、安全可靠的运行条件，如不间断的机房供电、稳定的机房温湿度、24 小时不间断有人值守的机房、技术高超的设备维护和系统抢修人员等，这一切都是系统安全运行的保障条件。但这些电信运营商级的运行环境保障，是普通 Internet 应用客户无法提供的。将系统设备安装在电信运营商的机房，由电信运营商提供可靠的机房环境和设备维护，或直接租用电信运营商的系统设备提供信息服务与应用，对于大多数信息服务网络提供者来说既安全又方便。

应用系统出租业务是指电信运营商为客户直接提供应用服务系统的业务，即通信运营商建设集成通用的应用服务系统，客户租用其中的部分资源，开展信息服务。由于电信运营商与各种信息化设备供应商、系统集成商有良好的关系，而且具有系统的方案设计论证、系统维护能力，所以对应用系统的建设与维护具有多方面的优势，由电信运营商开发和集成应用系统，然后由应用部门租用已成为很多客户的选择。现阶段，应用系统出租形式有两种，一种是电信运营商根据社会的需求，集中建设功能完善的应用系统，出租给有需求的用户，另一种形式是用户提出需求委托电信运营为特定客户进行量身设计，建设相关系统，并由客户租用。

1. 传输线路资源出租业务分析

通信资源出租的最主要部分是传输资源出租业务。传输资源出租主要包括电路资源出租和管道、杆路资源出租。

所谓电路资源，是指通过传输网节点设备，通过一定的传输技术体制将信号转化为一定的格式，在传输介质上进行传递的标准化电路。常见的传输制式有以下几类。

（1）DDN（Digital Data Network，即数字数据网）：DDN 是在电话交换网的基础上发展起来的，通过电话线入户，将低速、中速的数据信息接入到高速数据传输系统中进行传送。

DDN 可以为用户提供 $N\times 64$kbit/s（$0<N<32$）的传输信道，为客户承载各种信息，如电话、传真、低速视频、多媒体信息。

用户电话线目前主要采用模拟方式传输语音信号，为了接入数据业务，必须在客户端加装调

制解调器，将信息调制成适合 DDN 传输的形式。

DDN 的基本速率为：9.16kbit/s、19.2kbit/s、64kbit/s、128kbit/s、256kbit/s、384kbit/s、512kbit/s、768kbit/s、1Mbit/s、2Mbit/s，计费区间分本地网营业区内、本地网营业区间、省际。

DDN 是独占式式永久连接，电路一旦开通，则永久提供给接入客户。

（2）SDH/PDH（Synchronous Digital Hierarchy/Plesiochronous Digital Hierarchy，同步数据系列/准同步数据系列）：SDH 是一种基于时分复用的同步数字传输技术，在逻辑上，SDH 电路相当于一个透明的传输通道，传输一定速率的数据，用户可通过这个通道，承载各种业务。准数据同步系列是 SDH 的前身，是一种数据传输网的标准接口序列。为了实现不同厂家设备的互连，互连设备需采用相同标准接口。相对于 SDH 的高速、大容量、采用高精度的同步时钟，PDH 主要用于精度要求相对较低的接入段。

PDH 存在现两种标准接口序列，用户可以租用相应的传输资源传送对应速率的业务。

欧洲标准：	美洲标准：
E1 = 2.048Mbit/s	T1 = 1.554Mbit/s
E2 = 8.448Mbit/s	T2 = 6.312Mbit/s
E3 = 34.368Mbit/s	T3 = 44.7Mbit/s
E4 = 138.264Mbit/s	T4 = 274Mbit/s
E5 = 566.148Mbit/s	

SDH 的标准接口模式为：

STM-1(Synchronous Transfer mode-1) = 155.520Mbit/s,能提供 63 个 E1 = 2.048Mbit/s 电路，俗称 2M 电路；

STM-4(Synchronous Transfer mode-4) = 622.080Mbit/s，能提供 4 个 STM-1；

STM-16(Synchronous Transfer mode-16) = 2488.320Mbit/s，能提供 16 个 STM-1；

STM-64(Synchronous Transfer mode-64) = 9953.280Mbit/s，能提供 64 个 STM-1。

SDH/PDH 的基本速率是电路的分配单位，SDH/PDH 网元可以将业务通过交叉与复用，插入在同步序列之中，实现各种业务点到点的透明传输。SDH 电路的最低速率是 2Mbit/s，通常以 2M 电路作为电路的基本分配单位出租给客户。

SDH 数据同步网是跨域连接的，同一区域、不同区域、不同国家之间的连接占用的网络资源不同，采用不同的计费标准。目前较流行的计费方式是按本地网营业区内、本地网营业区间、省际、国际分别计费。

SDH/PDH 电路是独占式永久连接，不能与其他客户共享。

（3）ATM（Asynchronous Transfer Mode，异步转移模式）：ATM 是一种面向连接的分组交换通信方式，承载数据、语音、图像等业务。

所谓面向连接，是指在通信前通信收与发终端之间需首先建立一个连接链路，以便在通信时实现报文与信息的端到端的传送。

ATM 以固定长度的信息进行分组封装，形成数据包，ATM 分组（即信元）包含 53 个字节，其中 5 个字节为信元的首标（Header），48 个字节为信息域（Payload）。

ATM 的信元复用、交换和传输都在虚信道（Virturl Channel，VC）上进行，每一个虚信道通过（Virturl Channel Identifentionv，VCI）标识，不同 VC 有不同的 VCI。虚通道（Virturl Path，VP）是在给定参考点上具有相同虚通道标识的一组虚信道，不同的虚通道有不同的 VPI 进行标识。

ATM 网络不同用户的信元在不同的 VP、VC 上传送，它们通过各自的 VPI、VCI 进行区分。VPI、VCI 等信息包含在信元的首标中。

ATM 能提供永久虚电路（PVC）业务和交换虚电路（SVC）业务。永久虚电路业务是指通信的收发端始终占有虚电路，相当于专线接入方式。交换虚电路相当于拨号接入，当用户需要使用 VC 进行信息传送时，通过虚电路的交换建立链路的连接。

ATM 电路的重要特点是，采用 53 个字节的固定长度分组方式，以动态方式分配带宽，既具有适应各种业务传输的综合性，又具有适应现有业务与未来业务的灵活性，通过分组交换，实现带宽资源的共享，使网络资源的使用效率得到提高。

ATM 电路出租业务提供很多种不同带宽资源，如 256kbit/s、512kbit/s、1Mbit/s、2 Mbit/s、4Mbit/s、8Mbit/s、10Mbit/s、15Mbit/s、20Mbit/s、25Mbit/s、30Mbit/s、40Mbit/s、50Mbit/s、60Mbit/s、70Mbit/s、80Mbit/s、90Mbit/s、100Mbit/s、110Mbit/s、130Mbit/s、155Mbit/s 等，显然，ATM 电路出租业务可以灵活地适应客户的需要。

（4）FR（Frame Relay，帧中继）：帧中继是分组交换的一种新技术，在高质量的传输网络中，将原来由网络设备完成的流量控制、纠错功能交由智能化程度高的通信终端负责，简化了网络节点之间的协议，提高了传输能力。

在 ATM 网络日益完善的情况下，帧中继网络与 ATM 网络已经融合，ATM 承担骨干网的传输，FR 承担接入网的传输，得到网络优势的互补。

FR 提供 8kbit/s、16kbit/s、32kbit/s、48kbit/s、64kbit/s、128kbit/s、256kbit/s、384kbit/s、512kbit/s、768kbit/s、1Mbit/s、2Mbit/s 等多种速率的业务接入。

帧中继以永久虚电路出租为主，由用户与电信运营商预先约定通信接入点，通过网管建立永久虚电路，使用电路传递业务时不需要经历电路建立和拆除等环节，响应时间短，比较适合通信对象固定、数据传输量稳定的通信服务。帧中继很适合于一点对多点的通信，通过分时传送，使多点分享带宽。

管线资源出租是指电信运营商出租城市管道、不含网络终端设备裸线（如裸光纤）、杆线借挂等。由于城区不允许使用明线，各种线路都必须通过管道在地下布放，所以电信运营商的管道资源是十分宝贵的。电信运营商向客户或其他运营商提供管线资源租用业务，共享宝贵的管道与杆路。

2. Internet 数据中心业务分析

IDC（Internet Data Center，Internet 数据中心）：是电信运营商凭借自身优势，为 Internet 客户提供网络资源出租的业务。

电信运营商的 Internet 优势十分明显，良好的机房环境，7 × 24 小时的全天候值班监控，一流技术水平的设备维护能力，这些优势都是非电信运营商无法比拟的。

电信机房具有优质的双路动力专线、双路自备发电机、双路大容量的 UPS 电源，为通信与 Internet 设备提供万无一失的动力保障，并提供高性能的 Internet 交换接口，具有机房专用空调调节机房的温湿度，能确保主机、网络设备安全正常工作。

IDC 主要提供主机托管、虚拟主机、域名服务、企业邮箱、存储空间出租等业务。

主机托管是指 Internet 用户将网络主机及各种服务器安装在环境良好的 IDC 机房，由机房值班人员代为监控。主机托管业务按主机占用空间（1U/1 架：1U 相当于标准机架占用 4.4cm 高度，1 架即占用一个标准机架）多少计费。

虚拟主机是指用户租用运营商的高性能的服务器资源。运营商提供高性能的服务器资源，被很多用户分享，对于用户来说相当于这些高性能服务器在为其单独服务。虚拟主机的计费标准是根据占用存储空间确定的，存储空间分 Web 空间和数据库空间。

域名服务是指运营商代为申请 Internet 域名和 IP 地址。由于运营商本身经营这项业务，享有一定数量 IP 地址的分配权，与域服务机构联系紧密，所以比较便利。

企业邮箱是指企业使用运营商的邮箱资源，为企业员工提供具有企业标识的邮箱服务。很多企业都通过自有邮箱服务器提供内部邮箱，由于邮箱维护人员不是专职的，邮箱维护水平不高，特别是企业一般不能提供高性能的正版软件和专职人员进行杀毒及系统维护，使邮箱系统的性能下降，甚至使病毒扩散。

如果将重要文件存放在运营商的存储系统中，就不会因为个人电脑故障而丢失，也不会因为个人电脑受到病毒感染而被破坏。电信运营商出租存储空间的作用如同银行出租保险箱。

3. 应用系统出租业务分析

电信运营企业长期从事通信系统的建设与开发，与上游的设备供应商、系统集成商建立了良好的合作关系，对各种设备供应商提供的设备功能、设备性能、设备价格与质量、售后服务与服务保障能力有全面的了解，在通信与应用系统的分析、开发、设计、施工管理与质量控制等方面积累了很多经验，熟悉通信系统与应用的发展趋势，所以在通信系统与应用系统建设方面具有很大的优势。

通信与应用系统的性能好坏对建设成本具有很大的影响，功能越完善、性能越好，投入的建设成本越大，用户独立建设一个性能优良的系统，成本很大。电信运营商集中建设性能优良的应用系统，让有需求的用户租用分享，既有利于确保应用系统的性能，又可以节约用户使用优良的应用系统的建设成本。比如，中国电信开发了全球眼视频监控平台，公安、环保监控部门可以与中国电信合作，为其集成开发道路与公共场所的视频监控、排污视频监控系统等，然后由应用部门整体租用。

应用系统出租是通信企业延长服务价值链一个新的发展动向，业务领域从通信服务向通信应用领域延伸，一方面拓展了业务范围，另一方面可以利用价值链稳定上下游客户，使业务与服务更加稳定。

应用系统定制并出租是系统出租的一种新的形式，客户提出系统需求，由运营商为客户量身定制，系统建成后专门租赁给特定客户使用。这种出租形式，运营商投入的建设成本大，对业务的可控性较差，需要承担较大的风险。比如，公安系统迫切需要在执法过程中能及时了解或下载有关疑犯信息，能通过手机、PDA 等移动终端查询或上传信息，能通过警员的移动终端发布指令，快速集结警力等基于移动通信的通信应用功能，公安部门可以与电信运营商联合开发公安部门专用的移动警务系统。系统建成以后，由通信运营部门进行系统维护，公安部门租用系统应用。为了保障电信运营商的合理收益，降低风险，公安部门必须与电信运营商签订合作协议，保证运营商在一定的期限内收回投资并获得必要的利润。

小结

电信运营商具有通信资源的特许经营权，同时具有提供通信资源的网络优势，在通信资源建设与维护方面的具有良好的技术能力与经验，在政府、企事业单位和社会团体的信息化建设或信息服务系统建设中，为政企和或团体客户提供通信资源的租凭业务。

资源出租业务在业务统计上归属于数据业务。随着社会信息化程度的提高，以数字电路出租、IDC 服务或基于数字电路、IDC 为应用系统的租赁业务成为政企业务重点。

资源出租业务通常与其他业务相关联，对于单位团体的综合通信服务的渗透与稳定具有重要的意义。

四、思考与练习

1. 谈谈电信运营商在政府、企事业单位及社会团体的信息化建设中具有哪些优势？

2. 通信资源与应用系统出租业务有哪几种常见形式？

3. 电信运营商在政企信息化过程中，扮演的角色越来越重要，越来越体现社会的专业化分工，你如何理解“通信保姆”这个词的意义。

第二讲 代办业务

一、目的与要求

本讲教学目的是使学生了解代办业务的来龙去脉，了解现阶段代办业务的经营状况，理解代办业务从营利业务转变成为服务项目的原因及必然性。

二、教学要点

本讲教学的重点是通过对代办工程业务、代收费服务的分析，了解代办业务现阶段在电信运营商经营活动中的作用。通过本讲学习，熟悉代办工程的处理流程。

三、教学目标

概念识记：

- 代办工程
- 代收费

知识技能要点：

- 正确理解代办工程的意义
- 熟悉代办工程的业务处理流程
- 了解代收费业务的经营利弊

代办业务指的是电信运营商接受客户或合作伙伴的委托，利用电信运营商的资源优势、技术服务优势和服务网络优势，为客户或合作伙伴从事通信系统和应用系统的设计、施工管理、系统维护等提供服务，或者利用服务网络，为合作伙伴提供服务（主要是收费服务），我们可以把前者叫做代办工程，后者叫代收费服务。

一、代办工程业务

1. 代办工程业务分析

（1）什么是代办工程

客户委托电信运营商代为进行新装、扩容或搬迁通信系统或应用系统的设计、机线施工和系统维护的都可称为代办工程。代办工程包括机线设备产权属于客户、由电信运营商协助施工或施工管理，或产权属于运营商，但因客户原因要求迁移的工程。

凡根据客户委托而进行的通信线路和交换系统的设计、施工和施工管理都属于代办工程范围，包括宅内、宅外电缆的布放，人井、管道、杆线的建设、安装、迁移和交换设备的调试与维护。

代办工程所发生的费用原则上由委托方承担。

代办工程业务与普通的接入业务相比，业务处理流程复杂，涉及费用较大，而且服务对象通常是大客户，所以必须得到应有的重视。

（2）代办工程业务分类

① 用户小交换机的系统设计、安装与施工管理与代维。

20 世纪 80~90 年代，代办工程曾是一项重要的业务收入来源。由于通信资源不能满足客户的需求，通信资费较高，许多单位团体通过内部小交换机方式解决内部通信问题，电信服务部门有专门的机构负责小交换机系统及配套线路设施的设计安装、施工与维护。

小交换机系统上线后，客户通常委托电信部门负责内部维护人员的培训、系统的应急抢修和例行测试、例行维护，并收取一定的服务管理费用。

② 用户通信应用系统的代建代维。

随着企业化水平的提高，企业内部通信或信息系统不断增加，特别是某些特殊的行业，信息系统规模大、覆盖广、技术要求高，需要由通信行业的专门人员协助设计、建设与维护。例如，公安部门大量使用监控道路路况、交通违章及公共场所的治安情况视频系统，紧急呼叫受理与应急调度系统，环保部门使用的排污监测系统对排污企业进行 24 小时不间断监控，金融、水、电、气等部门使用网络技术将各营业点进行连网等，这些系统所需的资源多、网络复杂、技术面广，必须有电信运营商参与合作和建设。

企事业单位的通信应用系统建设方式有三类：一类是企事业单位租用部分电信运营商的资源（传输线路等），由企事业单位自行建设与维护通信系统或应用系统；另一类是企事业单位委托电信运营商协助通信系统或应用系统的设计与建设，由企事业单位自行维护；再一类是企事业单位租用电信运营商的通信系统与应用系统。

（3）代办工程业务的变化趋势

① 业务替代：由于电信服务业的快速发展，通信资源越来越丰富，通信服务费用大幅下降，企业已没有自行建设内部通信系统必要性，企业内部小交换机的功能已逐渐被 Centex、VPN 替代，企业自建通信系统越来越少。

② 合同消费：在竞争环境中，企业客户是电信运营商争夺的重要对象。为了争抢企业客户，各电信运营企业除了提供更好的服务来吸引客户外，纷纷采用了更为灵活的销售方式。为了稳定企业客户的通信业务，运营商一方面在费用上给予客户一定的优惠并投入一定的资源帮助企业的系统建设，另一方面也希望企业客户在一定的时间内保持使用本公司提供的服务，以确保投入的资源能获得合理的业务收益。为了明确双方的权利和义务，常采用合同消费方式明确明责任以及业务计费方式、结算规则。

③ 系统租赁：电信运营企业在系统设备提供、系统设计与集成、系统维护等方面都具有客户不能具备的优势，无论是系统的建设维护成本，还是系统建设维护的技术能力都比客户有优势，所以通信与应用系统由电信运营商集中建设，由客户租赁使用成为一种新的服务模式。在这种模式下，客户承担了最小的建设使用风险，而且前期投入小，将需一次性投入的资金分散在消费过程中按月支付。而运营商则利用资源的投入来稳定客户与业务，使客户的生命周期延长，从而减少维系保持重点客户的压力。

（4）正确理解代办工程业务的意义

代办工程业务已不完全是一种营利的手段，相反，业务代办的过程，电信运营商可能需要付出成本，但各电信运营商为了稳定单位团体客户业务，仍然十分重视单位团体客户的代办工程的服务。

首先，企业客户是业务大户，一个企业的业务量是家庭或个人客户的几倍、几十倍，而且企业客户业务比较稳定，一旦业务开通，能保持长期稳定的使用。

其次，企业客户的价值空间大，在信息化年代，随着信息化手段的不断涌现，信息系统将不断地应用于生产和管理，单位用户的通信业务需求也将不断增加。

再次，每一个企业都有大量的员工，单位业务可以通过虚拟专网方式，成为员工个人业务的吸盘，以单位集团业务吸附个人业务。

2．代办工程业务的处理流程

代办工程业务的业务形式比较复杂，一般与普通的业务政策并不一致，需要通过与客户协商确定特定的业务方案和资费政策。另外，由于涉及系统的设计、建设，需要不同层面的技术支持，整个业务牵涉面广，业务过程复杂，通常需要逐一完成以下步骤。

（1）委托与登记：客户根据通信与应用的需求，要求电信运营商协助建设通信系统或应用系统，必须提出书面的申请，委托电信运营商开展系统建设和设计的相关工作。电信运营商将根据客户的实际需求确认需求。由于客户对通信系统与应用系统并不熟悉，所提出的需求并不专业，运营商相关人员需要将客户提出的需求进行整理，使用既能让客户理解，又能让设计人员明白的表达方式对客户需求进行确认，双方无异议，进行下一步的工作。

在接受客户委托登记时，需要明确系统的作用、用途、容量、连接的方式以及所需的设备与配套设施等情况，了解系统现有状况与今后可能扩容升级目标，以便设计出科学合理的系统方案。例如，客户如果已有部分设备与线路资源，应当尽量利用。

（2）勘察设计与预算：当接受客户的委托并确认客户需求后，运营商需派技术人员进行现场勘察，确定机线设备的布放位置、线路走向、接入方式，收集相关资料（如建筑图纸等），并根据勘察结果进行系统设计。设计方案需反馈给客户，并再度与客户进行探讨，得到客户认可后，编制预算，并将预算结果反馈给客户。

（3）合同与协议：设计方案确定后，运营商与客户进行协商，最终确定双方的责任和义务，签订合作合同或协议。合同或协议需明确代办业务的建设方案、客户与运营商的工作界面、各自提供哪些设备和线路资源、各自在系统建设与维护中的责任、业务资费标准与计费结算方式等内容。

（4）组织施工：合同或协议签订完毕，运营商将组织施工，根据合同或协议的要求保质保量地在合同或协议规定的时间内完成系统建设、调试任务。在施工过程中，工程管理部门必须向客户提供施工计划，并及时向客户反馈计划执行情况，为客户落实项目所需的各种资源（如电话号码、中继线、接入电路、由运营商负责采购的设备或材料等）。

（5）完工验收：系统建设完成后，需进行验收。验收工作需有明确的验收标准，客户会同运营商对照验收标准进行测试与检验。验收完毕，需向客户提供详细的测试资料及各种设计施工图纸。验收完毕，需进行项目结算，根据合同或协议划定的工作界面，与客户进行项目结算。

（6）业务受理与开通：通信系统或应用系统验收测试完毕，运营商需对客户的相关人员进行业务及应用系统操作培训，登记实际需开通的终端数量，并将有关资料录入营业计费系统，并放号开通。

（7）计费与结算：代办项目的费用包括几个方面。第一部分是项目费用，属在项目设计、建设过程中发生的设计费、设备材料采购费、施工费、工程管理费等收费项目，合同或协议规定由客户承担的部分，客户需支付给电信运营商，这部分费用在项目验收完毕，客户一次性结算给运营商。第二部分是独立占用通信资源所需的资源租赁费，由于客户独立占用这些资源，其他用户不能共享，必须支付必要的费用，这部分费用一般采用月租的方式按月向客户收取。第三部分是客户使用系统与外界进行通信所发生的通信费用，这部分费用与通信业务量有关，业务量越大，费用越大，一般根据计费系统计费产生。第四部分是系统维护或提供后续服务所需的费用，这部分费用一般根据合同或协议按月或按年计算。

业务开通时，营业受理人员需根据合同或协议的规定及实际开通时占用的资源及分机用户清单，输入计费规则。客户在使用这些系统资源进行通信时，计费系统根据计费规则进行计费，每月出账、每月结算。

（8）系统代维：系统投入运营后，系统需进行定期维护和测试，系统发生故障时，需及时修复，客户可委托运营商提供后续服务与维护。在合同或协议中，需约定日常维护的项目、周期、维护要求，以及应急抢修的响应时限、修复时限等。

问题

如何理解代办工程作为一种维系客户的服务？

二、代收费业务

1．代收费业务的由来

为了提升通信网络、服务网络的价值，丰富网络内容，电信运营商引入了大量的合作伙伴从事增值服务和内容服务，这一方面给服务提供商（SP）或内容提供商（CP）提供了商机，另一方面电信运营商也延长了服务链，提升了系统对客户的价值。

无论是SP还是CP，都无法建立一个独立的、覆盖全国的经营服务网，唯有利用电信运营商的服务网络进行业务宣传、用户发展，并为用户提供业务咨询、业务受理、投诉受理、收费结算等服务。

电信运营商在业务的宣传与发展过程中，并不向用户特别表明那些业务是由合作伙伴提供的，那些业务是运营商自行开发的；在业务处理上，对合作业务与自有业务也是一视同仁。这样，SP/CP开发的增值业务只要接入电信运营商公众通信网，并与电信运营商签订合作与结算协议，就可以通过运营商的强大营销服务网进行推广发展。在客户层面上，SP/CP参与运营商的业务宣传与发展，运营商按照SP/CP的资费标准向客户收取信息服务费。

虽然，运营商根据合作协议参与SP/CP业务收入的分成，但总体而言，运营商在合作过程中主要扮演的是业务代理与代收费的角色。

代收的费用本质上是合作伙伴的业务收入，所以在业务处理时不同于自有业务。

（1）计费方式不同：自有业务是由电信运营商的计费系统进行计费的，计费规则、计费标准完全由运营商决定，在运营商的信息系统中保存了完整的计费信息和结算信息，运营商的各服务窗口可根据授权，对客户的费用进行适当的减免或回退。而作为代收性质的SP/CP信息费，电信运营商的服务机构无权作出费用的优惠减免决定，需与SP/CP协商，得到SP/CP的同意才能给予客户优惠或减免费用，这部分费用在运营商与SP/CP的结算中剔除。

（2）资费管理不同：自有业务的资费由运营商确定，运营商可以采用各种优惠策略在计费结算系统中通过套餐等手段反映出来，而SP/CP的信息费由SP/CP制定资费政策，运营商的任何工作人员都无权决定，资费政策审批权在 SP/CP。为了促进业务的发展，SP/CP 可以通过运营商的业务渠道单独开展相关促销活动。

（3）投诉处理方式工同：运营商的自有业务的投诉由运营商的客户服务窗口或客户服务热线受理，转运营商相关部门处理，处理完毕，向投诉客户反馈处理结果。SP/CP 业务的投诉处理需要与 SP/CP 协商处理，运营商的服务窗口或服务投诉处理机构将 SP/CP 的处理结果反馈给客户。

2．代收费业务对电信运营商的影响

代收费业务对运营商的影响有正反两个方面。

正面的影响是丰富了电信运营商的服务内容，为通信客户提供更多的服务，因而方便客户。在竞争的环境中，客户不断地对提供通信服务的运营商进行比较，丰富的网上服务内容常常会影响客户的选择，在不影响基本业务费用的前提下，能提供更多服务项目的运营商是大多数客户的选择。所以，电信运营商希望与更多的 SP/CP 合作，完善通信服务内容。

负面的影响是 SP/CP 不规范的经营行为可能影响运营商的形象。由于 SP/CP 是利用运营商的平台和渠道发展业务、提供客户服务，所以经营成本很低，有部分急功近利的 SP/CP 唯利是图，不珍惜合作伙伴（电信运营商）的企业形象，采用不规范的经营行为，使客户的利益受损，从而恶化了电信运营商的形象。自从 SP/CP 业务开放以来，SP/CP 业务的投诉比例一直居高不下，并一度给电信运营商造成极恶劣的影响。近年来，通信管理部门、各电信运营商对 SP/CP 的经营行为进行了规范，取缔了一些不规范经营的 SP/CP，但在利益的驱使下，仍有不少 SP/CP 打经营规范的“擦边球”，有关 SP/CP 业务的投诉仍占投诉总量的半数以上。

小结

电信运营商的通信资源越来越丰富，通信服务的费用越来低，对单位团体的通信业务的竞争越来越激烈，代办业务的业务重心发生了变化，代办工程的作用也从重要的创收项目变成了服务项目，但代办工程在新客户业务发展与维系中的作用仍然很重要。

代办工程业务处理流程复杂，需熟悉业务受理、业务处理的相关流程。

代收费业务能提高运营商的业务收入，但在合作过程中，合作伙伴的不规范经营也常常对运营商的形象造成伤害。

三、思考与练习

1. 与 20 世纪 80~90 年代提供相比，代办工程业务发生了哪些变化？
2. 试分析代收费业务的利弊。

第三讲 信息服务

一、目的与要求

本讲介绍信息服务的相关知识，了解信息服务的内容与形式。了解信息内容提供商、服务提供商与电信运营商之间合作提供提供信息服务的方式及结算关系，并通过号码百事通全面了解信息服务的业务形式。

二、教学要点

本讲的教学重点是分析信息服务的形式和内容，分析电信运营商与信息服务提供高的合作方式，并通过“号码百事通”业务的重点分析，进一步了解信息服务的形式内容和方法。

三、教学目标

概念识记：

- 信息服务
- 人工语音信息服务
- 自动声讯信息服务
- 短信信息服务
- 可视图文信息服务

知识技能要点：

- 了解信息服务的形式与内容
- 了解电信运营商与信息服务提供商的合作方式
- 熟悉号码百事通业务

一、信息服务概述

随着社会信息化水平的提高，信息对人们的日常生活、商务活动、社交活动的影响越来越大。知识爆炸、信息爆炸使人们淹没在形形色色的信息海洋之中，应接不暇。在快节奏的现代社会中生活，人们需要信息快餐。

信息服务是指服务部门利用电信传输网络和数据库技术，通过对信息的采集、存储、分类处理，然后面向社会进行传播并提供综合性的、全方位的、多层次的服务。电话通信网络是信息发布的最有效工具，电信用户是目标最明确的信息受众，所以通过电信网络平台为电信客户提供信息服务是信息服务提供商的最佳选择。

另外，信息作为通信系统的承载内容，是电信运营商差异化竞争的手段之一。在竞争的环境中，电信运营商之间经历了资源差异化、价格差异化、服务差异化的竞争，信息的多样性为运营商的内容差异化竞争提供了广阔的空间。

信息服务丰富了电信网络的应用，拓展了应用服务范围，延长了通信服务的价值链，提高了通信网络资源的价值和客户的价值，并使通信网络对用户的粘贴能力增加，提高了网上用户的稳定性。

二、常见的信息服务形式

信息服务的服务方式是指信息提供商将信息加工成适合主动向用户传播或用户自发查询的形式。用户主要通过语音或非语音通信手段查询信息，常见有以下几种形式。

（1）人工语音信息服务：是指客户用电话终端拨打信息服务台，由话务员根据客户的咨询要求搜索所需的信息，并将查询的结果反馈给客户。

（2）自动声讯信息服务：是指客户用电话拨打自动信息服务台，由信息台的声讯设备自动播放客户所需信息。自动声讯台对各种信息进行编码，客户通过编码进行信息的点播。

（3）短信信息服务：是指客户通过拨打或发送短信命令给信息服务台接入号，信息服务台自动将客户所需信息用短信方式发送到用户接收终端上。短信采用文字方式提供信息，便于信息的正确接收与保存。

（4）可视图文信息服务：是指客户利用图文终端搜索图文信息服务台，在线收看或下载图文信息。随着手机上网技术的不断升级和应用的普及，基于 3G 的手机图文搜索、图文下载、图文或视频资料的在线阅读等多媒体信息服务越来越广泛。

三、信息服务内容分类

信息服务的范围很广，涵盖了各个方面。

信息服务的主要内容包括各种新闻资讯、体育消息、财经信息、商业信息以及日常生活信息、娱乐、游戏、位置信息服务等，这些信息可以通过语音、短信及其他形式传送给有关的用户终端。

新闻资讯类信息包括：热点新闻、国内外大事、手机杂志等；

体育消息包括：各种体育赛事、重大体育赛事的比赛结果、联赛积分、体育彩票信息等；

财经信息包括：重要的财经新闻、外汇汇率、存贷款利率、股票信息、股票行情、股市点评、国际商情、理财产品信息等；

商业信息包括：商场的促销信息、特价商品信息、商场会员积分信息等；

日常生活信息包括：气象信息、交通信息、旅游信息、航班车次、酒店宾馆信息；

娱乐信息点播：歌曲点播、故事点播、相声小品点播、音乐下载、铃声下载等；

游戏服务：在线游戏；

教育信息：培训信息、课程辅导信息、考试成绩查询、课件下载、教学视频点播等；

饮食卫生：医疗知识、卫生知识、专家门诊信息、日常菜谱等；

专家咨询：法律、教育、投资、心理、医疗等方面的专家咨询服务；

电信服务：电信业务咨询、号码查询、新业务咨询等；

公众信息发布：公益短信、政府紧急提醒。

四、电信运营商与信息服务提供商的合作方式

电信运营商的基本职能是提供通信服务，即完成信息的传递。在通信系统进行信息传递的基础上，开发适量的信息资源并提供给客户是电信运营商的增值业务。虽然对于电信运营商来说，其在开发信息服务应用系统方面具有优势，而且能使通信传输网络的经营效益大幅度提高。电信运营商也提出要向综合通信服务与信息服务提供商转型，但在信息服务领域仅靠运营商的力量是不够的，特别是广大民众所需的许多信息掌握在一些专门机构之手。为了丰富信息资源，并利用社会的力量对信息进行加工处理以更好地适应公众的需要，电信运营商常常与专门从事信息内容提供的机构或信息服务机构合作，由信息内容提供机构提供内容，并通过电信运营商建设系统平台发布或传播，或通过信息服务机构的信息系统直接利用电信运营商的通信系统向用户发布和传播，这些提供信息内容的机构就是内容提供商（CP），而直接提供信息服务的机构叫服务提供商（SP）。

电信运营商与 CP/SP 的合作是优势互补的双赢关系。一般而言，CP 与电信运营商的合作比较简单，CP 只需定时定期向电信运营商提供信息内容即可，信息发布系统与业务发展及今后服务都由电信运营商负责，电信运营商将这些信息输入相应的传播平台向大众传播，电信运营商根据

合作协议通过一次性给 CP 支付一定的信息费或根据业务收入进行分成。而 SP 则是将其信息服务系统接入电信运营商的公众通信系统，由 SP 的信息发布系统通过通信系统向公众用户发布信息，信息服务的业务由 SP 与电信运营商共同宣传推广，业务收入根据合作协议进行分成。

为了明确电信运营商与 CP/SP 的义务与权利，电信运营商必须与合法的 CP/SP 签订合作协议，规定双方的权利和职责，明确业务如何推广发展，业务如何受理，客户的咨询和投诉如何受理和处理，用户如何缴费，如何分成结算，用户与电信运营商，电信运营商与 CP/SP 如果发生纠纷如何解决等。

五、信息服务的业务流程与计费结算

电信运营商或 CP/SP 必须根据客户需求提供有偿信息服务。CP/SP 的服务方式分两类，一类是定制，另一类是点播。所谓定制，即 CP/SP 根据客户要求，按客户约定的条件，为客户及时发布信息。例如，气象信息服务商根据用户的要求每天发送一条当地的气象预报短信，电信运营商每个月给客户发送一条通信费用结算信息，信用卡用户发生大额业务时银行向卡主约定的手机号码发送一条提醒信息等。所谓点播，是指客户随时通过拨号或短信方式请求发送一条消息，例如通过专门的接入查询特定股票即时行情、了解彩票中奖号码、查询结算账户余额等。

1．信息服务业务的受理与确认

通常情况下，CP/SP 的信息系统、计费结算系统的运行维护能力，业务支撑与业务管理能力与电信运营商相比存在着较大的差距，部分 CP/SP 的经营活动很不规范，所以曾出现十分混乱的现象，部分 CP/SP 采用不正当的手段，将“信息服务”强加给通信客户以谋图不正当的利益，造成了恶劣的影响，产生了很多纠纷。为了规范信息报务的经营行为，通信管理部门、电信运营商对信息服务业务的受理环节制订了严格的规范要求，并进行严格的监督检查，杜绝了在受理环节中出现的不正规经营行为。电信运营商分别对各种业务受理渠道业务受理提出了苛严的规定，信息服务业务的受理必须具备本人申请、本人确认两个过程确保开通此项业务是客户的真实意愿。

（1）营业窗口受理信息服务业务：要求客户带本人身份证办理，客户需填写业务受理单（免填单窗口，客户需认真审核营业员根据客户描述打印出来的业务受理单的内容），并签名确认。客户签名确认表示根据受理单开通的业务确实是客户的真实意愿。

（2）电话营销方式受理信息服务业务：由于信息服务的销售对象非常明确，所以为了提高销售成功率，通常采用点对点的电话营销方式进行业务宣传与推广。由于电话营销过程中，客户是被动接受宣传，为了避免话务员弄虚作假，电话营销台席必须安装录音设备，记录电话营销过程，电话录音一方面用来检查电话营销过程的规范性，另一方面也是解决纠纷时的重要参考依据。由于电话录音资料代替了业务受理单，所以需要长期保留。

（3）客户服务热线受理信息服务业务：客户通过客户服务热线开通信息服务业务，话务员可根据客户的意愿直接开通，因为在电信运营商的客户服务热线，话务员与客户的对话是全程录音的，而后台管理人员经常会对话务员进行监听检查。

（4）网上营业厅受理信息服务业务：通过网上营业厅登记信息服务，用户可以通过用户注册资料凭密码登录营业系统，并登记开通信息服务业务。为了确认开通这项业务是用户本人，网上营业系统会给登记开通的手机发送一条短信，要求回发确认信息。如果没有收到确认信息，信息服务业务不能开通。

问题　信息服务业务在营业厅受理时，需凭本人身份证办理，并通过本人签字确认以确保开通信息服务业务是本人的意愿，请问电话营销方式、客户服务热线方式、网上营业厅方式是凭什么确认客户身份并确定开通业务是客户本人意愿？

2．信息服务业务咨询与投诉处理

信息服务的业务咨询和投诉渠道包括电信运营商的营业窗口、客户服务热线，也包括 CP/SP 的业务宣传窗口，通常有 CP/SP 提供的咨询电话、业务员的联络电话、业务宣传网站等。

信息服务业务的投诉可以由电信运营商的投诉受理渠道受理，电信运营商的投诉受理渠道一般将投诉转信息服务提供商处理，处理结果由受理点反馈给投诉客户。

3．信息服务业务的计费与客户结算

信息服务业务的费用包括两个部分，即通信费与信息费。通信费是电信运营商为客户提供信息的传递而占用通信资源的回报，由电信运营商按计费规则进行计费，并计入通话费。信息费由 CP/SP 在信息服务系统中进行计费并委托电信运营商代收。信息费的计费方式主要有两种，一种是按信息的条数计费，CP/SP 每向用户发送一条信息，收取一条信息费，另一种计费方式是包月，即用户每月向 CP/SP 缴纳包月信息费，CP/SP 定时定期为客户发送客户定制的信息。

六、信息服务业务举例

“号码百事通”是中国电信自有信息服务业务，是融合了电话通信基本业务、电话通信增值应用、信息检索技术与语音信息服务等多种通信服务形式的综合业务。与一般的信息服务增值业务相比，具有很多特点。在此以号码百事通为例，分析信息服务的应用案例。

1．业务简介

“号码百事通”是中国电信基于 114 号码信息服务台开发的一个综合信息服务平台。“114”作为电信运营商提供的号码查询服务台，长期以来在电信用户中已形成了使用的习惯，中国电信对客户号码查询服务的需求进行了充分挖掘和整合，对客户进行细分和分类，形成服务链，并区分服务链上下游客户在号码服务方面的不同需求，延伸和拓展了号码信息服务内容和形式，丰富了服务内容，形成了差异化特色。在“号码百事通”服务平台上，上游客户本身是提供社会服务和商业活动的服务企业和工商户，“号码百事通”以电话号码查询为纽带将原本不相关的客户联系在一起，找到了工商户与服务对象最简单、最直接的联接桥梁，为工商户找到用户或用户找到工商户提供了途径。

2．“号码百事通”业务分类

（1）行业首查类业务

该类业务是在满足查询者多条件模糊查询需求的基础上，面向被查询客户提供的增值服务，

目标客户群是被查询商业客户或单位用户。

① 行业首查：在受理、答复公众用户模糊查询或行业查询、专项类别查询、服务范围查询时，话务员把同一分类内申请本业务的单位用户优先推荐给查询用户，具体有两种情况，一是按排名先后顺次播报，二是不分排名循环播放。

② 品牌查询：话务员受理、答复用户用品牌、实用名来查找与该品牌或实用名相关的单位号码、单位地址、各分支机构、连锁加盟店及相关联系电话的请求。

③ 实名查询：当电话使用权和产权归属者不一致或企业营业执照上所登记户名与实际使用户名不一致时，为签约商家向查询者提供实名查询。

④ 临时报号：签约商家向查询者提供临时对外电话，具体情况可能包括：一个号码供两个或两个以上单位名称使用的报号、中国电信公众通信网电话（如 400、800 等专用号码/数字中继/公安/海运/民航/特服号码等用户），由于企业业务推广需要临时使用的电话号码（如抽奖号码，演唱会售票点等电话报号）等。

⑤ 查询信息分析：向签约商家提供按产品、行业、企业名称的用户查询排行榜。

（2）查询转接类业务

该类业务是在满足公众用户号码查询后，为查询客户提供的多种形式呼叫或信息转接服务。

① 查询转接：用户在收听完 114 播报的查询号码后，直接按热键或者由话务员人工转接所查询的电话，无需二次拨号。在目前计费账务系统、电话交换网络支撑条件下，114 查询转接范围内仅限于与中国电信签订转接协议的被查询号码。

② 短信/传真报号：用户在收听完 114 播报的查询号码后，直接按热键或者由话务员人工通过短信/传真平台将所查询商家的相关信息，如电话号码、公司名称、产品品牌、办公地址等，发送至用户终端上。

③ 话务呼转：与订餐、订房、售房及工作中介等行业的某些企业签订话务呼转协议，当有用户查询该行业又无明确目标企业时，将用户呼叫转接到签约企业。

（3）信息发布类业务

信息发布类业务是在用户查询号码时，为查询者提供更多的基于被查号码的信息查询，同时为被查询商户提供信息发布平台。

① 语音广告：电信运营商根据签约商家提供的广告内容录制成语音文件，当有用户查询该签约商家时，114 台在提供号码或其他信息的同时一并向用户播放录制好的语音文件。

② 指路服务：当用户基于单位名称、服务范围、分支机构、网址、E-mail、实用名、行业等不同条件查询时，主动将签约被查询商家的地址和行程路线进行播报。

③ 网址查询：为签约商家向用户提供以企业名称、电话号码、公司地址、品牌名称或实用名等方式查询企业 Internet 网址及电子邮箱的服务。

④ 多条件查询：在受理、答复公众用户号码查询时，为签约被查询商户提供基于地址、名称、服务范围、分支机构、网址、E-mail、实用名、行业等不同条件的信息查询，并主动播报。

⑤ 产品介绍：在受理、答复公众用户号码查询时，根据与被查询商户的约定，主动为查询者介绍被查询商户的产品及产品特性，如特色菜肴等。

（4）通信助理类业务

该类业务是在满足个性化客户群体多样化号码信息服务需求的基础上，面向特定客户提供的通信助理增值服务。

① 语音号簿：企业或个人用户开户后，向其提供限额数量电话号码的录入、存储、安全查询、修改和呼叫转接的服务。

② 自动转存：用户在收听完所查询号码后，直接按热键将所查询的电话号码存入其个人号码簿，而无需二次操作。

③ 自动转接：用户在收听完号簿播放的查询号码后，直接按热键即可接通所查询的电话，无需二次拨号。

④ 企业总机：为企业客户提供类似用户交换机人工总机的服务，同一企业内部用户根据权限设置不同，通过 118114 服务台席直接将电话接续至所要呼叫的用户。

⑤ 可选业务：如语音贺卡业务，即个人号簿业务用户录制一段特定时长的祝贺词，并可选择附带背景音乐，发往自己设定的亲朋好友通信工具。用户在进行语音贺卡发送时，可以选择短消息通知、语音通知，或者电子邮件通知方式，通知收件人。

（5）个人商旅业务

向用户提供有关城市天气、票务预定、宾馆、旅行社、旅游景点等相关号码信息，为外出用户提供全程服务。

3．营利模式分析

通信业务也好，信息服务也好，业务经营的目的是获得利益，那么“号码百事通”业务是怎样取得经营利益的呢？我们根据不同性质的客户进行分析。

（1）普通的中国电信用户，只收通话费、不收信息费。由于中国电信用户拨打 114，属于网内服务，不用支付跨网拨打的网间结算费用，所以没有额外的经营成本，不收信息费能激发拨打数量，提高业务流量，增加贡献收益。

（2）异网用户跨网拨打，中国电信无法通过其他运营商向异网用户收取信息费，即异网用户拨打 114，用户不可能给中国电信支付费用。但根据运营商之间的网间结算协议，接入运营商需向中国电信支付跨网呼叫的网间结算费（0.06 元/分钟）。

（3）签约工商客户与中国电信签订合作协议，利用 114 服务平台资源形成有效的客户关系和业务宣传平台，即宣传了业务，又扩大了销售，签约工商户为此需根据协议与中国电信进行利益分享或支付资源占用费。例如，客户拨打 114 预订宾馆，在 114 平台中排队靠前的宾馆会得到更多的推荐机会，所以排队位置就是一种资源，可以有偿提供给相关的宾馆。

小结

1. 信息社会需信息快餐，需要各种形式、各种类型的信息满足人们的各种需求。

2. 电信运营商为了丰富信息服务内容，需要与内容提供商和服务提供商合作。

3. 号码百事通是信息服务的典型案例，该业务融合了通信服务、信息服务等方面的服务内容，体现了电信运营商提供通信与信息服务的经营方向。

七、思考与练习

1. 为什么大多数通信业务的资费套餐优惠说明中，特别声明优惠不包括信息费？

2. 中国移动或中国联通的用户拨打 114，因为用户不会缴费给中国电信，中国电信在这类免费为异网用户服务中是否有获利？

第7单元 综合应用

第一讲 集团通信服务

一、目的与要求

本讲以客户为客户对象，重点对电信运营商的业务收入有重要贡献的集团客户业务进行分析，通过学习了解集团客户的业务特点和集团客户对电信运营商的重要意义，并熟悉常见的适用于单位团体的业务并熟悉适用于集团客户的常见业务。

二、教学要点

通过本讲的学习，了解集团业务变迁的原因，理解集团业务的重要性，并熟悉常见的集团业务的特点。

三、教学目标

概念识记：

- 集团业务
- 企业总机
- 企业彩铃
- 办公自动化
- 短信群发

知识技能要点：

- 深刻理解集团客户对运营商的意义
- 熟悉常见集团业务的特点

一、集团通信业务的定义

集团通信业务是指电信运营商为单位团体提供的各种通信服务与应用。单位用户与个人用户具有很多不同之处，无论是业务发展与业务管理都具有独特的特点，得到各电信运营商的重点关注。

二、集团业务的特点

（1）使用人员多。集团用户通常需要安装多个业务品种的很多通信终端，例如成百上千个办公室的桌面电话、Internet 终端或无线通信终端等，这些通信终端分配给很多人使用。

（2）业务量大、业务稳定。集团用户通信终端多，使用人员多，拨打频繁，通信业务量大，而且业务量稳定。

集团用户发生的业务量可分成为两个部分，一部分是单位内部机构或人员之间的通信，另一部分是对外通信，其中内部机构或员工之间沟通十分频繁。

（3）综合应用、综合服务。集团用户的通信需求面比个人用户广，不但需要固定桌面电话业务、移动通信业务、Internet 业务，而且还需要内部信息系统所需的各种通信资源。

（4）采购决策过程复杂。单位客户选择哪个电信运营商的哪些通信产品，往往有很多人参与决策过程，因而业务营销过程复杂，很多因素都会影响决策结果。反之，一旦单位团体采用某电信运营商的业务，被另一个电信运营商策反的阻力也很大，因为换一个电信运营商，所有的接入号码都必须改变，这会给很多人带来不便，自然也会有很多人来阻止这种改变。

三、集团通信业务的变迁

1. 集团业务的业务形式的变迁

（1）商业客户与小交换机阶段

单位团体的通信服务一直得到电信部门的重视，电话通信的早期，将普通电话用户分成甲类和乙类，其中乙类用户的对象就是单位团体和工商企业、个体工商户。在独家经营期间，甲类和乙类用户之间基本没有服务上的差异，不同的是乙类用户的月租费比甲类用户高。

由于电话通信的早期，通信资源不足，通信资费较高，所以一些规模较大的企事业单位选择用户小交换机的方式解决内部通信问题。用户小交换机是指单位团体自建机房、自行采购小规模的交换机、自行建设内部通信管线系统、自行负责系统运行与管理，电信部门具有对通信系统建设的审批权，对申请接入公众电话网的单位提供接入中继并调试开通，并对通信系统的运行管理进行检查和规范。

由于电信部门具有通信系统设计、建设、维护等方面的技术优势，并具有对单位团体的小交换机系统的监管权，所以单位团体一般委托电信部门负责内部小交换机通信系统的系统设计和施工管理，系统投入运行后，由电信部门负责系统的维护。小交换机的代建、代维是通信部门对团体客户的早期服务方式。在独家经营时期，电信部门既是行业管理部门，又是业务部门，与客户之间的地位并不平等。

（2）虚拟专网阶段

虚拟专网就是利用公众电话网的资源，建立虚拟的单位团体内部通信专用网络，使虚拟专网用户能享受到小交换机用户的便利。

小交换机给内部用户带来的最重的便利有两条：①内部用户之间通话不计费，②分机电话号码不受公网号码资源的限制，可根据内部用户的数量采用短号码。虚拟专网主要解决单位用户的网内免费通话和网内短号拨打问题。

目前常用的虚拟专网技术有两类，一类是利用数字程控交换机的功能，为单位用户定义一个 Centex 闭合群，另一类是利用智能网技术，为单位用户建立一个智能虚拟专网。Centex 闭合群利用数字程控交换机的基本功能，在交换机上直接进行定义，不需要额外的投入，成本很低，多用于单位内部使用的固定电话。Centex 的短号功能是通过交换机的译码功能实现的，免费功能是通过交换机对闭合群话通话记录的处理来实现，所以闭合群的用户必须是同一个交换机内的用户。智能网虚拟专网是利用功能强大的智能网技术实现的，智能网系统在原有电话交换网的基础上，增加了智能网的设备、系统服务器和功能强大的数据库，使智能化业务变得十分灵活，虚拟专网的有关知识我们已在第 4 单元第七讲作了较详细的分析，在此不再介绍。

（3）综合应用阶段

电信技术的发展为通信业务与应用的发展提供了基础，而信息技术的发展激发了电信用户，特别是政府、企事业单位和社会团体的信息化应用的需求。通信技术的发展，使各种类型的信息传输、信息处理和应用的规范、标准能互相融合，进而被整合成为统一的平台，使原来需要单独建设的多个系统能共享传输甚至交换平台，成为综合的通信与应用系统。另外电信运营商也在业务层面不遗余力地进行业务的整合。

由于系统和业务的整合，对于通信应用需求面较广的单位团体的通信解决方案需要统盘考虑，通过需求的整合、业务的整合、系统的整合简化系统结构、节约通信资源、减少建设维护成本。

单位团体的综合应用系统本着统一、综合的要求，电信运营商需为客户提供一缆子解决方案或称为全面解决方案，使客户的通信应用系统能低成本地进行业务添加、系统扩容、应用升级。

以数字传输与交换技术为基础，利用综合数据业务网的规范构建综合应用平台，尽可能将各种通信与应用整合在一个或几个网络平台正在得到设备厂家、系统集成商和电信运营商的积极探索。固定电话、移动电话、传真等传统业务目前依然采用终端接入方式解决，而基于 Internet 的应用系统在技术上已具备整合传统业务的能力，例如，VoIP 就是成熟的采用 Internet 来传输语音业务方案。

（4）综合服务阶段

随着综合应用系统日益增长，综合服务随之而来。电信运营商不但需要为单位团体客户提供综合解决方案，客户同时需要电信运营商提供更为专业的系统设计、功能开发和系统维护。电信运营商已不再是单纯的通信提供商了，需要全程参与客户的需求分析、系统设计与应用开发，并提供后续服务。电信运营商不但为团体客户提供通信服务，还成为单位团体的“通信顾问”甚至“通信保姆”。

2. 对集团通信业务的营销方式的变迁

（1）独家经营，皇帝女儿不愁嫁。

在独家经营时期，无论是个人客户，还是企业客户，要使用通信服务，就必须找邮电局，用户没有选择权，运营电信业务的邮电局只要开门迎客，坐等客户上门办理业务，客户只要能及时装上电话就满意了，作为电信运营商的邮电局根本不需要采取任何营销措施。

（2）差异化技术和资源，你无我有，你有我优。

由于我国电信服务业是分阶段打破垄断经营的，在不同的阶段，各运营商发给不同的电信业务经营许可证，在政策上对不同的运营商采用不同的倾斜政策。这个阶段，各运营商主要的竞争手段是利用自身的技术和资源优势吸引客户，尽量维持业务的垄断利益。例如，我国各运营商非全业务运营前，中国电信利用宽带业务的资源优势，以宽带业务促进普通电信业务的销售，而移动运营商则利用移动通信的优势，用移动通信替代固定电话业务。

（3）差异化资费，价格竞争，省着打不如打着省。

当同质化产品能互相替代时，价格竞争在所难免，于是各电信运营商纷纷利用降价促销的方式竞争客户，推出形形色色的套餐，变着法子用极具诱惑力的宣传吸引客户的眼球。

在通信行业，替代性越强的产品的价格竞争越激烈，比如IP长途电话卡业务的价格竞争几乎使IP长途电话的实际收入仅能支付网间结算费用，甚至连结算费用都收不回来。恶性的价格竞争有时会对业务的正常运营造成了很恶劣的影响。

（4）差异化服务，服务至上，关注客户感受。

优质的服务曾经是处于竞争弱势的运营商吸引客户的重要手段，但强势运营商也不甘落后，服务质量与服务水平不断提高，已从关注客户感受的高度来要求经营服务人员，使客户真正感受到客户是上帝的地位。关注客户的感受要求服务人员不但要按照明客户需求提供服务，而且要让客户在接受服务时感到心情愉快、对服务人员充满信任。

（5）差异化应用服务，延伸服务链。运营商将提供通信服务相关联的社会力量结成联盟，提供丰富多彩的应用、服务吸引客户。

在通信服务领域各种竞争的方法和手段很快在各运营商中复制，电信运营商进一步眼睛向外，将通信服务相关的企业，如设备供应商、系统集成商、软件开发商、服务提供商、信息提供商联合越来，结成战略同盟，引成快速反应机制，使之能在短时间内开发出适应各种客户个性化需求的应用系统。

四、集团通信业务的现实意义

（1）拉动业务量：集团客户由于通信终端多，使用频繁，所以业务量很大，一个单位的业务量可能是个人用户的几百倍、几千倍、甚至几万倍，对于一些大企业、大行业，每月的通信费用支出以万计或以十万计。此外，运营商目前普遍采用的方法是通过组建集团虚拟网将单位电话与企业员工的个人通信粘合在一起，以单位的整体优势作为吸盘，将企业员工及家庭成员的通信稳定在综合虚拟网上。所以，集团通信业务对拉升业务量指标具有重要的意义。

（2）稳定客户：单个用户选择使用哪个运营商的业务完全可以由用户自已决定，所以客户很容易受营销人员的影响而在不同的运营商之间跳网。但如果将单个用户通过虚拟网捆绑在一起，使他们互相受影响，那么选择使用哪个运营商必须要考虑多数人的意见。一般说来，大多数人不喜欢改变使用习惯，因此营销人员要说服一个单位的大多数人转网是不容易的，所以，通过将集团通信业务与企业员工个人通信结合起来，能稳定原有的客户群并且使客户群的稳定性得到强化。

（3）稳定业务：集团客户是运营商的重要客户，是二八分布中提供80%业务量的20%的关键客户，只要这部分客户的业务得到巩固，运营商的业务量就不会出现大的波动。

（4）提高客户价值：企业集团使用哪个运营商的业务是一个比较复杂的决策过程，决定权并非掌握在一两个人手里，所以，运营商一旦渗透进入，则可以通过优质的服务提高客户的满意度、信任度、忠诚度，进而不断地将新的业务介绍给客户使用。

五、集团通信业务管理

1. 客户经理负责制

由于集团客户对运营商具有重要的意义，所以必须确保集团客户的稳定，并在稳定的基础上扩大业务量。良好的服务，及时了解集团客户的需求，站在客户的立场为集团客户的通信服务或对应用系统建设与优化提出合理的建议，是稳定集团客户的常用方式。为了做好服务工作，运营商采用为集团客户指派客户经理的方式，由专人负责客户的联络与信息传递工作，维持良好的客户关系。

2. 合同消费

通信业务的运营过程是复杂的，为了使确保通信服务的准确、快捷、可靠、安全，必须在各个层面是都采用一致的规范。由于涉及运营商与客户的实际利益，业务计费与结算系统的统一性规范性尤为重要。所以在计费结算系统中，所有用户的计费方式应尽量保持一致。但集团客户无论是业务量的大小、业务的构成等很多方面都与个体客户不同，为了体现这些差异，集团客户与运营商通常在统一计费的基础上，签订个性化的销费合同，进行个性化的结算和服务。

六、集团通信业务举例

1. 综合虚拟网

综合虚拟网是指将企业客户的内外部办公电话与企业员工的家庭电话、移动电话组成虚拟专网，使这些电话之间通话即方便又经济，甚至将企业合作伙伴或企业员工的亲友的通信工具也组进企业的虚拟专网。

事实证明，企业的虚拟网用户越多，业务越稳定。

2. 企业总机

中国联通的企业新时空是企业总机的典型例子。企业新时空当时是以一个CDMA手机号码作为企业无线总机号码，并为企业的每一个职岗或每个员工分配虚拟分机号码（短号），然后将虚拟分机号与职岗或每个员工的手机号码一一对应。当外界要拨打某一部门或某一位员工时，除了直接拨打手机号码外，还可以先拨总机号码再拨员工的分机号码实现。由于与分机号码对应的手机号码是可以随时定义的，所以即使员工更换了手机，只要更改分机号码与对应手机的关系，外界用企业总机号码加员工分机号码的方式依然能够打通该员工的手机。对于企业来说，使用企业总机将员工的移动通信有机地组织起来，具有很多优势。

（1）统一的企业形象。外界与企业员工通信统一以总机号码接入，在接入过程中，可以播放统一的企业提示音，使企业总机成为企业对外宣传的规范化窗口。

（2）保护企业无形资产。一个员工在企业工作期间，利用公司的资源建立起来的客户关系是公司的重要财富，如果外界利用企业总机加分机号拨打时，不会因为岗位人员的变更而联系不上，可以防止人员变更导致的客户资源流失。

（3）提高企业办公效率。利用企业总机可以通过企业总机的信息发布平台快捷地传递各种内部信息，提供全方位的秘书服务，如会议提醒、日程安排、短信群发、会议电话等。

3．企业彩铃

企业彩铃是指运营商为专门企业团体制作个性化铃音，当用户拨打该企业的固定电话通信终端，或该企业员工的移动通信终端时，在通信终端振铃期间，主叫用户收听到的回铃音是该企业的个性化铃音，即企业彩铃。

企业彩铃就是企业的有声名片，能够提升企业整体形象，利用本企业的通信工具见逢插针地宣传企业。

利用彩铃业务的管理机制，可以灵活地设置企业彩铃，使企业彩铃更加多姿多彩。

4．办公自动化

办公自动化是一个基于网络的集成办公平台，利用多个方面的功能模块，使办公流程在网络平台上实现自动化。

办公自动化能实现办公效率的提高，办公费用的节约，办公作业的规范化，并对公司文档的起草、审核、签发、流转等环节进行透明化管理，并对事后的保管、查询提供了方便的途径。

在自动化办公系统中，公文起草、修改、会签，以及执行部门的流转都在网上进行，一方面节约纸张，每一个会签人员的修改都能保留清晰的痕迹，另一方面多位公文处理人员可以并行工作，而且在整个流转过程中，公文相关人员都是透明的，便于提高流转效率，同时可以互相监督，工作责任也在透明的环境中得以明晰。上级管理人员也能很清楚地了解处理公文的相关人员的工作进程，并通过流转过程中处理文档的记录，了解下属的工作态度和能力。

办公自动化系统可以根据公司的需要整合多种作业流的自动化，例如公文流转、网上审批申报、信息发布、作业流转、物资调拨与调度、部门之间的工作协调等，事实上，一个有效的自动化办公系统能使每一个公司员工一上班，打开电脑就能清楚今天应干什么，应该怎么干。

结合通信资源的出租，利用设备采购、系统分析与设计、系统集成商的选择、项目管理等方面的优势，自动化办公系统的集成与维护已成为电信运营商的一个重要的通信系统应用业务。

5．短信群发

短信群发是集团客户利用短信群发平台与电信运营商的短信服务器接口相连，按预先的设置，定时、定内容地向指定的用户群自动地批量发送短信。这种群发短信的方式与用户在手机终端上点对点的发送相比，有很大的优势。

（1）发送速度快，以每秒钟几万甚至几十万条速度发送是任何人都无法做到的。

（2）能设定发送时间，可以预先将发送短信的号码与内容存放在系统中，在约定的时间内集中发送出去，以避免由于发送时间不适当引起接收用户的反感。

（3）可以根据用户接收状态，进行重发。短信发送后，如果接收用户没有收到，可以组织重发。

（4）强大的通信录管理与短信脚本管理功能。在短信群发平台，可以分类、分级管理一个复杂的通信录，并可以将常用的短信内容保存起来，当需要群发短信时，可以在通信录中选择发送对象，可以选择短信脚本进行修改后作为短信内容，使短信发送变得十分容易。另外，短信发送平台提供导入接口，可以方便地导入通信录及短信脚本的素材。

（5）友好的操作界面。短信群发平台的操作界面已十分规范，操作方便，所见即所得，一目了然。

短信群发的应用已非常广泛，现举几个行业应用的例子加以说明。

① 协会、会馆：会员的会议通知，会员生日祝福、会员活动信息等。

② 行管：税务通知、税费催缴、办证信息通知、交通罚款单、证照年检通知等。

③ 银行：信用卡账户余额通知、账户变动通知、账户流水通知、贷款到期通知等。

④ 保险：保单缴费通知、新业务通知等。

⑤ 证券：股票行情信息、股票分析信息、账户异动信息、理财产品介绍等。

⑥ 零售：商品价格调整信息、特价商品信息、会员积分信息、商品促销信息等。

⑦ 教育：学生的学习情况、出勤情况、在校表现，考试成绩等都可以通过短信平台发送给家长。

小结

集团业务给电信运营商带来的收入是个人客户的几百倍、几千倍，甚至几万倍，所以集团业务对电信运营商的意义是不言而喻的。

集团通信业务并非是一种新的业务，是多种业务进行以单位客户为特点的包装，以适应于单位团体的需要。

集团业务决策过程复杂，牵涉面大，关系营销在集团业务发展的维系过程中发挥重要作用，电信运营商通常为重要客户安排专门的客户经理，与客户保持良好的互动，维系良好的客户关系。

七、思考与练习

1. 谈谈集团客户对电信运营商的重要意义。
2. 谈谈集团业务的特点。

第二讲　通信技术行业应用

一、目的与要求

本讲从通信技术的行业应用角度，分析通信技术与行业特点相结合的应用特点。通过本讲学习需了解通信技术行业应用的特点，以及行业应用业务的营销特点。

二、教学要点

本讲教学的重点是通过学习深刻领会行业客户对电信运营商的重要意义，并通过行业应用的举例分析，体会行业应用业务的特点以及如何结合行业特点包装整合通信业务，以适应行业的特殊需要。

三、教学目标

概念识记：

● 行业应用

- 全球眼

知识技能要点：

- 理解行业客户的重要意义
- 体会行业应用是如何将通信技术与行业特点相结合的

一、行业应用的含义

行业应用是指电信运营商结合行业客户的通信应用特点，为行业客户量身定制专门的信息化解决方案，提供综合的通信与信息服务。不同的行业、不同的企业对通信服务的需求是不同的，行业应用是根据客户的需求和客户的支付能力为客户提供个性化的解决方案。

二、行业应用的特点

1．行业应用是大客户业务

行业应用系统会牵涉同行业的许多部门和很多人，同行业之间的沟通比较频繁，而且涉及一个行业的通信工程应用系统通常是复杂的，需整合多种通信资源及相应的服务，因此行业应用系统通常具有较大的通信业务量。

2．行业应用是综合通信解决方案

行业应用系统通常是一个适合行业特色的信息发布、信息共享和信息处理平台，需要综合运用传输、Internet 通信、移动或固定语音通信，以及信息服务的综合通信解决方案，也就是多种基本电信业务的融合。业务发展人员需要熟悉各种通信与应用技术知识。

3．行业应用需要突出电信运营商的综合优势

在行业应用业务方案的策划方案中，一定要突出电信运营商的综合优势以及本公司提供的解决方案的优势，以便决策人员对电信运营商既信任又有信心。行业应用系统的开发需要较长的周期，投资也很大，如果开发失败将会对客户造成很大的影响，在方案设计过程中必须充分沟通，了解管理层的开发意图以及操作层的详细要求。

4．行业应用是合同消费

电信运营商与行业客户在行业应用项目的开发建设过程中都需付出很大的心血和资源投入，无论是开发的过程中，还是在投入运行后，都必须保证能正常稳定地运营，所以必须签订协议规范双方的权利和义务。

三、行业应用业务营销特点

行业应用系统对客户的影响是深远的，信息化、网络化、流程自动化将可能改变行业企业很多人的工作习惯和方法，这样的项目需要通过决策层反复权衡之后才能拍板定案。营销人员必须

清楚地知道，应用方案采用什么技术、解决什么问题以及客户关注的焦点问题，针对客户的需要提出并完善解决方案，使相关解决方案与行业相关人员产生共鸣。

在营销过程中需要制订详细的业务方案与技术方案，与行业客户进行探讨与沟通，行业应用开发项目通常需要通过招投标方式确定，无论是业务方案，还是技术方案都必须能打动客户管理层及技术专家的心。

行业应用项目开发过程中需要与与应用部门、系统管理部门、工程建设部门进行反复的沟通和交流，以便真正解决客户最关心的问题。不同部门不同层面的人对应用系统的理解是不同的，要广泛听取不同部门与不同层面人员的意见并进行总结与综合，使应用系统实用有效。

项目开发完毕，需对行业客户进行培训，并安排长期的售后服务，规模特别大的项目需要成立专门的维护项目组来确保系统的长期稳定运行与升级更新。

四、行业应用举例分析

1．公安部门的通信应用系统分析——移动警务

公安干警在执行任务时，需要能及时掌握涉案人员的各种信息，也需要多方面协调，所以特别需要在移动状态通信保障和案件信息的查询，移动警务系统就是以移动通信网络为依托，构建多级联网的移动通信保障和移动公安信息应用系统，利用手机及其他移动终端，以语音、短信、Internet等方式为一线民警提供移动的通信和信息服务，提高各级公安机关和民警的警务工作效率和实战能力。移动警务系统一般需包含多个子系统。

（1）移动数据查询子系统

移动数据查询子系统由移动终端、消息服务器、消息查询代理服务器和信息数据库四大部分组成。移动终端向消息服务器发送查询请求，消息服务器将请求转送给消息查询代理服务器，在信息数据库中检索，并将检索出结果通过移动通信的无线信道发送到移动终端上，由移动通信终端展现出来。

（2）警务通知子系统

警务通知子系统的作用是公安指挥中心统一调度平台，系统接入运营商的公众网络，通过功能完善的公众通信系统，快捷地发布工作指令、会议通知和紧急调度信息。警务通知子系统可以根据任务的需要，通过向特定干警群发短消息、自动语音电话通知、语音文件等形式的信息，确保信息传达到每一个干警。这种快捷的通知系统有助于快速部署警力，通过扁平化的指挥系统，避免层层转发，既提高了效率，又避免了转发过程中的失真或泄密。

（3）警用位置服务子系统

无论是GSM移动通信系统，还是CDMA移动通信系统，都具有定位的功能，而CDMA系统的定位精度更高，能将移动终端的位置精确定位到50m以内。因此利用移动通信，特别是CDMA移动通信系统提供的位置信息，在公安警务中能发挥重要的作用。比如，公安机关可以通过位置服务子系统，了解每一位干警的精确位置，以便就近调度警力。

此外，移动通信网络的位置服务功能与公安行业的应用系统结合，能开发出很多基于位置的服务，包括救援定位、巡逻管理、公务车辆调度等。位置信息与电子地图结合，能很方便地实现车辆导航服务。

（4）移动警务执法子系统

由于 3G 终端具备无线宽带的数据传送能力，为外勤人员现场执法提供了手段。比如，干警可以将通缉犯的网上相片下载到手机上，在办案现场利用无线上网技术访问公安信息系统，根据身份证检索被检查人员的信息，可以将现场信息（比如照片等）通过手机终端发送到公安信息系统之中，可以查询车辆的交通违章信息，在现场进行处罚，从而取代手工开罚单、管理单位通过罚单底联确认、违章人员赶到缴款窗口排队缴费的传统做法，既提高了效率，又提高了执法的严肃性（规避了违章人员托人情走后门的情况）。

（5）无线视频监控子系统

上网速率的提高，为多媒体信息的传递创造了条件，可以通过无线传输系统，传输视频监控信息，为布放一些临时视频监控点带来了方便。而且还可以通过手机实时观看监控点实时视频图像信息。

2. 工商税务的应用分析

移动工商税务信息系统在原理上与移动警务系统有相同之处，可利用无线通信技术通过手机或其他移动终端以语音、短信、或其他方式进行通信或信息传递。移动的工商税务管理系统包含的常见功能如下。

（1）税务信息查询

工商户的税务档案都集中在税务机关的信息系统中，工商税务执法人员外出执法时无法访问税务机关的信息系统，则无法获得工商企业的税务档案信息。如果能运用移动通信技术，用无线宽带方式访问税务机关的内部信息系统，进行信息查询，则执法人员就能随时获得企业的档案信息，增加执法的准确性，加强对企业纳税行为的监管力度。

（2）税务催缴

系统通过纳税人留下的联系方式，运用语音、传真、短信和电子邮件的形式进行税费自动催缴，系统可根据需要设定催缴时间、催缴次数，并将结果自动保存下来，以便根据情况作出下一步处理的判断。

（3）公告通知

系统通过纳税人留下的联系方式，运用语音、传真、短信和电子邮件的形式发布纳税事项、最新政策，加强与纳税人的沟通，主动为纳税人服务。

（4）税务现场执法

税务执法人员在巡查中发现的企业违规行为，利用移动终端，查询税务信息，对违规行为作出现场处理，提高了效率，加强了执法力度。

（5）执法信息反馈

巡查执法人员将巡查结果直接通过无线终端发送回税务信息系统，存入数据库，减少了手工录入的工作量，提高了工作效率，避免信息的丢失。

（6）公众查询服务

纳税人可以通过短信、自动语音、WAP 浏览等多种方式进行关于税务法律法规、如何报税、税率计算、应交税额等多种信息的查询。

（7）税务网上申报

纳税人可通过上网访问为工商户开放的相关网站，下载客户端程序，进行网上税务申报，使得纳税人不必到税务大厅排队报税，方便了纳税人，简化了流程，节约了时间。

（8）发票真伪查询

公众可以通过短信、自动语音、WAP等多种方式查询发票的真伪，如果是有奖发票，还可进行是否中奖的查询。

（9）投诉举报

公众可通过短信、自动语音、传真、电子邮件、上网等方式对偷税漏税等违法行为进行举报，对税务机关的执法行为进行监督，增加了税务机关执法的透明性。

3. 全球眼

“全球眼”是中国电信推出的一项基于宽带的视频处理平台，将原来独立分散的图像采集点进行了联网，实现跨区域、全球范围内的统一监控、统一存储、统一管理和工作资源共享，为各行各业的管理决策者提供一种全新直观的管理工具，提高监控效率。远程网络视频监控业务集成了视频监控、视频传输、视频存储、视频文件的管理等功能。

（1）基本业务

① 监控业务：客户使用中国电信的“全球眼”监控平台及接入电路，能实现基于宽带网络的实时远程图像监控。平台可实现的功能包括：图像实时播放功能、图像历史查询及播放功能、图像切换及云台镜头控制功能、图像传输帧率及图像分辨率的手动和自动设置功能、远程设备管理功能、日志管理功能，以及分级管理功能等。

② 设备租用业务：由中国电信向客户提供前端监控点的设备租用服务，如摄像头、监视器等，并负责租用设备的设置和维护。客户可根据自身情况，灵活选择设备部件组合，并支付相应的设备租用费用。

③ 存储空间租用业务：客户租用中国电信“全球眼”业务数字图像存储空间，并根据实际租用空间或帧速支付相应的租用费用。

④ 公众浏览业务：可向用户提供监控点图像观看的浏览服务。

（2）增值业务

“全球眼”业务系统可以根据客户的需要进行二次开发，拓展相应的功能模块，为客户提供定制服务，满足客户的个性化需要。主要的个性化功能和服务包括广播、报警、图像辨识等。

① 广播业务：客户使用广播业务，可提高监控热点的并发访问用户的数量。

② 报警业务：通过与公安报警系统联动保障公共安全。例如通过温度、湿度探测器发出报警信息，适用于交通系统、煤矿系统、民航系统、石油系统等。

③ 图像辨识业务：通过图像辨识软件实现金融行业需要的智能辨识，以及交通系统和交警系统需要的车牌辨识功能或其他行业的个性化需求。

（3）系统功能

① 网络化监控：利用中国电信“全球眼”平台与无处不在的宽带网络，满足客户随时随地的远程监控需求。例如，利用“全球眼”平台，用户可以坐在家里，监视千里之外的仓库或车间现场，也可以在办公室里察看家里的情况。

② 远程图像控制：通过网络对监控设备与显示内容进行远程控制管理，如镜头变焦、云台的转动、图像参数设置、画面显示的调整等。

③ 录像、存储与回放：可以根据不同要求进行前端、平台、客户端三种方式录像存储，并对所存储的图像按照不同的要求进行检索与录像回放。

④ 实时语音：现场声音实时监听，点对点远程对讲，中心对多点语音广播。

⑤ 图像广播：可实现大量并发访问用户对同一热点的点播。

⑥ 客户自助管理：可由客户管理员自助进行相应的管理，如配置管理、权限管理、操作员管理、告警管理、日志管理等。

⑦ 警视联动：通过特设的报警设备，对突发意外事件通过预设方式，如声、光、电，短信、电话、邮件等方式进行报警，并触发录像。

4. 金融保险业的应用分析

金融保险行业的通信应用系统有很多相似的功能。首先，这一行业的企业一般都是大型的服务企业，服务网点遍布全国乃至世界，企业内部的通信联络频繁；其次，这一行业的企业都需要实时的联网作业，各网点的业务系统都需要联网，再次作为服务企业，都需求提供优质方便的服务和咨询投诉渠道；再次，这一行业的业务数据都事关公司和客户的实际利益，数据的准确性、安全性至关重要。

（1）银行业务通信应用系统

① 银行信息系统：银行要开展各种金融业务，必须建立营业系统，受理单位和个人的存贷款业务、结算业务或理财产品，需建立各种账务核算系统、内外部结算系统等，这些系统都是复杂的数据库应用，需要通过严密的方案进行联网，以确保网络和传输数据的安全、准确、快捷。

为了实现全国联网、通存通兑或异地存取，必须将各地的网点连网，将数据进行集中管理，加快内部结算的速度。

信用卡业务的发展，需要将合作单位的读卡终端与银行的信息系统交换交易信息。水费、电费、煤气费、通信费、保险费等代收费业务的发展，必须通过专线将委托企业的营业系统与银行系统通过接口互连，以便传送实时的交易数据和结算信息。

一般而言，银行信息系统的开发必须由银行自己负责，电信运营商的作用是为银行系统的联网提供大量的传输电路。

② 客户服务系统：银行的客户服务系统主要包括集中式的呼叫中心和网上营业系统，呼叫中心的作用是受理客户的业务咨询、查询和投诉。呼叫中心的建设方案，各行各业是一致的，不同的是支撑客户服务的业务查询系统各不相同。网上营业系统为客户提供自助服务。

③ 容灾系统：容灾中心相当于生产系统的一个备份，目的是为了防止由于战争、地震或其他破坏性极大的灾难导致系统瘫痪时的一种应急恢复机制。备份的方式很多，可以是静态的数据复制，也可以是动态的系统备份。备份系统与生产系统的重要性是一样的，有时将生产系统与容灾系统做成完全相同的镜像。

④ 内部通信系统：内部通信系统用于企业内部的沟通，沟通的渠道和方式主要有两类：一类是内部电话通信系统，由于公众电话通信网络资源丰富，资费合理，已没有必要自行建设，电信运营商通常会采用虚拟专网方式帮助企业解决内部通信问题；另一类是内部办公信息系统，企业通过建设内部办公信息化平台，实现网上沟通。

此外，大型行业常常需要利用视频会议系统，进行过程面对面的交流沟通或培训教育。

（2）证券保险业通信应用系统

与银行企业相比较，证券保险业务的系统相对简单。证券行业的特色是具有功能完善的自助交易系统，支持客户通过电话委托或网上委托进行交易。保险企业的客户服务系统中，经常需要主动呼出，为客户提供缴费提醒等服务。

小结

通信技术行业应用通常关系到一个庞大行业的信息化、流程自动化、网络化改造，对行业内不同层面的管理与操作产生很大的影响。行业应用系统的营销和开发过程是十分复杂的，需要有专门的项目组与行业客户的各个层面的人员进行详细的交流和分析，制订出详细的技术方案、业务方案，并作出服务的承诺。

行业信息化、自动化的需求很大，信息化、自动化对各行各业都能带来好处，只要认真地去了解通信技术和行业特点，就能找到最合适的结合点，开发出适应行业特点的应用系统。

五、思考与练习

请分析通信系统与教育部门结合的可能应用项目。

第三讲　融合业务

一、目的与要求

本讲的教学目的是通过学习，使学生了解业务融合概念与发展趋势，对今后可能出现的融合业务有一定的了解。本讲的教学内容只作一般性了解的要求。

二、教学要点

本讲教学的重点是了解融合的趋势和业务融合的表现形式。

三、教学目标

概念识记：

- 业务融合
- 业务捆绑
- FMC
- ICT

固定电话，移动电话，电子邮件，即时通信……现代通信技术让我们拥有如此丰富的通信方式！人们在享受多种通信方式带来的便利时，也承受了因此而出现的烦恼。由于这些通信服务可能承载于不同的通信网络，由不同的电信运营商提供，因此，用户常常需要在不同的通信系统和业务系统中多重登记，并在不同的计费系统中计费、记账、缴费结算，甚至需要与多家电信运营商打交道，面对具有不同企业文化的运营企业的服务。而通信服务提供商遇到的困难是提供不同业务的通信网络互相分离，建设成本大，维护难度大。

融合，是改善这些现象的重要途经。融合，既是为了方便客户，也是为了通信服务提供商整合网络资源。电信运营商通过网络融合、业务融合、管理支撑平台融合、运营管理方式融合和管制政策融合，全面整合网络资源、业务资源和客户资源，以简化网络结构、降低运营成本、提高系统效率、方便用户使用。本讲简单介绍融合业务的几种表现形式，并通过举例分析来初步认识融合业务。

一、业务融合的意义

业务融合可以理解为将多种业务有机地结合在一起，为客户提供灵活的组合通信服务与应用。

就客户而言，融合可以使客户在任何业务受理渠道，通过统一的接口登记多种业务，并且在多种业务之间享受交叉优惠，利用统一的接口进行业务咨询和查询，利用统一的渠道进行缴费结算，并在一个账单中分类列示各项业务的应缴费用和结算清单。因而，在业务支撑层面，业务融合需要建设支持各种业务的登记开通、业务变更的营业系统，需要为多种业务建设格式一致的计费系统和格式统一的、信息互通的、互相关联的结算系统。在系统和网络层面，客户可以使用相同的终端接入不同的业务，或不同的业务接入公共通信平台。

业务融合通常表现为以下几种形式。

（1）多种业务捆绑。多种业务捆绑是将多种服务组成一个业务套餐里，进行捆绑销售。这种方式的业务融合目的是通过捆绑销售为客户提供结算折扣，使客户得到优惠的同时又保障单个业务的价格水准。另外，运营商也可以通过优势业务带动无明显优势的业务销售，例如，“我的 e 家”将中国电信的优势产品“宽带接入”业务捆绑固定电话、小灵通等，促进了固定电话、小灵通业务的发展。

（2）终端融合。终端融合是指利用一个终端接入不同业务，例如，利用移动通信终端既能打电话又能上网，FMC 利用手机既能接入移动通信网又能接入固定电话网等。

（3）业务融合。是指多种基本业务采用统一的业务标准接入到多种系统设备，完成多种业务通信。

（4）网络融合。是指建设统一的核心网络和相关处理器及系统，不同的业务通过不同的接入网接入到核心网络，进行信息的传输与处理。

（5）商业融合。通信服务提供商按照特定的客户群或行业客户的需要，对多种业务进行重组、包装，打包销售给客户，或以类似于“团购”的方式给予优惠处理。

二、业务融合的趋势分析

业务融合既是运营商业务转型的需要，也是方便客户的需要，同时受到多种动力的推动。

（1）技术驱动：核心网络 NGN、IMS 等技术的成熟，固定无线接入技术和多模终端的发展，各种通信技术可以建立开放业务环境，为所有业务网提供了统一的业务融合平台。

（2）市场驱动：从用户的角度来看，打破移动网络和固定网络的服务界限和局限性，打破通信、Internet 及广电的界限，可以扩大业务范围，丰富业务种类，享受到更加全面、综合、方便的业务。

（3）政策驱动：政府主管部门希望促进移动、固定领域运营商有效竞争，积极推动电信市场的良性竞争；通过提高运营企业的业务创新能力和综合竞争实力，来促进电信新业务的形成；通过促进运营企业跨网合作，提高网络资源、频率资源、用户资源综合利用率，实现国有资产的保值增值。

（4）运营驱动：从运营商角度来看，融合业务有助于推动移动网和固网共同发展。固网可以向用户提供具有移动特性的服务，增强用户黏度，降低用户离网率；移动网可以向用户提供固网的优良服务质量和低廉的价格，进而增加移动业务量，扩大用户群体，提高运营收入。融合会把统一平台具有的经济效益和好处带给电信业。

分析业务融合的发展趋势，可以归纳出以下几个融合方向：

（1）FMC：固定与移动融合；

（2）移动＋Internet：语音与数据融合；

（3）ICT：IT与CT的融合；

（4）移动＋多媒体：通信与内容的融合；

（5）通信＋信息服务：通信与服务融合。

三、融合业务举例分析

1．FMC：固定网络与移动网络融合

FMC（Fixed Mobile Convergence），指固定网络与移动网络融合，即基于固定和无线技术相结合的方式提供通信业务。FMC概念是在20世纪90年代中期提出的，目标是用户不论在固定环境中还是在移动环境中都能享受到相同的通信服务，获得相同的应用，但当时由于技术上的局限、标准化工作跟不上，没有被业界广泛接受，业务也没有得到广泛的开展。2004年开始。FMC再度成为电信行业的一个热点话题，面对移动通信不可逆转地替代固定通信业务的势头越来越猛，无论是固定电信运营商还是移动电信运营商，都把FMC看成业务稳固或业务渗透法宝。

FMC方案中，提供通信业务的基础网络与提供终端接入的接入网络是互相独立的，从用户角度看，FMC的目的是用户可以通过不同的接入网络，获得相同通信服务，其主要特征是用户订阅的业务与接入点和终端无关，也就是允许用户从固定或移动终端通过任何合适的接入点使用同一业务。FMC可以使得用户在同一终端、同一账单的前提下，使用固定网络进行通信，或使用移动网络进行通信，使固定网络和移动网络之间能自由漫游。

各国的电信运营商对FMC付出了极大的热情，形成了多种融合方案。

（1）Home Zone方案

Home Zone实际上是一种直接降价的营销手段，用户不用更换手机，运营商不需要改进网络，也不用安装接入节点，仅仅是利用降价使用户对运营商产生“忠诚”，并以此捆绑运营商提供的固定通信（如宽带）业务。

案例：德国的Home Zone业务

1999年西班牙电信旗下的O2在德国推出名为Genion的Home Zone业务，到2005年时，O2的用户有70%都使用了Home Zone业务。用户除了使用一般的移动电话服务外，还可以自行定义一个Home Zone区域，这个区域可以是自己的住宅区域也可以是办公区域，区域半径在500米。用户在这个区域内打电话享受很高的折扣率（普通区域0.19欧元/分钟，Home Zone区域为0.03欧元/分钟）。用户在此区域中听取语音留言也是免费的。

借助于Genion业务，O2作为在德国移动市场分额最小的运营商（13%）赢得了德国最高的后付费用户比例（49.5%）以及最高的ARPU值（26.49美元）。

2005年4月，O2将Home Zone的业务从语音延伸到了数据领域，推出了基于3G的移动数据业务Surf@Home。Surf@Home的接入设备将置于用户家中，用户可以通过LAN或者是Wi-Fi连接到该接入设备。

（2）Femtocell方案

Femtocell，即微小区，Femtocell设备可以被称作超小型手机基站设备，或微基站，是一种小

范围使用的发射功率很小的基站设备，手机在 Femtocell 和 cell 之间能够进行切换，主要要用于小型“封闭式”场所，比如公寓，办公室等的无线接入。

Femtocell 相对 cell 提供室内信号覆盖的优点是：信号质量高。Femtocell 的主要缺点是 Femtocell 设备价格对于手机用户来说还是太高了。

由于 3G 基站的信号相对 2G 基站的信号相比，传输距离较小，因而覆盖范围也小，抗干扰能力也较差。在无线环境中，无线信道的带宽资源是有限的，很多用户对带宽资源共享可能造成传输的拥塞。为了保证无线信息传输质量和传输宽带，可以采用室外用无线信道传输资源、室内采用有线宽带传输资源，以减少无线信道的竞争。Femtocell 作为手机终端与室内宽带的连系桥梁，使手机通过宽带接入网将高速信息传送到核心通信网络。

Femtocell 微小区和 cell 使用相同的频段和相同的无线接口，因此普通手机就能登录上网。

（3）UMA 方案

UMA（Unlcensed Mo-bile Access，非授权移动接入），作为 3GPP（the 3rd Gen-eration Partnership Project）标准，定义了对移动网络和 Wi-Fi 融合的接入。能通过传统蜂窝网络获得 GSM 和 GPRS 移动服务的手机，可利用该技术自动切换到无线局域网（WLAN）接入点，从而在室内（公寓内、办公室内）可以使用无线局域网（WLAN）接入语音网络。

UMA 是一种能够将传统 GSM 和 Wi-Fi 融合在一起的接入技术。它支持移动语音与数据从蜂窝网络到无线局域网的无缝转换。UMA 技术标准确立了移动运营商将家庭、办公室与公共 WLAN 无缝扩展至其蜂窝网络的方法。借助 UMA 技术，运营商可以通过蓝牙或 Wi-Fi 接入网络为用户提供语音和数据传输服务，显著提高移动网络的使用效率，同时降低了无线宽带网络部署成本。

案例：英国电信推出的 Project Bluephone

Project Bluephone 是英国电信在融合固定网络的电话业务和移动网络的电话业务方面迈出的第一步。Project Bluephone 的目标在于为用户提供单一的一个无绳电话，如果用户在办公室或者在家，这个电话可以通过固定网络来传递电话和数据包；而如果用户需要外出或者在路途中时，这个电话可以无缝切换到沃达丰的移动网络之中。如果用户在办公室内可以使用英国电信的宽带网络，并且同时与专用的无线基站的距离小于 25 米的时候，电话呼叫或者数据会话将可以通过基站传输到电话机中。

英国电信最初是使用蓝牙无线发射信号来作为传输的载体的，因而第一代的 Bluephone 的电话机使用的就是 Broadcom 研发的 Class One Bluetooth 芯片。第二代的 Bluephone 是基于 Wi-Fi 技术的 Bluephone，产品更具有吸引力。

英国电信希望通过推出 Bluephone 来减少用户的语音电话的支出，整合它的付账机制，并且能够提高用户的生产力。

（4）VCC SIP 双模方案

VCC SIP 双模方案是在 2006 年提出的，用户使用时也需要更换双模手机，并且需要在家中安装接入节点。但是目前标准并不成熟，支持 VCC 功能的手机几乎没有。虽然也有运营商开始了基于 VCC 的技术试验，但是没有商用实例。

（5）私有 SIP 双模方案

对于私有 SIP 双模方案（又叫做 Pre-IMS 双模），用户使用时需要更换双模手机，并且需要在家中安装接入节点。私有 SIP 双模方案是由固定和宽带运营商提出，他们希望用户在家里时可以通过使用 Wi-Fi 而旁路掉移动网络，因此这是一个固话运营商分流移动业务的方案。综合业务运营商可以给用户在接入 Wi-Fi 时分配一个固定号码，接入 GSM 时分配移动号码。这个方案虽然也有商用，但是在目前还不成熟。

2．114：通信与信息服务融合

在第 6 单元第三讲，我们已经讨论过号码百事通业务，在此再以业务融合的角度来分析一下号码百事通业务。

（1）从服务的内容来看，114 作为免费的号码查询平台，仅仅为用户提供电话号码的查询，当该业务升级成为号码百事通业务后，通过对号码信息及客户的深度分析与信息挖掘，拓宽了服务职能，延伸了服务范围，在处理呼叫服务的过程中，不仅为用户提供号码查询服务，还为用户提供其他的商务信息，使单纯的号码查询服务变成了信息服务。

（2）从业务的性质来看，114 是一种单纯的免费服务，而号码百事通业务通过提供有价值的信息，使每一次呼叫成为一次信息供需双方的通信，在通信过程中收取通信费用是正常合理的。

（3）从经营的角度看，114 升级成为号码百事通业务后，对客户进行细分，根据商务信息的供需关系，将客户分成上下游，使呼叫服务形成自然的价值链，因而可以对价值链的上下游用户进行区别计费和结算，实现更大的服务价值。

（4）从服务系统看，号码百事通系统已不再是一个呼叫中心，它融合了信息搜索技术与通信接续技术，既能提供信息查询，又能进行呼叫控制。

3．我的 e 家：优势业务捆绑，促进普通业务的发展

在固定电话、小灵通业务被移动通信替代的过程中，中国电信为了保卫语音业务的成果，采用了业务捆绑的营销策略，以“我的 e 家”作为客户品牌进行宣传，实际上是以中国电信的具有优势宽带业务捆绑没有优势的语音业务，以稳定传统业务。

小结

融合是一种趋势，是电信运营商整合通信资源、简化客户业务流程的需要。业务融合需通过网络融合、终端融合、业务支撑系统的融合、业务融合等很多方面的融合来实现。